金属基纳米复合材料脉冲电沉积制备技术

徐瑞东　王军丽　著

北　京
冶金工业出版社
2010

内 容 提 要

本书系统阐述了脉冲电沉积技术及理论研究的相关进展，考察了电解液组成、工艺条件及脉冲参数对 CeO_2、SiO_2 颗粒增强 Ni-W-P 基纳米复合材料脉冲电沉积过程的影响，进行了制备过程的成分设计优化、动力学优化和过程优化，探讨了材料形成的热力学条件和双脉冲电沉积机理，考察了金属基纳米复合材料的晶化过程、界面结合方式，以及腐蚀过程和氧化过程的动力学规律和机理，探明了材料组元之间的相互作用机制，展望了金属基纳米复合材料的应用前景。

本书适用于从事新材料制备、金属表面处理、金属腐蚀与防护、电化学、冶金、机械、化工、电子及航天航空等领域科研和生产的技术人员以及高等院校的师生阅读和参考。

图书在版编目(CIP)数据

金属基纳米复合材料脉冲电沉积制备技术/徐瑞东，王军丽著.
—北京：冶金工业出版社，2010.7
ISBN 978-7-5024-5300-8

Ⅰ.①金… Ⅱ.①徐… ②王… Ⅲ.①金属复合材料：纳米材料—电沉积—制备 Ⅳ.①TB383

中国版本图书馆 CIP 数据核字(2010)第 108500 号

出 版 人 曹胜利
地　　址 北京北河沿大街嵩祝院北巷 39 号，邮编 100009
电　　话 (010)64027926 电子信箱 yjcbs@ cnmip. com. cn
责任编辑 宋 良 美术编辑 李 新 版式设计 孙跃红
责任校对 卿文春 责任印制 牛晓波
ISBN 978-7-5024-5300-8
北京兴华印刷厂印刷；冶金工业出版社发行；各地新华书店经销
2010 年 7 月第 1 版，2010 年 7 月第 1 次印刷
169mm × 239mm；11. 75 印张；226 千字；176 页
36. 00 元

冶金工业出版社发行部 电话:(010)64044283 传真:(010)64027893
冶金书店 地址:北京东四西大街 46 号(100711) 电话:(010)65289081
（本书如有印装质量问题，本社发行部负责退换）

前　言

纳米复合电沉积技术是制备颗粒增强金属基纳米复合材料的一种最有效的方法。与直流电流相比，脉冲电流能充分利用电流脉冲的张弛增加阴极活化极化和降低浓差极化，避免直流电流单一方向和持续性的不足，更有利于制备具有细晶结构的金属基纳米复合材料。然而由于纳米复合电沉积体系的复杂性及制备技术等问题，造成金属基多元纳米复合材料的制备技术及基础理论研究发展缓慢，其技术优势对经济的支撑作用还未能充分体现出来。

目前，国内外有关脉冲复合电沉积的著作较少：1986 年朱瑞安、郭振常撰写的《脉冲电镀》一书系统地介绍了脉冲电镀的特点、发展、相关基础理论及复合材料的制备工艺与性能。1989 年向国朴撰写的《脉冲电镀的理论与应用》一书重点介绍了单金属及合金、脉冲阳极氧化和脉冲电源等内容。2009 年郭忠诚、曹梅撰写的《脉冲复合电沉积的理论与工艺》介绍了脉冲电沉积的基本原理、Ni-W-P-SiC、Ni-W-B-CeO_2、Al/Pb-WC-ZrO_2 等系列复合材料的制备工艺及性能。

本书是一本系统阐述颗粒增强金属基纳米复合材料脉冲电沉积制备工艺及理论方面的专著。作者借助于扫描电子显微镜、能谱仪、X 射线衍射仪等仪器，进行了 Ni-W-P/CeO_2-SiO_2 纳米复合材料制备过程的成分设计优化、动力学优化和过程优化，探讨了材料形成的热力学条件和双脉冲电沉积机理，考察了复合材料的晶化过程、界面结合方式，以及腐蚀过程和氧化过程的动力学规律和机理，探明了材料组元之间的相互作用机制。本书作者将智能多脉冲电源应用到了 CeO_2 和 SiO_2 颗粒增强 Ni-W-P 基纳米复合材料的制备技术中，制备出了微观组织致密、耐磨、耐腐蚀和抗高温氧化性能较好的 Ni-W-P/CeO_2-SiO_2 颗粒增强金属基纳米复合材料。

本书由徐瑞东教授和王军丽博士执笔撰写，徐瑞东教授负责统稿和审稿。

本书的撰写工作，得到了昆明理工大学王华教授、郭忠诚教授、龙晋明教授、施哲教授、马文会教授以及陈步明、石照夏、周建峰、张永春、詹鹏、李楠等人的大力支持。本书的出版也得到了国家自然科学基金、云南省学术和技术带头人后备人才基金及冶金新材料与表面工程昆明理工大学创新团队建设基金的支持，在此一并表示衷心的感谢。

由于水平有限，书中不妥之处，恳请各位专家和学者批评指正。

作　者

2010 年 4 月

目　　录

1 概　　论

1.1 概述

冶金、化工、烟草和机械制造等行业的生产设备的零部件在使用过程中往往会因相互间运动产生机械磨损，也会因使用温度过高发生氧化，还会因接触高温熔体及气、水和化学介质发生腐蚀，这些因素的存在都会使零部件表面首先发生破坏而失效。为解决此类问题，有时可选用贵重金属或合金以满足性能要求，但生产成本过高，多数情况下始终无法找到能够满足零部件表面性能要求的金属材料。随着现代工业技术的快速发展，要求设备零部件能够在高温、高压、高速、高度自动化等较为恶劣的工况下长期稳定运转，失效后并不是简单废弃，而是通过表面选择性强化或修饰后仍可继续使用，有效提高其循环利用次数，降低生产成本。因此，研究和开发这些设备零部件的表面防护和表面强化新技术，对提高其使用寿命和运行可靠性，改善设备性能质量，节约原材料，都具有重要意义。

纳米复合电沉积技术是根据电结晶理论和弥散强化理论，通过电化学方法，使一种或数种不溶性的具有纳米尺寸的固体颗粒、惰性颗粒与金属离子发生共沉积，纳米颗粒被包裹在基质金属中，从而获得功能性纳米颗粒增强金属基复合材料。通过调整技术参数，可以改变复合材料的表面形态、化学成分和组织结构，使金属表面或局部性能都得到提高；同时还能利用纳米颗粒本身具有的小尺寸效应、表面与界面效应、量子尺寸效应和宏观量子隧道效应，赋予金属表面新的力学、光学、电磁学、热学和物理化学等方面的特殊性能，较好地满足冶金、化工、烟草和机械制造及其他工业领域生产设备部分零部件表面高硬度、耐磨、耐腐蚀和抗高温氧化性等性能要求。该技术既能够充分发挥材料多元复合的协同优势，又能够实现金属基纳米复合材料的连续生产，具有流程短、过程简便、易于控制和易于从实验研究转向规模化生产等特点，是一种极具发展潜力的金属表面强化新技术。

由于纳米多元复合电沉积体系的复杂性及制备技术等问题，造成颗粒增强金属基多元纳米复合材料的制备技术及基础理论发展缓慢，未能体现出其技术优势对经济的支撑作用。因此，围绕纳米颗粒增强金属基多元复合材料的制备技术与共性基础问题展开研究，对解决应用和推广中的技术瓶颈问题，引领未来复合电沉积技术的发展方向，有不可替代的作用。此外，通过揭示电化学和材料学这一交叉学科的相互作用本质，也能够为高性能纳米颗粒在复合电沉积技术中的应用提供一些新理论和新知识。

1.2 合金电沉积的条件及类型

1.2.1 合金电沉积的条件[1]

合金电沉积的应用和研究，目前仍是基本局限在二元合金和少数三元合金方面，在用理论指导生产实践方面还有很大距离。在复合电沉积过程中，要实现合金的共沉积（以二元合金共沉积为例说明），必须具备以下两个条件：

一是合金中的两种金属至少有一种金属能单独从水溶液中沉积出来。有些金属如 Mo、W 等虽然不能从水溶液中沉积出来，但可与其他金属如 Fe、Co、Ni 等元素同时从水溶液中实现共沉积。

二是两种金属的析出电位要十分接近或相等，金属的析出电位表示为：

$$\varphi_{析} = \varphi_{平} + \Delta\varphi = \varphi^{\ominus} + \frac{RT}{nF}\ln a + \Delta\varphi \tag{1.1}$$

式中，$\varphi_{析}$为析出电位；$\varphi_{平}$为平衡电位；$\Delta\varphi$ 为金属离子在阴极上放电的过电位；a 为金属离子的活度。

两种金属的析出电位分别表示为：

$$\varphi_{析1} = \varphi_1^{\ominus} + \Delta\varphi_1 = \varphi_1^{\ominus} + \frac{RT}{n_1F}\ln a_1 + \Delta\varphi_1 \tag{1.2}$$

$$\varphi_{析2} = \varphi_2^{\ominus} + \Delta\varphi_2 = \varphi_2^{\ominus} + \frac{RT}{n_2F}\ln a_2 + \Delta\varphi_2 \tag{1.3}$$

欲使两种金属离子在阴极上共沉积，它们的析出电位必须相等，即 $\varphi_{析1} = \varphi_{析2}$。但在金属共沉积体系中，合金中个别金属的极化值无法测定，也无法通过理论来计算。

从标准电位看，仅有少数金属可从简单盐溶液中预测出共沉积的可能性，一般金属的析出电位与标准电位差别很大，受到离子络合状态、过电位及金属离子放电的相互影响。若金属平衡电位相差不大，可通过改变金属离子浓度（如降低电位较正金属离子浓度使电位负移，或增大电位较负金属离子浓度使电位正移），从而使析出电位互相接近。多数金属离子的电位相差较大，但可通过加入配合剂和添加剂等措施实现电位相等。

1.2.2 合金电沉积的类型[2]

根据合金电沉积的动力学特征、电解液组成以及工艺条件，合金电沉积一般可以分为正常共沉积和非正常共沉积两种类型。

（1）正常共沉积。这是电位较正的金属优先沉积，有三种类型：

1）正则共沉积：特点是受扩散控制，合金中电位较正的金属含量随阴极扩散层中金属离子总含量的增多而提高。因此，通过提高电解液中的金属离子总量、电解液温度或增加搅拌等方式均能增加阴极扩散层中的金属离子浓度，使合金中电位较正的金属含量增加。简单金属盐电解液一般属于正则共沉积。有的络合物电解液也能得到此类共沉积；

2）非正则共沉积。受阴极电位控制，电沉积条件对合金沉积层组成的影响较小。络合电解液，特别是络合物浓度对某一组分金属平衡电位有显著影响的电解液，多发生该类共沉积。对各组分金属的平衡电位较接近且易形成固溶体的电解液，也容易发生非正则共沉积；

3）平衡共沉积。当将各组分金属浸入到相应的电解液中时，它们的平衡电位最终相等，以低电流密度电解时（阴极极化很小）所发生的共沉积。

（2）非正常共沉积。有异常共沉积和诱导共沉积两种类型：

1）异常共沉积。电位较负的金属优先沉积。对于给定的电解液，只有在某种浓度和某些工艺下才会出现。含有铁族金属中的一个或多个的合金共沉积多属于该类型。

2）诱导共沉积。从含有 Ti、Mo 和 W 等金属盐的水溶液中不可能直接沉积出纯金属，但可与 Fe、Co、Ni 等金属形成合金而共沉积出来，这就是诱导共沉积。通常把能促进难沉积金属共沉积的 Fe 族金属称之为诱导金属，Ni-Mo、Co-Mo、Ni-W，Ni-W-P 合金的电沉积过程等均属于该类型。诱导共沉积很难推测电解液中的金属组分和工艺条件对电沉积过程的影响。

1.3 电沉积法制备金属基复合材料的国内外研究进展

自 1920 年德国科学家得到第一个复合材料至 1949 年美国 Simos A 获得第一个复合电镀专利以来，复合电沉积技术已取得了巨大发展。电沉积制备出的金属基复合材料从最初的用于提高硬度和耐磨、耐蚀性能，已发展到电催化和光活性储能材料。从早期的以 Ni、Cu、Co 等单金属为基质金属，以 SiC、SiO_2、Al_2O_3 等颗粒作为第二相的复合电沉积，已发展到了能满足特殊功能需求的各种合金和多种颗粒的电沉积[3~5]。近年来，又出现了以金属氧化物、导电聚合物作为基质的复合材料[6]。除在水溶液中沉积外，还可以在非水溶液中沉积金属基复合材料[7]。通过周期换向脉冲电流制备颗粒增强金属基复合材料[8~10]，比直流电流下制备出的复合材料具有更优异的性能，又进一步拓宽了金属基复合材料的应用范围[11~15]。

我国从 20 世纪 70 年代初开始研究复合电沉积技术，主要集中在昆明理工大学、北京航空航天大学、天津大学、哈尔滨工业大学、中国人民解放军装甲兵工程学院以及上海大学等单位。其中，北京航空航天大学朱立群等人侧重于非晶态复合材料腐蚀行为的研究；天津大学郭鹤桐和王为等人侧重于固体颗粒分散性及固体颗粒与基质金属间相互作用的研究；哈尔滨工业大学屠振密、安茂忠和胡信国等人主要进行合金电沉积工艺的研究；上海大学主要进行单质金属纳米晶材料的制备。在复合电沉积技术工程化应用领域已取得显著成绩的单位有两家，一个是中国人民解放军装甲兵工程学院徐滨士院士等人在二元纳米复合电刷镀技术领域取得了突破，部分复合电刷镀技术已实现产业化，对工程机械、火炮、车辆、舰艇、飞机等机械零部件局部表面损伤的快速修复起到了很好的效果；第二个是昆明理工大学郭忠诚等人在直流电沉积制备金属基多元复合材料方面实现了产业化，在冶金、烟草、机械及军工等企业也得到了应用。

传统复合电沉积技术选用的第二相颗粒大多局限于微米级，颗粒粒度较大，悬浮能力差，沉积层表面粗糙，而且生产过程中颗粒容易堵塞滤芯，限制了电沉积中必要的循环过滤过程。纳米颗粒的出现，为传统的复合电沉积技术带来了新的机遇。按照制备工艺，纳米颗粒增强金属基复合材料可分为纳米化学复合材料和纳米电沉积复合材料；按照纳米颗粒与基质金属的关系，可分为单质金属/纳米颗粒复合材料和金属合金/纳米颗粒复合材料；按照用途，可分为耐磨减摩纳米复合材料、装饰性、耐蚀纳米复合材料等。目前，纳米复合电沉积技术已成为国内外研究的热点之一。

1.3.1 高硬度、耐磨金属基复合材料

高硬度、耐磨金属基复合材料的基质金属多以 Ni 基、Ni 基合金和 Cr 基为主。用作复合的颗粒有 Al_2O_3、ZrO_2、SiO_2、SiC、TiC、TiO_2、WC、Si_3N_4、B_4C、ZrB_2 及金刚石等。通过电沉积方法，使这些颗粒弥散分布在金属基复合材料中，能提高复合材料的显微硬度和耐磨性能，同时又具有较好的耐高温和抗氧化性能。

顾卓明等人[16]测试了电刷镀 Ni 基复合材料的耐磨性能，研究表明：复合材料具有较小的摩擦系数和较好的耐磨性能，对比数据如表 1.1 所示。

表 1.1 Ni 基复合材料的摩擦系数与磨损失重的对比

Ni 基复合材料类别	摩擦系数 μ	磨损失重 ΔW/g
多层 Ni-Cr_2O_3 复合材料	0.22	0.0256
多层 Ni-SiC 复合材料	0.27	0.0496
多层 Ni-Al_2O_3 复合材料	0.28	0.0814
多层 Ni-ZrO_2 复合材料	0.26	0.08547
单层 Ni 材料	0.34	0.1708

陈准等人[17]研究了 Al_2O_3 纳米颗粒（平均粒径：30nm）在 Ni 基复合材料中的含量，结果表明：pH 值、电流密度增大，Al_2O_3 颗粒复合量降低；加强搅拌强度有利于提高复合量；Al_2O_3 颗粒在复合材料中分布均匀，质量分数可达5.37%；Müller B、Ferkel H 等人[18,19]指出，Ni 基材料中加入 Al_2O_3 后显微硬度明显提高；Jeong D H 等人[20]发现，复合材料中加入 Al_2O_3 颗粒的尺寸由 1mm 减少到 16nm 时，摩擦系数相应下降了 57%。

蒋斌、徐滨士等人[21~24]研究了电刷镀技术制备的 Ni/Al_2O_3（平均粒径：30nm）纳米复合材料抵抗微动磨损的能力，得出了磨损以疲劳磨损为主，而快速镀 Ni 材料以黏着磨损为主；徐龙堂等人[25]发现，电刷镀 Ni/Al_2O_3（平均粒径：20nm）纳米复合材料在 400℃时，显微硬度达到 647HV。Al_2O_3 纳米颗粒使复合材料结构致密、细化，起到了减轻黏着和降低摩擦的作用；杜令忠等人[26]的摩擦磨损试验表明：Al_2O_3 纳米颗粒使复合材料具有较细组织和较高硬度，抵抗磨粒切削及摩擦副黏着能力增强，耐磨性比快速镀 Ni 层提高 30%～50%；王红美等人[27]用电刷镀技术在 45 钢表面制备了 Ni/Al_2O_3（平均粒径：30nm）纳米复合材料，Al_2O_3 浓度为 20g/L 时，硬度和耐磨性分别是纯 Ni 层的 1.6 倍和 2.3 倍。

王立平等人[28,29]复合电沉积制备了 Ni/金刚石纳米复合材料；Petrova M 等人[30]制备了 Ni/金刚石（平均粒径：20～50nm）纳米复合材料，硬度远高于纯 Ni 层；Wun-hsing L 等人[31]在直流及脉冲电流下制备了 Ni/金刚石（平均粒径：25nm）纳米复合材料，硬度分别为 540HV 和 611HV，远高于纯 Ni 层（210HV），摩擦系数低于纯 Ni 层；于金库等人[32]通过复合电刷镀技术制备的 Ni/金刚石纳米复合材料也具有较高的硬度，耐磨性为纯 Ni 层的 6 倍；张伟等人[33]的研究表明：Ni 基复合材料在纳米金刚石的弥散强化作用下，改善了沉积层的生长，减小了内应力，提高了显微硬度，在室温、高负荷下均具有优良的抗疲劳和抗磨损性能，耐磨性是纯 Ni 层的 4 倍；佟晓辉等人[34]研究了 Cr/金刚石（平均粒径：10nm）纳米复合材料在无润滑条件下的摩擦磨损性能。T10 钢表面的 Cr 镀层中加入纳米金刚石后，耐磨性较纯 Cr 层提高 1 倍。与 7Cr7Mo2V2Si 合金模具钢镀铬层相比，耐磨性提高 10 倍以上；杨冬青等人[35]的研究表明：纳米金刚石可以细化晶粒，起到弥散强化作用，提高 Cr-金刚石（平均粒径：4～6nm）纳米复合材料的硬度和耐磨性，耐磨性在复合材料厚度为 27μm 时最佳，比纯 Cr 层提高了近 12 倍。

Gyttou P 等人[36]研究发现，脉冲电流可以制备出更高含量和更均匀分布的 Ni/SiC 纳米复合材料，SiC 纳米颗粒的嵌入使 Ni 的晶粒生长受到抑制，晶体缺陷数增加，硬度提高。500℃热处理后，硬度进一步提高，硬化效应持续到 800℃，达到 663HV。吴蒙华等人[37]用超声电沉积制备了由尺寸在 50nm 以内的镍晶和纳米陶瓷粒子（平均粒径：30～70nm）构成的金属陶瓷 Ni/SiC 纳米复合材料，硬度为693～716HV；陈小华等人[38,39]发现碳纳米管Ni基复合材料也具有极高的耐磨和减磨性能。

王红美等人[40]用电刷镀技术在45钢表面制备了Ni/SiO_2（平均粒径：20nm）纳米复合材料。SiO_2纳米颗粒在复合材料中具有细晶强化、硬质点弥散强化和位错强化的作用，其硬度和弹性模量比纯Ni层分别提高了2.01GPa和5GPa。在室温至500℃下，纳米复合材料抗微动磨损性能优于纯Ni层，约为相同温度下纯Ni层的2倍。

薛玉君等人[41]制备了Ni/La_2O_3（平均粒径：60nm）纳米复合材料。La_2O_3纳米颗粒能明显提高Ni基材料的显微硬度和抗摩擦性能。在干摩擦条件下，纯Ni层呈现出了严重的黏着磨损特征，而纳米复合材料则呈现出了轻微的磨粒磨损特征。

王宝山等人[42]指出：Ni/WC纳米复合材料在不同的干摩擦磨损下，可能发生黏着磨损，也可能发生犁削磨损或两者同时发生；Stroumbouli M等人[43]研究了直流及脉冲电沉积制备Ni/超细WC复合材料工艺。采用脉冲电流，随着阴极旋转速度的增加，复合材料结晶致密，孔隙率低，当阴极旋转速度控制在600～800r/min时，WC颗粒含量达到8%（质量分数），继续提高阴极旋转速度，WC颗粒含量又开始降低。当WC颗粒被复合到基质金属中后，导致Ni晶在复合材料中沿210方向生长，出现了较强的织构。

根据Cr沉积层中颗粒种类的不同，复合材料耐磨性按金刚石、B_6C、B_4C、SiC、Al_2O_3的顺序递减[44,45]；文献［46］中报道了高俗松文的研究结论：Cr/SiC（2%，质量分数）复合材料比纯Cr层具有更好的耐磨性，经400℃×1h热处理后，耐磨性提高3倍；胡信国[47]指出：随着磨损试验的延长，Cr/SiC复合材料的耐磨性能显著高于硬Cr层；Narayan R等人[48]指出：Cr/WC复合材料的硬度随WC颗粒含量的增加直线上升。

Nabeen K等人[49]研究了Co-Ni/B_4C复合材料。显微硬度随硬质颗粒体积含量的增加而增加，但耐磨性有所降低，原因是沉积层表面上Ni的组织结构为球粒枝晶状所致；Wu G等人[50]在研究Co-Ni/Al_2O_3复合材料时发现：电解液中Al_2O_3颗粒和Co^{2+}的同时存在对沉积有促进作用。阴极极化随Al_2O_3浓度的增加而增加。Co^{2+}会降低阴极极化，Ni^{2+}不会改变阴极极化。Al_2O_3颗粒会影响晶粒生长过程的晶面取向。

王立平等人[51]制备了Ni-Co/金刚石（平均粒径：10～60nm）纳米复合材料。纳米金刚石在基质中的均匀分布起到了弥散强化作用，提高了Ni-Co合金的硬度。同时也起到了支撑强化作用，提高了沉积层抗塑性流变和抗滑动磨损性能，磨损体积仅为Ni-Co合金的1/3；石雷等人[52]指出：不锈钢的平均摩擦因数为0.72，Ni-Co合金为0.53，而Ni-Co/SiC（2.5%，质量分数）纳米复合材料的平均摩擦因数仅为0.2。

车承焕等人[53]指出：化学沉积 Ni-P/SiC 复合材料的磨损量随 SiC 共析量的增加而减少。含20% ~25%（体积分数）SiC 的复合材料镀态硬度较高，耐磨性优于硬质铝氧化层和硬铬层；白晓军[54]的研究表明：化学沉积 Ni-P/SiC 复合材料的硬度高于 Ni-P 合金，400℃热处理时硬度最高，600℃热处理时耐磨性最好；王吉会等人[55]指出：Ni-P/WC（平均粒径：50nm，3.5%，质量分数）纳米复合材料表面均匀、致密。500℃热处理后硬度达1240HV；钟花香[56]对化学沉积出来的 Ni-P/Al_2O_3 复合材料的研究表明，显微硬度约为657HV，优于纯 Ni 层，热处理后硬度达1224HV；靳新位等人[57]指出：Ni-P/Al_2O_3 化学复合材料的硬度随时效温度升高而增加，在420℃达到最大值1310HV；曾鹏等人[58]研究了Ni-P/Cr_2O_3 化学复合材料的硬度在350℃时达到最大值1250HV，温度再升高，硬度将下降；郭忠诚等人[59]通过诱导共沉积制备了 Ni-W-P/SiC 复合材料，镀态硬度为550~750HV，在负荷30kg，6000循环磨损下，磨损量为2.73mg，经400℃ ×1h 热处理后硬度达1100~1400HV，磨损量下降到1.35mg；许小锋等人[60]制备了 Ni-P/Al_2O_3-PTFE 纳米复合材料。Al_2O_3（平均粒径：30~40nm）及 PTFE 的加入能够改善固体自润滑复合镀层的摩擦学性能，在相同条件下，纳米复合材料的磨损量只有纯 Cr 镀层的22%。

Metzger W[61]、Doscar J 等人[62]对 Ni-P 基复合材料耐磨性能进行了比较，如表1.2所示。

表1.2 Ni-P 基复合材料 Taber 磨损试验磨损量的比较

Ni-P 基复合材料种类	Taber 磨损指数（失重 mg）	Ni-P 基复合材料种类	Taber 磨损指数（失重 mg）
Ni-P	12~13	Ni-P/Cr_3C_2	7.8
Ni-P/SiC	2.6~3.9	Ni-P/WC	3.4~5.3
Ni-P/B_4C	2.1~2.3	Ni-P/金刚石	2.0
Ni-P/TiC	2.5	—	—

董一丘等人[63]研究了 Ni-W-Co/SiC 复合材料的干摩擦滑动磨损特性。结果表明：滑动距离小于某一临界值时，复合材料的磨损量随滑动距离延长而增大，摩擦系数保持较高值，发生黏着磨损。滑动距离大于上述临界值时，随滑动距离延长，磨损量略有增大，摩擦系数保持较低值，发生犁削磨损。干摩擦滑动磨损条件下，复合材料的耐磨性优于 Ni-W-Co 合金，而且随 SiC 复合相颗粒含量的增多而提高。

与 Ni-P 合金相比，以硼氢化物作还原剂获得的 Ni-B 合金或复合材料具有更高的硬度和更好的耐磨性。赵国鹏等人[64]制备了 Ni-B/SiC 复合材料，经400~

450℃热处理后硬度达到1349~1450HV，耐磨性高于中碳钢、硬铬层和Ni-B合金，耐磨性在500℃时最好；吴丰等人[65]指出：Ni-B/Al_2O_3复合材料与Ni-B合金同样具有良好的附着性能，经400℃热处理后硬度达最大值，磨损率最小，低于Ni-B合金；郭忠诚等人[66]对RE-Ni-B/SiC复合材料的研究表明：经400℃×1h和500℃×1h热处理后，硬度和耐磨性分别达到最佳值；朱立群等人[67]研究了Ni-W-B/ZrO_2（2.5%~11.6%，质量分数）纳米复合材料的耐磨性能，结果表明：ZrO_2纳米颗粒不会影响沉积层的结构，但能起到支撑点作用，使复合材料的耐磨性和硬度得到提高。

朱诚意等人[68]研究了氧化稀土对电沉积Ni-W-B/SiC复合材料性能的影响，结果表明：加入氧化稀土有利于SiC的共沉积，结晶细化，硬度提高。Ni-W-B/SiC复合材料的硬度随热处理温度的升高而增大，在400℃时达到最大值；郭忠诚等人[69]采用直流电沉积在40Cr、45钢等基体上获得了Ni-W-B/CeO_2-SiC复合材料。研究表明：CeO_2明显增强了沉积层的硬度和耐磨性，而且硬度和耐磨性随热处理温度的升高而增加，400℃热处理温度下硬度达到最高值，500℃热处理温度下耐磨性最好。

1.3.2 耐蚀金属基复合材料

耐蚀金属基复合材料的基质金属多以Ni基、Cr基、Cu基和Zn基为主。添加的颗粒主要有ZrO_2、SiC、TiO_2、SiO_2、Al_2O_3、B_4C等。

曹建明[70]制备了Ni：Zr组成比为1：3.6的复合材料，耐磨性比纯Ni层提高20%~50%，抗腐蚀性提高70%以上；Odekorken J M等人[71]制备了含5%~22%（体积分数）Al_2O_3（平均粒径：0.5~5μm）的Ni/Al_2O_3复合材料，与相同厚度的Cu/光亮Ni/Cr组合层相比，耐蚀性提高5倍；Benea L等人[72]制备了Ni/SiC（平均粒径：20nm）纳米复合材料，腐蚀电位比纯Ni正移了62mV；王健雄等人[73]制备的碳纳米管Ni基复合材料在20% NaOH和3.5% NaCl中的耐蚀性明显优于纯Ni层；桑付明等人[74,75]对Ni/SiO_2纳米复合材料的研究表明：增加电解液中的纳米颗粒含量，复合材料耐蚀性提高，当纳米颗粒含量达到4g/L后，耐蚀性又开始下降；赵璐璐等人[76]的研究表明：Ni-P/SiO_2纳米复合材料优良的耐腐蚀性与它的生长方式有直接联系；禹萍等人[77]的研究表明：Ni/SiO_2复合材料在5% NaCl+0.5% H_2O_2溶液中及800℃高温环境中，均表现出较好的耐蚀性能。

张恒等人[78]将Ni-P/Al_2O_3复合材料和Ni-P合金置于10% HCl中做挂片减重实验时发现：室温镀态下Ni-P及Ni-P/Al_2O_3在HCl中的腐蚀速度分别为53.9mg/(cm^2·a)和138.1mg/(cm^2·a)，好于相同条件下1Cr18Ni9不锈钢的耐蚀性；王红艳等人[79]指出：Ni-P/TiO_2复合材料当厚度达到12μm时已无孔隙，耐蚀性较强，耐盐雾性能可达10级；赵芳霞等人[80]研究了Ni-P/TiO_2（平均粒径：30nm）纳米复合材料在HCl、H_2SO_4、HNO_3、NaOH和NaCl溶液中的耐腐蚀性，结果表明：Ni-P/TiO_2纳米复合材料比Ni-P合金有更优异的耐酸、耐碱、耐盐腐蚀性能。在NaOH、NaCl和HCl溶液中的腐蚀形态为均匀腐蚀型，在H_2SO_4和HNO_3强氧化性介质中的腐蚀形态为点蚀穿透型。

曾鹏等人[81]研究了热处理对Ni-P/Cr_2O_3复合材料在HCl中耐蚀性能的影响。结果表明：由于弥散颗粒降低了基质金属的电极电位，微电化学腐蚀几率增加，使复合材料耐蚀性比Ni-P合金低。经过热处理后，Cr向基质金属扩散增加，使基质金属的电极电位提高，腐蚀速率下降；石雷等人[52]研究了Ni-Co/SiC纳米复合材料的耐蚀性能，结果表明：纳米颗粒的加入使金属的还原电位发生负移，但并没有改变电位变化的趋势。Ni-Co/2.5% SiC纳米复合材料在0.5mol/L HCl溶液中的腐蚀电位是-0.37V，Ni-Co合金的腐蚀电位是-0.47V，说明复合材料的腐蚀电位高于Ni-Co合金。

文明芬等人[82]将试片置于5% NaCl和10% NaOH溶液中，对比了电沉积Ni-Mo-P合金和Ni-Mo-P/SiC复合材料的耐蚀性，结果如表1.3所示。

表1.3 Ni-Mo-P合金和复合材料在不同介质中的耐蚀性能

合金和复合材料类型	5% NaCl	10% NaOH
Ni-Mo	120h 变色	120h 不变色
Ni-Mo-P	120h 变色	120h 不变色
Ni-Mo-P/SiC	720h 变色	120h 不变色

郭忠诚等人[83,84]的研究表明：Ni-W-P/SiC复合材料在HCl、H_2SO_4、$FeCl_3$和H_3PO_4溶液中的耐蚀性优于1Cr18Ni9Ti不锈钢；Ni-W-P/CeO_2-SiC复合材料在H_2SO_4和H_3PO_4中为缝隙腐蚀和晶间腐蚀，在HCl和$FeCl_3$中为点蚀和晶间腐蚀，在10% HCl、10% $FeCl_3$、10% H_2SO_4和40% H_3PO_4腐蚀介质中均具有较好的耐蚀性。

杨防祖等人[85]指出：ZrO_2均匀分散于Ni-W-B基质金属中，其非晶态结构特征更加明显。经400℃×1h热处理后，基质金属中的W向沉积表面偏析，Ni-W-B/ZrO_2复合材料呈现出固溶体的晶态结构特征，耐腐蚀性增强；朱立群等人[86]研究了ZrO_2纳米颗粒对Ni-W-B非晶合金的耐蚀性能的影响，结果表明：由于非晶合金中含有ZrO_2纳米颗粒，使得在5% NaCl溶液中的阳极溶解电流减少，当ZrO_2颗粒质量分数达10.9%时，复合材料在500～-100mV阳极极化电位范围内处于钝化状态。在1mol/L的H_2SO_4溶液中，复合材料的活化区窄于N-W-B非晶合金，在较宽电位范围内处于钝化状态。

骆心怡等人[87]的研究表明：CeO_2纳米颗粒（平均粒径：20～30nm）能使

纯 Zn 层的晶面产生择优取向，使其结构更为致密、均匀，耐蚀性提高；刘小虹等人[88]指出：纳米 Zn 沉积层较微米 Zn 沉积层的腐蚀电流密度增加，电化学腐蚀行为存在纳米尺寸效应。Zn 沉积层的纳米化使参与反应的原子数增加，阳极交换电流密度提高；氧的阴极还原更为容易，阴极交换电流密度提高；姜晓霞等人[89]通过 Al 粉与 Zn 的共沉积，制备出了 Zn-Al 复合材料，Al 粉加入后可使其耐腐蚀性能明显提高，盐雾腐蚀试验表明：热镀 Zn 层、电镀 Zn 的腐蚀速度为每天 30 ~ 40g/m^2，而 Zn-Al 复合材料腐蚀速度仅为每天 2 ~ 5g/m^2；Burkat G K 等人[90]制备了 Zn/金刚石（平均粒径：4 ~ 6nm）纳米复合材料，在 3% NaCl 中的耐蚀性明显好于纯 Zn 层；白晓军等人[91]指出：Al_2O_3 或 SiO_2 颗粒沉积到 Zn 中以后，耐腐性明显优于纯 Zn 层。Al_2O_3 质量分数为 0.1% ~ 1.5% 时，耐腐蚀能力比纯 Zn 层高 2 ~ 4 倍。SiO_2 质量分数大于 0.5% 时，耐蚀能力也有较大改善。

范云鹰等人[92]研究了 Zn-Fe/SiO_2 复合材料的耐蚀性，结果表明：该复合材料在 5% NaCl 溶液中的耐蚀性优于 Zn-Fe 合金 1.5 ~ 4 倍，更优于纯 Zn 层 3 ~ 20 倍；周永令等人[93]制备出了 Zn-Co/TiO_2（0.5% ~ 1.5%）复合材料，其耐蚀性是纯 Zn 层的 2 ~ 5 倍；朱立群[94]研究发现：在强碱性电解液中制备出的非晶态 Fe-Mo 合金表面存在大量微裂纹，但加入 ZrO_2，TiO_2 等颗粒改善了沉积层的表面状态，耐蚀性也得到提高。含 ZrO_2 和 TiO_2 的非晶态 Fe-Mo 复合材料的耐蚀性优于非晶态 Fe-Mo 合金；李崇豪等人[95]电刷镀制备的 Ni-Co/ZrO_2 复合材料塑模在空气中长期停放后仍没有锈蚀；王孝镕等人[96]研究了 Zn-Ni/TiO_2 复合材料的电沉积工艺。获得了含 0.4% ~ 2.1% TiO_2 固体颗粒和 1.2% ~ 3.1% Ni 的光亮细致复合材料，耐蚀性能是普通锌层的 2 ~ 4 倍。

1.3.3 自润滑金属基复合材料

MoS_2、BN、WS_2、PTFE、石墨以及氟化石墨等颗粒具有润滑性能，在大气中的摩擦系数很小，MoS_2 为 0.05 ~ 0.25，WS_2 为 0.05 ~ 0.25，PTFE 为 0.02，h-BN 为 0.1 ~ 0.2，石墨为 0.10 ~ 0.30，氟化石墨为 0.02 ~ 0.20，将这些颗粒和 Ni、Cu、Ag、Pb、Au、Co 等金属共沉积得到的金属基复合材料，可以防止摩擦副的两种金属直接接触从而减少黏着磨损，也可以作为滑动零部件的表面自润滑材料。代表性的复合材料有 MoS_2 复合材料、氟化石墨（CF）$_n$ 复合材料、聚四氟乙烯（PTFE）复合材料和 BN 复合材料。

MoS_2 具有很低的摩擦系数，在承受外力发生摩擦时，裸露在沉积层表面的 MoS_2 产生干膜润滑效应，使各种含有 MoS_2 的复合材料都具有优良的减磨功能。

杨川等人[97]用电刷镀制备出的 Ni/MoS_2 复合材料呈层状结构，MoS_2 分布均匀，是一种消耗型干膜自润滑材料，适用于不允许采用液体润滑的场所，可在宇航及航空工业中应用；Vest G E 等人[98]制备了含 20% ~80%（体积分数）MoS_2 的 Ni/MoS_2 复合材料。MoS_2 的共析量随着 pH 值和电流密度的降低而增加；姚冠新[99]制备了(Fe-Ni)/MoS_2 自润滑复合材料。MoS_2 颗粒在复合材料中分布均匀，在摩擦过程中易形成固体润滑膜，具有优异的抗磨和减磨性能。在相同条件下，减磨效果是球铁的 3 倍，而摩擦系数只有球铁的 1/2；Ghouse M 等人[100]制备的 Cu/石墨和 Cu/MoS_2 复合材料随着石墨和 MoS_2 含量的增加，摩擦系数几乎直线下降。但在颗粒含量足够高时（约 13% ~15%，体积分数），摩擦系数却保持不变，甚至略有上升；随负荷增加，摩擦系数下降。

郭会清[101]对胶体 Ni 基电解液中添加高硬度、高温下耐磨性好的 SiC，WC 颗粒（平均粒径：10 ~20μm）和抗黏着、自润滑、低摩擦系数的 MoS_2 颗粒（平均粒径：10 ~20μm），制备了电刷镀复合材料，测试了复合材料与对比试样的摩擦学性能，结果如表 1.4 所示。

表 1.4 摩擦系数的测试结果

材料类型	摩擦力矩/N · cm	载荷/N	摩擦系数
复合材料	129.68	300	0.2109
20 号钢（经碳氮共渗处理）	218.75	350	0.3049

石墨是一种常见固体润滑剂，可与 Ni 或 Cu 等金属共沉积形成复合材料，但石墨在高温、高速、高压以及潮湿情况下，会失去润滑作用。而氟化石墨在高温、高压、高速摩擦下仍能保持良好的摩擦性能，摩擦系数不因温度变化而显著改变。吴以南等人[102]指出：Ni-P/$(CF)_n$ 复合材料与硅树脂间的静摩擦系数是铜与硅树脂之间静摩擦系数的 1/2 左右。镀覆有 Ni-P/$(CF)_n$ 复合材料的模具比铜制模具的脱模性能明显改善。

PTFE 化学稳定性高，摩擦系数低，工作温度范围宽，能在 -100 ~280℃温度下长期工作并具有良好自润滑性。在滑动速度很低情况下，起始阶段的摩擦系数仅为 0.04，且能在摩擦面形成聚合物润滑膜，使摩擦过程中不发生黏着、咬死。但它又是一种非常软的聚合物，耐磨性差，一定负荷下将会变形，在运动状态时很快会被磨损[103 ~107]。

松林宗顺等人[108]的研究表明：Ni/PTFE（10%，体积分数）复合材料的磨损量为硬 Cr 层的 1/10 和光亮 Ni 层的 1/50 左右；汤皎宁[109]指出：Ni-P/PTFE 复合材料可使气体轴承的摩擦学性能提高；Pushpavanam M[110]制备出的含 30%（体积分数）PTFE 的复合材料也具有较低的摩擦系数；Ebdon P R[111]对 Ni-P/PTFE 复合材料的磨损过程进行了连续跟踪测试，高磷及中磷化学 Ni 层的摩擦磨损出现前，几乎不存在稳态磨损阶段；唐宏科等人[112]制备了 Ni-Co-P/PTFE 化学复合材料，具有良好的摩擦性能和润滑性能，摩擦系数为 0.05；黎永钧[113]、毛志远等人[114]分析了 Ni-P/PTFE 复合材料具有优异的减摩、耐磨性的原因是 PTFE 在摩擦磨损过程中发生铺展及转移，形成润滑膜，有效降低了摩擦系数。

张会臣等人[115]指出：在油润滑条件下，复合材料中的 Si_3N_4 颗粒有利于边界润滑油膜的形成，避免黏着磨损。分析了在干摩擦条件下，Ni-P/Si_3N_4 复合材料的耐磨机理为 Si_3N_4 颗粒能够显著降低摩擦副之间的黏着脱落和犁沟效应；陈小华等人[116,117]利用碳纳米管作为增强相制备了 Ni-P 基复合材料。由于碳纳米管具有较高的强度和一定的自润滑性，加之以网络和缠绕形态分布于基体中，增大了复合相的黏结力，使碳纳米管在磨损时不易拔出而脱落，提高了复合材料的耐磨性和自润滑性。

1.3.4 电催化活性金属基复合材料

电催化活性金属基复合材料主要用于电极材料，可分为单金属基、合金基、金属氧化物基和导电高分子聚合物基等不同类型[118]。基质材料主要有 Ni、Pt、Ni-P、Ni-Mo、PbO_2、Co_3O_4、聚吡咯（PPy）、聚苯胺（PAN）、聚噻吩（PTp）等，具有电催化活性的颗粒有 ZrO_2、TiO_2、RuO_2、PTFE、SnO_2 等。

燃料电池中阳极催化剂一般为 Pt，但单一的 Pt 催化剂对甲醇氧化的电催化活性较低，也易被中间产物 CO 毒化。近年来相继报道 Pt-Sn、Pt-Ru、Pt/WO 和 Pt-Ru/WO_x 等复合催化剂可同时提高对甲醇氧化的电催化活性和抗中毒能力，但 Pt-Sn、Pt/WO_x 等催化剂在酸性介质中的长期稳定性还存在一定问题。刘长鹏等人[119]报道了 Pt-TiO_x/Ti 和 Pt-Ru-Ti_x/Ti 电极对甲醇氧化呈现出了较高的电催化活性和稳定性，同时由于 Pt、Ru 与 TiO_x 的协同作用导致弱的 CO 吸附而使电极不易中毒。

Iwakura C 等人[120]研究发现，在 90℃、10mol/L NaOH 溶液中，当 $I = 100mA/cm^2$ 时，Ni-RuO_2 电极上的析氢过电位比 Ni 电极降低 300mV，表现出了更高的催化活性；Kunugi Y 等人[121~126]的研究表明，Ni-PTFE 复合电极对一些水溶性有机物的电化学反应有很高的电流效率，较纯 Ni 电极还能降低析氢和析氧反应过电位，也能降低醇类和醛类氧化反应过电位；Ni-Mo/PTFE 复合电极对甲醇氧化具有较高的催化性[127]；有关 Cu/PTFE 复合电极对甲醇的电催化氧化及在流动注射分析上的应用也有报道[128]。

Gierlokta D 等人[129]指出，在碱性和酸性环境中，Ni-P/TiO_2 复合电极对析氢反应有明显的电催化活性，能大幅度降低析氢反应过电位；Oleksy M 等人[130]发现：Co-P/Sc_2O_3 对于析氧反应有优良的电催化性，复合材料中含有很少量 Sc_2O_3（4%，质量分数）就会明显增大交换电流值；刘善淑等人[131]研究表明：在 80℃、25% NaOH 溶液中，Ni-P/ZrO_2 复合电极比 Ni 和 Ni-P 电极都有更高的析氢催化活性和良好的电化学稳定性，表面粗糙度的增大和析氢反应标准活化焓的降低，是提高催化性能的两个主要因素；蔡乃才等人[132]报道了高比表面积的 Ni-Mo/RuO_2 复合材料对析氢反应也有较高的催化性。

Bertoncello R 等人[133]在 Ti 基体上制备了 PbO_2-RuO_2/Ti 和 PbO_2-RuO_x/Ti 复合电极。对于析氧反应，PbO_2-RuO_2/Ti 复合电极比 PbO_2-RuO_x/Ti 具有更高的催化活性；Cattarin S 等人[134]制备出的 PbO_2-RuO_x-Co_3O_4 复合电极表面粗糙度比 PbO_2-RuO_2 和 PbO_2-RuO_x 更大，对析氧反应具有更高的催化活性；Bertoncello R 等人[135]将制备的 PbO_2-Co_3O_4 和 Ti_2O_3-Co_3O_4 复合电极作为阳极分别应用于析氧反应时，复合电极中的 Co_3O_4 含量和电极表面粗糙度是影响析氧反应的两个重要因素，PbO_2-Co_3O_4 复合电极的催化活性明显高于 Ni/Co_3O_4 复合电极；Belkaid N 等人[136]还制备出了 PbO_2-Fe_2O_3，PbO_2-Bi_2O_3 和 PbO_2-SnO_2 复合电极，在析氧反应上也表现出了较高的催化活性。

钟起玲等人[137]报道了 PAN（Pt）电极对甲酸、甲醛、甲醇均有较高的电催化氧化活性，其循环伏安正向扫描峰值电位分别为 0.28V、0.70V 和 0.75V，峰值电流密度分别为 330.4、735.7 和 878.6mA/cm^2；Becerik I 等人[138,139]制备的 PPy + Pt 和 PPy +（Pt + Pd）复合电极对 D-glucose 的氧化均具有比纯 Pt 电极更高的催化活性。

万本强[140]制备了铂颗粒修饰聚 2,5-二甲氧基胺电极（Pt-PDMA/Pt），在酸性介质中，甲酸的电化学氧化具有很高的催化活性，较铂电极的催化电流提高了 100 多倍。

1.3.5 电接触功能金属基复合材料

电接触功能金属基复合材料多以 Au、Ag 为基质金属，分散的颗粒主要有金刚石、WC、TiC、SiC 等。采用纳米颗粒与 Au、Ag 共沉积形成纳米复合材料，能在保持良好电接触性能的同时，大大增强基质金属材料的耐磨性和导热性。

郭鹤桐等人[141]以 Ag/La_2O_3 复合材料制备了电触头，电寿命试验前的接触电阻随 La_2O_3 含量的增加提高很少，只有百分之几到十几。但经通断电 10 万次后，接触电阻值变大，且 La_2O_3 含量越高，接触电阻增幅越大；Larson G 等人[142]在亚硫酸盐镀金液或氰化镀金液中加入硬度高、导电性好的 TiC、WC 颗粒，获得了硬度、强度及耐磨性比纯金层高的 Au/TiC、Au/WC 复合材料。Au/WC（17%）复合材料经 800℃热处理后，硬度为纯 Au 层的 1.5 倍，接触电阻为 1.08mΩ，接近纯 Au 层的 0.78mΩ；Au/SiC 复合材料的耐磨性和电接触性能比 Au/WC 好[143]；Ghouse M[144]指出：在静态接触时，Ag/h-BN 与 Ag/MoS_2 复合材料的接触电阻值差别不大，但在动态接触时，Ag/MoS_2 复合材料的接触电阻与普通 Ag 层相近，而 Ag/h-BN 复合材料却大得多。此外，还有 Au/Al_2O_3、Au/Ni-

SiO_2、Au/ZrB_2、Sn/MoS_2、Sn/Al_2O_3、Sn/WC 等电接触复合材料。

1.4 脉冲电沉积技术的研究进展

1.4.1 脉冲电沉积设备的状况

脉冲电源主要有单脉冲电源、双脉冲电源和多脉冲电源设备。双脉冲电源在我国于20世纪80年代末开发成功。但双脉冲电源与单脉冲电源一样，输出的参数仍是固定的单向脉冲电流或周期换向脉冲电流，存在输出波形单一，可控参数少，制备出的纳米颗粒增强金属基复合材料的结构和性能不够理想，而且若欲改变脉冲参数，须停机后进行重新设置等缺点，给连续生产带来不便。智能多脉冲电源是我国最近三年新研发成功并能够应用于制备纳米复合材料的脉冲电源，使用过程中，可以循环输出多组脉宽、频率、幅值、换向时间、工作时间等参数各不相同的单向或周期换向脉冲电流。使用不同参数的脉冲电流所获得的复合材料结构或组分是不同的，所以选择合适的不同参数的脉冲电流交互更替进行电沉积，能有效提高电解液的阴极极化程度，使阴极过电位升高和晶核形成几率提高，晶粒细化，进而得到性能优异的纳米尺寸的金属基纳米复合材料，为纳米复合电沉积技术的研发与生产提供了强有力的手段。

传统的电沉积基本上是采用直流电源。用直流电源电沉积时，直流电流具有连续性或持续性，不会随时间改变而中断，在阴极和溶液界面处会形成较厚的扩散层，使阴极表面的金属离子浓度降低而产生浓差极化，限制了沉积速度，使用较大的电流密度不但不能提高沉积速度，反而使阴极析氢量增加，电流效率降低，产生氢脆、针孔、麻点、烧焦和起泡等缺陷。因此，直流电流在提高阴极电流密度、抑制副反应产生、降低杂质含量、改善电流分布等方面作用甚微。脉冲电源输出的脉冲电流是一个通断的直流冲击电流，最典型的是方波脉冲电流，除了电流或电压之外，还有脉冲导通时间和脉冲关断时间可供调节。由脉冲导通时间和关断时间可以另外引出两个脉冲电沉积的重要参数，即脉冲频率和脉冲占空比。在脉冲电沉积时，电解槽的平均电流密度与峰值电流密度和脉冲占空比三者之间也存在一定的关系，当平均电流密度一定时，峰值电流密度会依脉冲占空比的不同而不同。在脉冲导通期内，脉冲峰值电流相当于普通直流电流的几倍甚至十几倍，高的电流密度导致的高过电位使阴极表面吸附的原子总数大幅度增加，使晶核的形成速率远远高于初始形成晶体的生长速率，从而形成具有较细晶结构的沉积层。另外，高的过电位还能降低析出电位较负的金属电沉积时析氢等副反应所占的比例，有利于降低沉积层的氢脆性。

1.4.2 脉冲电沉积工艺的进展

与直流电沉积相比，脉冲电沉积是槽外控制金属电沉积的一个强有力手段，它利用时间功能，通过改变脉冲参数来改善沉积层的物理化学性能，从而获得功能性纳米颗粒增强金属基复合材料[145~147]。近几年，随着电子工业中电子器件表面质量要求的提高和国产脉冲电源技术的日趋成熟，脉冲电沉积技术在实际生产应用中得到了迅速发展。

Chai H J[148]从标准镀 Cr 液中，在温度55℃、平均电流密度60A/dm^2、频率5~50kHz 条件下，制备出的光亮 Cr 镀层，硬度达1050HV，并且具有压应力；Krishnan R M 等人[149]研究发现：周期换向脉冲镀 Cr（阴极时间175s，阳极时间5s）比直流镀 Cr 和直流中断镀 Cr（阴极时间175s，空载5s）获得的 Cr 沉积层晶粒更加细致均匀，硬度提高。在高电流密度时，由于凸出晶粒被溶解，沉积层也很少有瘤状沉积物生成；Han S H 等人[150]获得了从自动调节高速镀铬液中脉冲电镀硬 Cr 的最佳脉冲参数：脉冲频率1kHz、通/断比1∶1、平均电流密度14A/dm^2。制备的硬 Cr 沉积层结构为六方紧密堆积，耐磨性随表面粗糙度的增加而增加，随硬度的增加而降低。

Devaraj G 等人[151]在脉冲频率10~100Hz、占空比10%~80%、平均电流密度4~12A/dm^2 条件下进行了脉冲电镀 Ni 的研究：在平均电流密度等于直流电流密度时，脉冲电镀电流效率高于直流电镀。增加占空比、电流效率增加。脉冲电流可以提高 Ni 沉积层的硬度和降低孔隙率；曾燕平等人[152]利用四变量三水平的正交实验，优选出了周期换向脉冲电镀 Ni 沉积层应力最低的脉冲参数：频率f=1100Hz、占空比 =1∶10、正向峰值电流 $I_{p正}$=89A、负向峰值电流 $I_{p负}$=80A。制备出的 Ni 沉积层应力低、孔隙少、含氢量低、平整度高，质量优于直流镀 Ni 沉积层。

向国朴等人[153]从硫酸盐光亮镀 Ni 体系中研究了脉冲电沉积 Ni-Co 合金，优选出的脉冲参数为：t_{on}=1ms、t_{off}=1.5ms、j_p=10A/dm^2，同时与直流电沉积进行了比较，发现脉冲电沉积合金的孔隙率低于直流电沉积；侯丛福等人[154]采用脉冲电镀制备了 Ni 沉积层，结晶细密，孔隙率低，内应力和硬度提高，[200]晶面存在择优取向。

崔宁等人[155]的研究表明：脉冲电流克服了直流电流存在的对镀液浓差极化差的影响，提高了 Ni-P 非晶合金的沉积速度，细化了晶粒，改善了沉积层的质量。其显微硬度大致与 T_{off}成正比，与 T_{on}和 P 含量成反比。

脉冲镀 Cu 主要有两个目的：一是印刷电路板的通孔镀 Cu，要求沉积层厚度均匀，改善焊接性能，二是在制板工业中制板用的铜要求镀光亮 Cu，沉积层应平整，硬度在(205±20)HV 内。Devaraj G[156]使用不含添加剂的酸性镀 Cu 电解液，在脉冲频率为10~100Hz、占空比5%~80%、平均电流密度2.5~7.5A/dm^2 条件下的研究表明：增加平均电流密度，沉积层孔隙率降低。在频率为50~100Hz时，增加占空比，硬度增加，占空比为80%时硬度最大。Stoychev D S[157]采用酸性镀 Cu 液，在平均电流密度 12A/dm^2、脉冲宽度 10ms、脉冲频度 5～40Hz 的条件下研究发现：脉冲镀亮 Cu 的硬度比直流镀亮 Cu 高，特别是当频率为 5Hz 时，硬度可以达到 230HV。

脉冲镀 Au 已成为国内外用于工业镀 Au 的常规工艺。电触头表面进行镀金是广泛采用的一项技术，目的是减小电阻，提高使用寿命。章志敏等人[158]采用亚硫酸脉冲镀 Au 技术，在直径小于 15μm 的超细钼丝上制备出了一层厚度为 0.6～2.5μm 均匀致密的 Au 沉积层，有效降低了钼丝表面的粗糙度并提高了抗氧化能力；Holmbom L G 和 Jacobson B E[159,160]采用低氰柠檬酸盐镀 Au 工艺的研究表明：脉冲镀 Au 的电流效率比直流镀 Au 低，但随占空比和温度的提高而提高；许维源[161]从低氰柠檬酸盐镀 Au 液中，采用周期换向脉冲电流（PR）镀 Au，并与直流（DC）和脉冲电流（PC）镀 Au 进行了比较，结果表明：PR 镀金层致密性、均匀性、抗高温变色性及耐潮湿性等方面均优于 PC 及 DC 镀 Au。

许超武[162]选用脉冲镀 Ag 的参数是：通断比（T_{on}/T_{off}）：1/3、脉冲频率：1000Hz、平均电流密度：0.2～0.5A/dm^2。该工艺增强了 Ag 沉积层的抗变色能力，简化了镀后处理，提高了生产效率；W. Reksc 等人[163]采用脉冲电流密度 16～20A/dm^2、脉冲宽度 0.1～0.9s、间歇时间 13～17s，从氰化物电解液制备出光亮的 Ag-Ga 合金层。Ga 含量随脉冲电流密度的升高，间歇时间的延长和镀液中 Ga 浓度的升高而升高；邓正平[164]通过对比试验，优选了钛合金脉冲镀 Ag 的工艺参数，提出了钛合金脉冲镀 Ag 层质量的检验方法。

很早就有人以脉冲电流进行了镀 Pd 试验，最大问题是在沉积 Pd 时大量析氢，导致裂纹出现[165]。Yoshimura S 等人[166]进行了乙二胺型镀液的试验，获得了细致光亮的沉积层，沉积层中含氢量低微，电流效率令人满意。脉冲参数为：脉冲电流密度 1.5～11A/dm^2、脉冲宽度 0.5～5ms、间歇时间 1～25ms。脉冲电流密度在 1A/dm^2 以内时，电流效率为 70%。电流密度增大，沉积层中氢含量升高，电流效率降低。

杨春晖等人[167]确定了双脉冲氰化镀 Zn 的最佳参数：频率为 1000Hz、正向占空比为 20%、反向占空比为 5%、正反向脉冲个数比为 10∶1，沉积层耐蚀性优于直流沉积层；徐明丽等人[168]研究了脉冲与直流对 Fe 沉积层性能的影响，脉冲镀 Fe 沉积层的表面形貌较直流镀 Fe 层平整光滑，结晶细致，无大的气孔；曹铁华等人[169]确定出了脉冲电沉积 Ni-P/SiO_2 纳米复合材料的最佳工艺条件。与直流条件下获得的 Ni-P 合金相比，采用脉冲电流获得的合金硬度较高，当合金中沉积 SiO_2 纳米颗粒后，显微硬度进一步提高。

王军丽等人[170]在进行单脉冲电沉积 Ni-W-B/CeO_2 多功能复合材料工艺及性能研究时，通过在体系中添加 PTFE、BN、MoS_2、SiC、B_4C、Al_2O_3 等微米级固体颗粒，降低了复合材料的内应力，消除了表面裂纹，提高了显微硬度及耐磨性。张欢等人[171]也进行了单脉冲电沉积制备多元多功能微米级复合材料的研究，制备了 Ni-W-P/SiC、Ni-W-P/CeO_2-SiC、Ni-W-P/CeO_2-SiC-MoS_2 和 Ni-W-P/CeO_2-PTFE 等新型复合材料。

曹铁华[172]采用脉冲电流，制备了 Ni-P/SiO_2 纳米复合材料，考察了脉冲平均电流密度、脉宽占空比、搅拌方式及 SiO_2 纳米颗粒添加量对沉积速率、镀层硬度和 SiO_2 沉积量的影响；傅欣欣[173]利用超声-脉冲电沉积法，制备出了 Ni/SiC 纳米复合材料，与常规直流电沉积法相比，Ni 晶粒更为细化，达到纳米尺寸。

李科军[174]采用脉冲电沉积与超声波技术相结合，制备出了纳米晶金属 Ni 的沉积层。脉冲电流密度对沉积层晶体粒径的影响很大，脉冲平均电流密度从 $3A/dm^2$ 增加到 $13A/dm^2$，Ni 晶体粒径从 32.6nm 减小到 11.5nm，硬度从 453HV 提高到 643HV，沉积层的织构择优面由疏松型的（200）织构变为紧密型的（111）织构。

侯峰岩[175]采用脉冲纳米复合电沉积技术制备了 Ni/ZrO_2 纳米复合材料。研究表明：脉冲纳米复合电沉积可以提高 ZrO_2 颗粒的复合量，可以使晶粒尺寸细小，沉积层致密，ZrO_2 纳米颗粒在基质金属 Ni 中分散均匀。

1.5 复合电沉积机理的研究进展

复合电沉积是在电解液中加入固体颗粒，要保证固体颗粒与其他金属或合金实现共沉积而进入到复合材料中，必须满足以下条件[176]：

（1）固体颗粒呈悬浮状态。

（2）固体颗粒粒度适当，粒度过大，不易被包覆；粒度过小，则团聚严重，在沉积层中分布不均匀。

（3）固体颗粒具有亲水性，在水溶液中最好是带正电荷，这对疏水微粒，（如氟化石墨、聚四氟乙烯等）特别重要。

固体颗粒如何进入基质金属中，即基质金属与固体颗粒共沉积机理问题，自 20 世纪 70 年代以来，国际上陆续开始报道，为推动电沉积理论的发展和电沉积技术的应用奠定了基础。例如，Brandes E A 等人[177]提出了机械截留理论，认为在复合电沉积时，固体颗粒由电解液内部向阴极表面运动的过程中受到两种力的作用：一是在搅拌条件下由于电解液的流动使固体颗粒悬浮并运动到阴极附近，同时颗粒带电后在电场力的作用下电泳到阴极表面。1963 年，Tomaszewski T W 等人[178]提出颗粒可通过吸附金属离子和氢离子使其表面荷正电；增大金属离子的浓度或加入 TEPA、EDTA 等，可提高颗粒吸附金属离子的量。他们假设这些添加剂在共沉积时的促进作用来源于它们能提高和改善金属离子在颗粒表面的吸附，从而有利于颗粒向阴极表面移动和吸附。Foster J 等人[179]在研究 Ni、Cu 与

Al_2O_3 颗粒的复合电沉积时认为：固体颗粒表面吸附电解液中的正离子而形成较大的正电荷密度，才是固体微粒与金属共沉积的前提条件。

有关复合电沉积机理研究，国内外学者提出了几种不同的观点，每种机理都有合理的一面，能够解释一些现象，但也都具有片面性，不能解释所有复合电沉积的现象。综合来看，最具有代表性的固体颗粒与金属的共沉积主要有以下三种机理[180~183]：

（1）吸附理论：颗粒与金属共沉积必须通过范德华力，使颗粒吸附在阴极表面后才能发生。一旦颗粒被吸附在阴极表面，便能够被生长的金属嵌入。

（2）力学机理：颗粒携带电荷在共沉积过程中意义不大，颗粒只通过简单的力学过程被裹覆。颗粒被运动流体传递到阴极表面，一旦接触阴极便靠外力停留其上，在停留时间内，被生长的金属捕获。因此认为共沉积过程依赖于流体动力因素和金属沉积速率。

（3）电化学机理：电极与溶液界面间的场强和颗粒表面所带电荷是电沉积的关键因素。颗粒在镀液中的电泳迁移速率是控制电沉积过程的关键；颗粒穿越电极表面分散层的速率及电极表面形成的静电吸附强度是控制该过程的关键；颗粒部分穿越电极表面的紧密层，吸附在颗粒表面的水化金属离子阴极还原，使得颗粒表面直接与沉积金属接触，从而形成颗粒-金属键，这一过程的速率被认为是颗粒共沉积的控制步骤。

对于这三种理论，人们很难区分它们之间的相对重要性，更无法形成一个统一的认识，只能认为对于某些体系或实验现象，其中某种理论能给予更好的解释。例如，利用力学机理可解释微观分散能力对复合电沉积的影响以及那些荷负电或不带电的颗粒的复合电沉积过程。对于搅拌因素对复合电沉积的影响，也只能用力学机理来分析。对于电解液种类、pH 值和温度等因素对复合电沉积过程的影响，用力学机理解释便行不通，而电化学机理却可以给出解释：颗粒在不同电解液中，对不同金属离子的吸附能力不同，表面电荷密度便不同，引起颗粒共沉积能力的不同。pH 值不同，颗粒对 H^+ 吸附能力不同。pH 值越低，颗粒表面吸附的 H^+ 越多，当颗粒抵达电极表面并部分进入紧密层后，H^+ 脱附且还原，阻碍了颗粒-电极键的形成，出现颗粒“漂浮”现象，从而降低了颗粒沉积的速率。至于温度的影响，电化学机理认为是由于不同温度导致小颗粒表面荷电状态不同而引起的。

对于电沉积过程复合材料的形成，目前公认有三大步骤[183]。

（1）悬浮于电解液中的颗粒从电解液深处向阴极表面附近输送。该步骤主要取决于对电解液的搅拌方式和强度以及阴极的形状排布状况。

（2）颗粒黏附于电极上。凡是影响颗粒与电极间作用力的各种因素，均对这种黏附产生影响，它不仅与颗粒和电极的特性有关，而且还与电解液的成分和性能以及电沉积的操作条件有关。

(3) 颗粒被阴极上析出的基质金属嵌入。黏附于电极上的颗粒，必须延续到超过一定时间，才可能被电沉积的金属捕获。因此，这个步骤除了与颗粒的附着力有关外，还与流动的电解液对黏附于阴极上颗粒的冲击作用及金属电沉积速度等因素有关。

但是，目前对于一些实质步骤还未形成一个统一的认识，仍有待进一步研究。

1.6 描述复合电沉积过程的数学模型

在已有的复合电沉积机理的研究成果中，比较有影响力的用于描述复合电沉积机理的数学模型主要有如下六种。

1.6.1 Guglielmi 模型[184]

为解释阴极电流密度对复合电沉积过程的影响以及复合沉积层中颗粒含量与电解液中颗粒浓度之间的非线性关系，Guglielmi N 提出了两步吸附理论并建立了模型。

两步吸附机理认为：第一步，表面带有吸附离子层的颗粒首先弱吸附在阴极表面，此时颗粒表面仍被吸附的离子层所包围，具有可逆性，实质上是一种物理吸附，颗粒的弱吸附量较多；第二步，随着一部分弱吸附在表面的吸附层被还原，颗粒与阴极发生强吸附而进入沉积层，具有不可逆性，随着金属的电沉积，处于强吸附状态的微颗粒永久被嵌入到沉积中。该模型认为，强吸附步骤是复合电沉积过程的速度控制步骤。

两步吸附理论综合考虑了电泳和吸附机理，为人们理解金属和颗粒的共沉积过程作出了重要的贡献。直到现在，该机理仍然是研究复合电沉积机理的经典理论。该模型对弱吸附步骤的数学处理采用 Langmuir 吸附等温式的形式，对强吸附步骤，认为颗粒的强吸附速率与弱吸附的覆盖度和电极与溶液界面间的电场有关，通过理论推导，其基本方程式为：

$$\frac{C}{\alpha} = \frac{Wi_0}{nFdv_0} \cdot e^{(A-B)\eta} \cdot \left(\frac{1}{K} + C\right) \tag{1.4}$$

式中，α 和 C 分别为颗粒在复合沉积层和电解液中的体积分数；W 、d 和 i_0 分别为被沉积金属的相对原子质量、密度和交换电流密度；n 为参加反应的电子数；F 为法拉第常数；v_0 为颗粒弱吸附覆盖度 $\sigma = 1$ 及阴极过电位 $\eta = 0$ 时的颗粒强吸附速度；A 和 B 分别表示反映电极与溶液界面间电场对金属电沉积和对颗粒强吸附影响程度的常数；K 为颗粒弱吸附的速度常数。

Guglielmi 模型表达式将颗粒的共沉积量与溶液中颗粒分散量和阴极过电位联系在一起，反映了颗粒共沉积的主要特性，在 Ni/SiC、Ni/TiO_2、Cu/Al_2O_3、Ag/Al_2O_3、Ni/WC、Au/SiC、Au/WC 和 Ni/Al_2O_3 等体系中得到了验证[185~191]。但由于其未考虑到流体力学因素、溶液成分、pH 值、温度及颗粒大小、尺寸等的影响，因而仍存在较大的局限性，还有待于进一步发展和完善。

1.6.2　MTM 模型[192]

由于 Guglielmi 模型不能满意解释在 Cu/Al_2O_3 等体系中出现的颗粒共析量与 D_k 关系中存在有峰值这一现象，Celis J P 等人提出了 MTM 模型。基本假设是："只有当吸附在颗粒表面的离子还原到一定比例时，颗粒才能被嵌入"。该模型提出了五步沉积机理：第一步是颗粒表面在电解液中形成吸附层；第二步是颗粒在搅拌作用下通过流动层迁移到动力学边界层；第三步是颗粒通过扩散层到达阴极表面；第四步是自由吸附的电活性离子在阴极得到还原；第五步是当颗粒上最初吸附的一部分离子还原的同时，颗粒被捕获，进而和基质金属形成复合沉积层。因综合考虑了各种因素的影响，该模型可以预测颗粒的共析量，建立起的颗粒共析量关系式为：

$$W_t = \frac{W_p N_p P}{W_i + W_p N_p P} \tag{1.5}$$

式中，W_p 为单个颗粒的质量；N_p 为单位时间内通过扩散层到达阴极表面单位面积的颗粒数；P 为颗粒发生共沉积的概率；W_i 为单位时间内单位面积沉积层由于金属沉积作用所增加的质量。

这个基于沉积过程统计方法的模型，同时考虑了流体力学因素和界面场强对复合电沉积过程的影响，为不同定量的描述复合电沉积过程的机理提供了可能性并在 Cu/Al_2O_3 和 Au/Al_2O_3 体系中进行电沉积时得到了证实。由于模型缺乏对电极与溶液界面和颗粒电极的相互作用的认识，因而 MTM 模型仍有较大的局限性[193]。

1.6.3　Valdes 模型[194]

Valdes J L 为了避免对于颗粒/阴极相互作用认识不清楚这一问题，引进了完全沉降模型。该模型假定颗粒在到达电极表面一定距离内便被生长的金属不可逆地捕获，在旋转圆盘电极上复合电沉积时，颗粒在电解液中传质遵守质量平衡原则，由此推导出颗粒数目浓度的连续性方程：

该模型假定处在电极表面一定距离内的所有颗粒都将不可逆地被电极立即捕获。在电子-离子-颗粒电子迁移模型中，Valdes 认为吸附在颗粒上的电活性离子，其电化学还原为电极表面颗粒的共沉积提供了必要的相互结合作用。因此，影响颗粒共沉积的主要驱动力不可避免地成为活化过电位。根据 Bulter-Volmer 动力学，导出了颗粒沉积的电化学速率表达式，表示为：

$$r_p = k^0 c_s \left\{ \exp\left(\frac{-\alpha ZF}{RT} \eta_a \right) - \exp\left[-\frac{(1-\alpha) ZF}{RT} \eta_a \right] \right\} \tag{1.6}$$

式中，k^0 是依赖于 c_s 的标准电化学反应速率常数；c_s 为吸附在颗粒上的电化学活性物质的浓度；η_a 为电极反应过电位。

这一模型因为引进了作用在向电极表面迁移的颗粒上的电化学和流体动力学等概念而极具意义，在具体处理流体力学对复合电沉积过程的影响时，能定量地描述流体力学运动的规律，理论上可以预测电流密度与颗粒复合沉积速度之间的变化趋势。但在解释在极限电流下有一极大共沉积峰存在的这一现象时，与实验结果是相悖的。

1.6.4 运动轨迹模型[195]

1992 年，在 Valdes 模型的基础上，Fransaer J 等人基于对旋转圆盘电极周围流体场的认识，在充分考虑电极附近流体流动状况以及颗粒在电极上所受各种力的作用，如重力、浮力、电泳力、分散力、双电层力等的基础上，提出了用于分析和估计颗粒共沉积速率的运动轨迹模型。对于非布朗型颗粒，不考虑扩散影响，通过建立颗粒的运动方程，便可决定其轨迹方程。在旋转圆盘电极上，通过极限轨迹分析法，可求出单位时间内碰撞到工作电极表面上颗粒的体积流量。若有一部分颗粒能黏附在电极表面，可计算出颗粒的共沉积速度。该模型提出了滞留系数的概念，表达式为：

$$P_i = \frac{\int_{F_{shear}}^{\infty} (f_{adh}(F) + F_{stagn}) \mathrm{d}F}{\int_0^{\infty} (f_{adh}(F) + F_{stagn}) \mathrm{d}F} \tag{1.7}$$

式中，$f_{adh}(F)$ 为颗粒在电极表面黏附力的分布函数；F_{stagn} 为作用在颗粒上并指向电极表面的滞留力；F_{shear} 为切向力；P_i 为碰撞到电极表面上的某个颗粒被电极黏附并停留在其上的概率，它与体积流量的乘积即为滞留在电极表面的颗粒数量，可认为它就是颗粒的复合沉积速率。

运动轨迹模型详细考察了电极表面颗粒所受力以及流体场因素对其复合电沉积过程的影响，可以定量地描述电解液中的流体力学规律，使实验结果可以重现，进一步深化了对复合电沉积机理的认识；其不足之处是没有很好地分析界面电场的影响，对于一些小颗粒的运动轨迹不能给出其轨迹方程，以及对于湍流场颗粒的传质过程也不能通过“机械轨迹法”给出定量解。

1.6.5 Hwang 模型[196]

1993 年，Hwang B J 和 Hwang C S 等人在酸性溶液中电沉积 Co/SiC 复合沉积层时，提出了一个比 Celis 模型更具有普遍性的模型。Hwang 模型在 Guglielmi 模型的基础上，考虑了不同电流密度范围内颗粒的共沉积速率是由吸附不同种类的颗粒电极反应所决定，而吸附速率则由动力学或扩散参数确定的作用，也考虑了液相传质对反应机理的影响。模型能较好地解释 SiC 共沉积量与电流密度关系曲线中出现两个峰值的现象，认为颗粒从本体溶液到完成复合沉积的整个过程经历了三个步骤：首先由强制对流带到电极表面的吸附层，然后在阴极表面弱吸附，最后不可逆沉积在基底上。

在 Co/SiC 体系中，颗粒的沉积速度由 Co^{2+} 和 H^+ 的电化学还原速度和液相传质速度联合控制：在低电流密度区，只有 H^+ 得到还原；在中电流密度区，H^+ 的还原速率达到极限值而 Co^{2+} 开始还原；在高电流密度区，Co^{2+} 和 H^+ 的还原速率都达到极限值。

类似于 Guglielmi 模型，他们将金属沉积的速率定义为：

$$v_m = \frac{M_m}{\rho_m nF} i\Gamma(1-\theta) \tag{1.8}$$

式中，Γ 为电流效率；θ 为强吸附表面覆盖率。

在低电流密度区，颗粒的沉积速率表示为：

$$v_p = k_1 C_H^0 \sigma e^{B_1\eta} \tag{1.9}$$

式中，C_H^0 为颗粒表面吸附 H^+ 的浓度，随着 H^+ 还原的增加而降低。

在中电流密度区，颗粒的沉积速率为：

$$v_p = v_{p,H^+} + k_2\left(1 - \frac{v_p}{v_{p,m}}\right) C_m^\infty \sigma e^{B_2\eta} \tag{1.10}$$

式中，$v_{p,m}$ 为由于金属还原而产生的颗粒极限沉积速率；C_m^∞ 为镀液中的金属离子浓度。

在高电流密度区，颗粒的沉积速率可简化为：

$$v_p = k_3\sigma \tag{1.11}$$

和其他模型相比较，Hwang 模型更为精确。但由于公式中包含有许多参数，使得轻易洞察这些参数的影响变得十分困难，需要用计算机进行大量的计算。

1.6.6 Yeh 和 Wan 模型[197,198]

1997 年，Yeh S H 和 Wan C C 在研究 Watts 镀镍液中 Ni/SiC 复合电沉积时发现，在低电流密度区，复合电沉积过程遵循 Guglielmi 的两步吸附机理。当电流密度大于极限电流密度时，复合电沉积是颗粒扩散控制的函数，SiC 颗粒没有足够的时间在电极表面弱吸附。在这种情况下，就不能用吸附控制模型来解释复合电沉积机理。在考虑到搅拌作用的影响时，提出了高电流密度下复合电沉积为颗粒向阴极的传输所控制的理论，其数学模型为：

$$\frac{\alpha}{1-\alpha} = \frac{nFdfw}{\xi iM}C \tag{1.12}$$

式中，α 和 C 分别为颗粒在复合镀层和电解液中的体积分数；i 为电流密度；f 为转换因子；ξ 为电流效率；w 为电磁搅拌速度；d 为电沉积金属的密度；n 为电沉积金属的化合价；M 为电沉积金属的相对原子质量；F 为法拉第常数。

Yeh 和 Wan 模型很好地解释了高电流密度区 Ni/SiC 复合电沉积的机理，该模型也在彭群家等人研究 Watts 镀镍液中 Ni/ZrO_2 复合电沉积机理时得到证实[199]。但其直线斜率的物理意义仍不清楚，而且由于磁力搅拌导致电解液产生湍流，实验数据的重现性受到影响。因此，该模型只有半定量的意义。

1.6.7 其他机理及模型

除了以上几种典型的数学模型以外，还有并联吸附理论[200]、吸附力模型[201]、Guglielmi 修正模型[202]、武刚模型[203]、Vereecken 模型[204]、Shao 模型[205]等。

综上所述，尽管人们对复合电沉积机理的研究做了许多的工作，但颗粒到达阴极后，以何种力黏附其上，然后又是以怎样的模式或途径被捕获，生长金属到底是如何包裹住固体颗粒的？人们对这些关键性问题的认识目前尚不完全清楚，而当前的实验手段还不能直接对复合电沉积的本质过程进行观察或测试。因此，以上所提及的这些数学模型，均有待于进一步的修正和完善。

2 实验及研究方法

2.1 电解液组成及工艺条件

制备 Ni-W-P/CeO_2-SiO_2 颗粒增强金属基纳米复合材料电解液组成和工艺条件为：

$NiSO_4 \cdot 6H_2O$	50 ~ 90g/L
$Na_2WO_4 \cdot 2H_2O$	60 ~ 140g/L
$NaH_2PO_2 \cdot H_2O$	4 ~ 12g/L
$C_6H_8O_7 \cdot H_2O$	80 ~ 160g/L
n-CeO_2（平均粒径：30nm）	0 ~ 14g/L
n-SiO_2（平均粒径：30nm）	0 ~ 30g/L
非离子表面活性剂 PEG10000	5 ~ 35mg/L
阳离子表面活性剂 CTAB	2 ~ 12mg/L
电解液 pH 值	3.5 ~ 7.5
电解液温度	30 ~ 70℃
超声功率	100 ~ 500W
超声处理时间	30min
机械搅拌转速	500 ~ 1750r/min
电沉积时间	120min

为保证 n-CeO_2 和 n-SiO_2 颗粒在电解液及复合材料中分散均匀，在脉冲电沉积之前，采用超声设备对含有 n-CeO_2 和 n-SiO_2 颗粒的电解液进行分散处理。除研究超声功率对复合材料脉冲电沉积过程的影响时变化了超声功率外，其他条件研究时，超声功率均控制在 300W，超声分散时间为 30min。在脉冲电沉积时，采用机械搅拌维持电解液中 n-CeO_2 和 n-SiO_2 颗粒的分散均匀性。

阳极材料选用 316L 不锈钢，阴极材料采用普通碳钢，尺寸为 30mm × 60mm × 2mm。为减少实验检测误差，每次实验均使用重新配制的电解液完成，电解液体积为 500mL。

2.2 实验设备及参数

采用 SMD-60P 智能多脉冲电源进行 Ni-W-P/CeO_2-SiO_2 颗粒增强金属基纳米复合材料的脉冲电沉积制备。

2.2.1 智能多脉冲电源的特点

SMD-60P 型智能多脉冲电源即智能多组周期换向的脉冲电源，可以循环输出多组脉宽、频率、幅值、换向时间、工作时间等参数各不相同的单向或周期换向脉冲电流。由于使用不同参数的脉冲电流制备出的复合材料的结构及组分是不同的，所以选择适当的脉冲参数进行复合电沉积，为制备性能优异的微米级、纳米级颗粒增强金属基复合材料提供了良好条件。SMD-60P 型智能多脉冲电源为推动纳米复合电沉积技术的发展与生产均提供了强有力的手段。该电源的特点是：

（1）能够循环输出 10 组参数各异的电流波形，每组电流可在直流、单脉冲、双脉冲或直流换向、直流与脉冲换向、间断脉冲等波形中任意选择；

（2）每组电流工作时间可以在 0～9999s 间任意选择，便于控制各组电流获得的金属基复合材料的厚度；

（3）各组脉冲电流交替运行过程中，脉冲平均电流始终不变，以保证使用不同占空比时各组的脉冲峰值电流各不相同；

（4）采用 PLC 控制,各组电流交替运行、脉冲参数运算、脉冲计时实现智能化；

（5）触摸屏操作，动态显示每组电流工作画面，便于对正在运行的脉冲参数进行实时观测和调整。

2.2.2 智能多脉冲电源的输出参数

智能多脉冲电源的输出参数有下列 7 种：

（1）输出波形：方波脉冲或直流；

（2）脉冲宽度（t_{on}）：100～9999μs；

（3）脉冲周期（T）：200～9999μs；

（4）总工作时间：1～9999min；

（5）组工作时间：$0 \leqslant t_1$、t_2、…或 $t_{10} \leqslant 9999$s；

（6）正、反向脉冲工作时间：$0 \leqslant T_F$ 或 $T_R \leqslant 9999$ms；

（7）最大峰值电流：60A。

2.2.3 智能多脉冲电源输出的波形及参数计算

2.2.3.1 智能多脉冲电源输出的波形

SMD-60P 型智能多脉冲电源可以循环输出 10 组脉宽、频率、幅值、换向时间、工作时间等参数不同的单向或周期换向脉冲电流，如图 2.1 所示。

根据实验需要，可以将图 2.1 的多脉冲波形分解出多个相互独立的波形，如直流与直流换向波形、直流与脉冲换向波形、间断脉冲波形、直流换向波形、单脉冲波形以及双脉冲波形等，分别如图 2.2 所示。

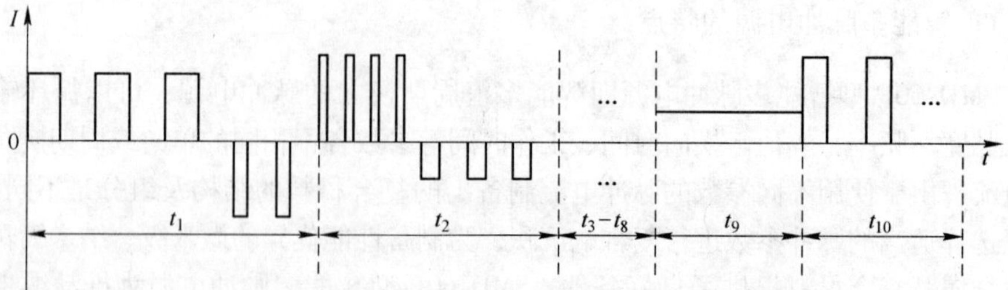

图 2.1 SMD-60P 型智能多脉冲电源输出的多脉冲波形

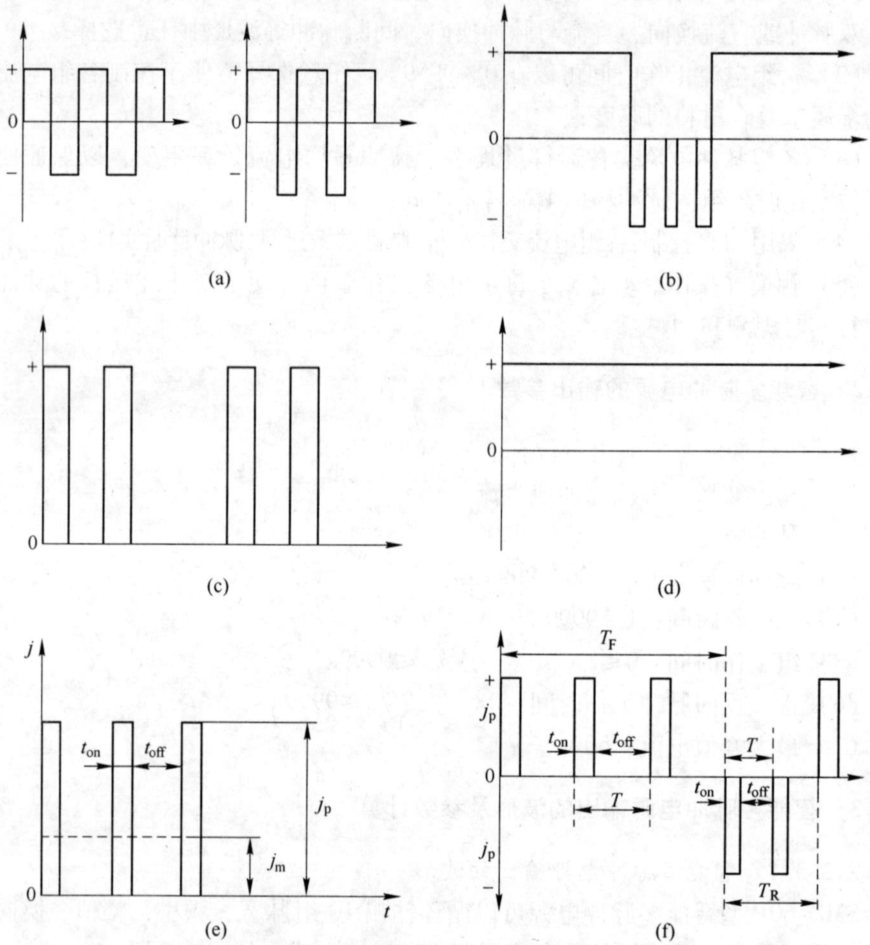

图 2.2 SMD-60P 型智能多脉冲电源输出的单组波形

（a）直流与直流换向波形；（b）直流与脉冲换向波形；（c）间断脉冲波形；（d）直流换向波形；（e）单脉冲波形；（f）双脉冲波形

2.2.3.2 单脉冲电源脉冲参数的计算

SMD-60P 型智能多脉冲电源输出的单脉冲波形及主要参数如图 2.2（e）所示，图中 j_p 为峰值电流；j_m 为平均电流；t_{on} 为脉冲导通时间；t_{off} 为脉冲关断时间；T 为脉冲通断周期。单脉冲参数有关计算如下：

（1）脉冲频率的计算。脉冲频率一般用 f 表示，由脉冲通断周期 T 计算，不能置数，表示为：

$$f = 1/T = 1/(t_{on} + t_{off}) \tag{2.1}$$

（2）脉冲占空比的计算。脉冲占空比为脉冲导通时间占整个脉冲周期的百分比，一般用 γ 表示：

$$\gamma = \frac{t_{on}}{t_{on} + t_{off}} \times 100\% = \frac{1}{1 + t_{off}/t_{on}} \times 100\% \tag{2.2}$$

（3）脉冲峰值电流的计算。脉冲峰值电流 j_p、平均电流 j_m 和占空比 γ 三者之间存在如下关系：

$$j_p = \frac{j_m}{\gamma} \tag{2.3}$$

2.2.3.3 双脉冲电源脉冲参数的计算

SMD-60P 型智能多脉冲电源输出的双脉冲波形及主要参数如图 2.2（f）所示，图中，$+j_p$ 为正向脉冲峰值电流，$-j_p$ 为反向脉冲峰值电流；t_{on} 为脉冲导通时间，t_{off} 为脉冲关断时间；T 是一个脉冲通断周期，$T = t_{on} + t_{off}$；T_F 是一组正向脉冲工作时间，$T_F = nT$，T_R 是一组反向脉冲工作时间，$T_R = -nT$；$T_F + T_R$ 是正、反向脉冲换向的一个周期（一般 $T_F > T_R$）。双脉冲参数的相关计算如下：

（1）正、反向脉冲频率的计算。正、反向脉冲频率均由各自的脉冲通断周期 T 计算，不能置数，在每组工作时正确显示，表示为：

$$f = \frac{1}{T} = \frac{1}{T_{on} + T_{off}} \tag{2.4}$$

（2）正、反向脉冲占空比的计算。正、反向脉冲占空比均为各自的脉冲导通时间 t_{on} 占整个脉冲通断周期 T 的百分比，表示为：

$$+\gamma = \frac{+t_{on}}{+T} \times 100\% \tag{2.5}$$

$$-\gamma = \frac{-t_{on}}{-T} \times 100\% \tag{2.6}$$

（3）正、反向脉冲峰值电流的计算。双脉冲的正、反向脉冲峰值电流 j_p 除与各自平均电流 j_m 和占空比 γ 有关外，还与各自的工作时间占整个正、反向脉冲工作周期的百分比有关，计算公式表示为：

$$+j_p = \left(\frac{+j_m}{\gamma}\right) \bigg/ \left(\frac{T_F}{T_F + T_R}\right) \tag{2.7}$$

$$-j_p = \left(\frac{-j_m}{\gamma}\right) \bigg/ \left(\frac{T_R}{T_F + T_R}\right) \tag{2.8}$$

2.3　工艺流程

制备的工艺流程为：

普通碳钢（阴极）→机械抛光→冷水洗→碱性除油→冷水洗→酸洗活化→冷水洗→电化学抛光→冷水洗→预镀镍→冷水洗→脉冲电沉积→冷水洗→无水乙醇清洗→吹干→成品→性能检测。实验装置如图 2.3 所示。

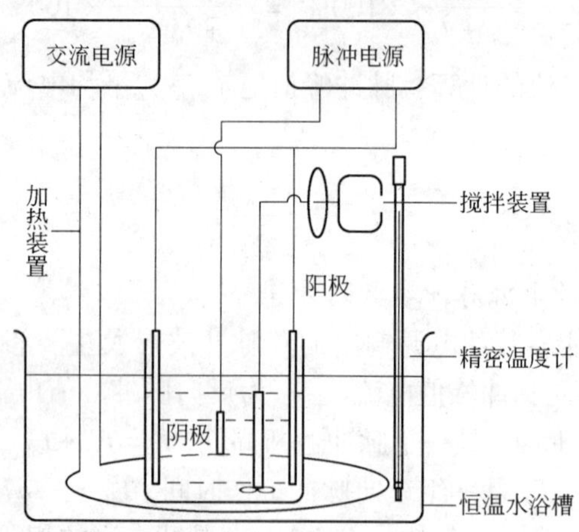

图 2.3　$Ni\text{-}W\text{-}P/CeO_2\text{-}SiO_2$ 颗粒增强金属基纳米复合材料制备的实验装置

阴极材料因材质、加工方法及保存方式的不同，其表面存在各种各样的变性层、氧化层、油污层，要想在普通碳钢表面制备出结合力较好的金属基复合材料，必须进行适宜的前处理，以除去这些能够阻碍沉积层金属中的原子按基体晶格结构进行外延生长的阻挡层，获得电沉积过程所需要的清洁表面，同时有效消除材料本身的内应力。本研究在脉冲电沉积之前，采用了电化学抛光工艺对普通碳钢表面进行抛光处理。电化学抛光工艺及抛光条件为：H_3PO_4：75g，CrO_3：20g，H_2O：5g，温度：70℃，电流密度：50A/dm^2，时间：5min，阴极：铅板。

普通碳钢经电化学抛光后，直接脉冲电沉积 $Ni\text{-}W\text{-}P/CeO_2\text{-}SiO_2$ 颗粒增强金属基纳米复合材料的表面形貌和截面组织如图 2.4 所示。

研究发现，在电化学抛光后的普通碳钢表面直接脉冲电沉积 $Ni\text{-}W\text{-}P/CeO_2\text{-}SiO_2$ 颗粒增强金属基纳米复合材料，由于材料本身内应力较高，通过电化学抛

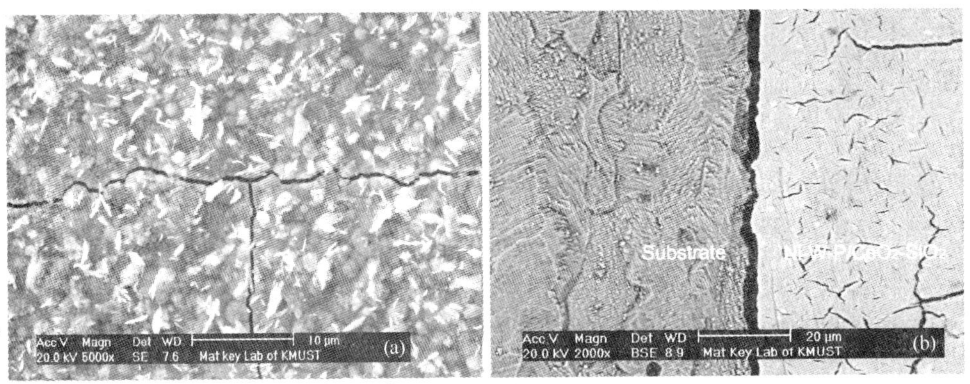

图 2.4 电化学抛光后直接脉冲电沉积 Ni-W-P/CeO_2-SiO_2 颗粒增强金属基纳米复合材料的表面形貌和截面组织

(a) 表面形貌；(b) 截面组织

光后仍不能完全消除，因此，在 Ni-W-P/CeO_2-SiO_2 复合材料表面产生了较大裂纹。同时也可以观察到，在基体金属和复合材料界面结合处存有较大空隙，表明基质金属在沉积初期并不能按基体金属的晶格外延生长，无法形成金属键力，导致结合力不佳。因此，普通碳钢在电化学抛光后还必须进行中间过渡层处理，才能保证较好的结合力。

本研究采用闪镀 Ni 工艺作为中间过渡层的处理工艺，即 $NiCl_2$：240g/L，HCl：120mL/L，电流密度：6A/dm^2，温度：室温，时间：3min，阳极：镍板。经闪镀镍工艺处理后，基体材料的表面形貌和截面形貌如图 2.5 所示。

图 2.5 预镀镍后脉冲电沉积 Ni-W-P/CeO_2-SiO_2 颗粒增强金属基纳米复合材料的表面形貌和截面组织

(a) 表面形貌；(b) 截面组织

从图 2.5 可以看出，普通碳钢基体表面经电化学抛光和预镀镍处理后，再进行脉冲电沉积 Ni-W-P/CeO_2-SiO_2 复合材料，很好地消除了沉积层表面的裂纹，界面结合处的缺陷消失，说明当普通碳钢基体被 Ni 层覆盖后，Ni-W-P 基质金属较容易在金属 Ni 的晶格上外延生长，从而为保证沉积层与基体之间的结合力奠定了基础。

2.4　分析及测试方法

（1）显微硬度测试。采用 401MVA 数显维氏硬度计测试纳米复合材料的显微硬度，载荷为 50g，测试五点取平均值。

（2）沉积速率测试。采用普通金相显微镜测试纳米复合材料的沉积厚度，沉积速率用单位时间沉积的厚度表示，单位为 μm/h。

（3）成分及组织测试。采用飞利浦 XL30 ESEM-TMP 扫描电子显微镜及附带的“Phoenix”能谱仪，测试纳米复合材料的表面形貌、截面组织和成分分布。

（4）晶化过程分析方法。XRD 测试法：采用日本理学 D/Max2200 型 X 射线衍射仪对镀态及不同热处理温度下的 Ni-W-P/CeO_2-SiO_2 颗粒增强金属基纳米复合材料 Ni-W-P 合金材料进行测试，分析复合材料和合金材料的晶化过程，观察相结构的变化情况。设备参数为：Cu 靶，管电压：36kV，管电流：30mA，扫描范围：20°～100°，扫描速度：2°/min，步长：0.02°。

（5）结晶度计算方法。采用 MDI Jade 软件对 X 射线衍射仪所采集的数据进行分析，根据公式：

$$结晶度 = 衍射峰强度 / 总强度 \times 100\%$$

计算样品不同热处理条件下的结晶度。在计算结晶度时，先扣除背底和 $K_{\alpha 2}$，通过 Pearon-Ⅶ函数进行全谱拟合（此时只拟合出非晶峰的强度）；然后选择其他衍射峰进行手动拟合，直至所有峰拟合完成为止；最后，系统根据非晶峰和衍射峰的强度自动计算出其结晶度。

（6）晶粒尺寸计算方法。利用 MDI Jade 软件计算晶粒大小。首先根据 MDI Jade 软件晶粒大小计算方法要求，采用完全退火态 Si 粉作为标准样品制作仪器的半高宽补正曲线。通过该曲线确定仪器的半高宽，校正测量过程中由仪器引起的衍射峰变化。之后根据 Scherrer 公式：

$$\text{size} = \frac{K\lambda}{FW(s) \times \cos(\theta)}$$

计算在（111）、（220）、（311）、（222）四个不同晶面的晶粒尺寸。式中，size 为晶粒尺寸；K 为常数，一般取 $K=1$；λ 为 X 射线波长，nm；$FW(s)$ 为衍射峰的半高峰宽，Rad；θ 为衍射角，Rad。

在计算平均晶粒尺寸时，利用 MDI Jade 软件，测量 400～700℃ 范围内热处理时，Ni 晶粒在（111）、（220）、（311）、（222）四个衍射晶面衍射峰的半高宽 $FW(s)$，以 $\sin\theta$ 为横坐标和 $FW(s)\times\cos\theta$ 为纵坐标作图，用最小二乘法作直线拟合，软件直接计算获得 Ni 晶粒在以上四个晶面的平均晶粒大小。

3 电解液组成和工艺条件对金属基纳米复合材料脉冲电沉积的影响

本章在固定 SMD-60P 智能多脉冲电源双脉冲参数条件下，以普通碳钢为阴极材料，以 316L 不锈钢为阳极材料，通过超声处理和机械搅拌的相互作用，在含有 Ni、W、P 三种基质金属和 CeO_2、SiO_2 两种纳米颗粒（用 n-CeO_2 和 n-SiO_2 表示）的电解液中，进行 Ni-W-P/CeO_2-SiO_2 颗粒增强金属基纳米复合材料的脉冲电沉积制备，进行制备过程的成分设计优化和动力学优化。

3.1 实验设备及参数

采用 SMD-60P 智能多脉冲电源设备输出的双脉冲参数制备 Ni-W-P/CeO_2-SiO_2 颗粒增强金属基纳米复合材料，相关固定的双脉冲参数如表 3.1 所示。

表 3.1 固定的双脉冲参数

正向占空比 D_F	反向占空比 D_R	正向工作时间 T_F/ms	反向工作时间 T_R/ms	正向平均电流密度 $+j_m$/A·dm^{-2}	反向平均电流密度 $-j_m$/A·dm^{-2}
10%	10%	100	10	6	0.6

3.2 电解液组成对金属基纳米复合材料脉冲电沉积的影响

3.2.1 硫酸镍浓度的影响

3.2.1.1 硫酸镍浓度对化学组成的影响

电解液中的硫酸镍浓度对 Ni-W-P/CeO_2-SiO_2 颗粒增强金属基纳米复合材料化学组成的影响如图 3.1 所示。图 3.1（a）为硫酸镍浓度对 n-CeO_2 和 n-SiO_2 颗粒质量分数的影响，图 3.1（b）为硫酸镍浓度对 Ni、W 和 P 质量分数的影响。

从图 3.1 可以看出，增加硫酸镍浓度，复合材料中 Ni 的质量分数逐渐增加，P 的质量分数逐渐降低，而 n-CeO_2 和 n-SiO_2 颗粒和 W 的质量分数均是随着硫酸镍浓度的增加先增加后降低，当硫酸镍浓度为 70g/L 时，n-CeO_2、n-SiO_2 和 W 的质量分数最高，分别达到 9.37%，2.74% 和 7.2%。

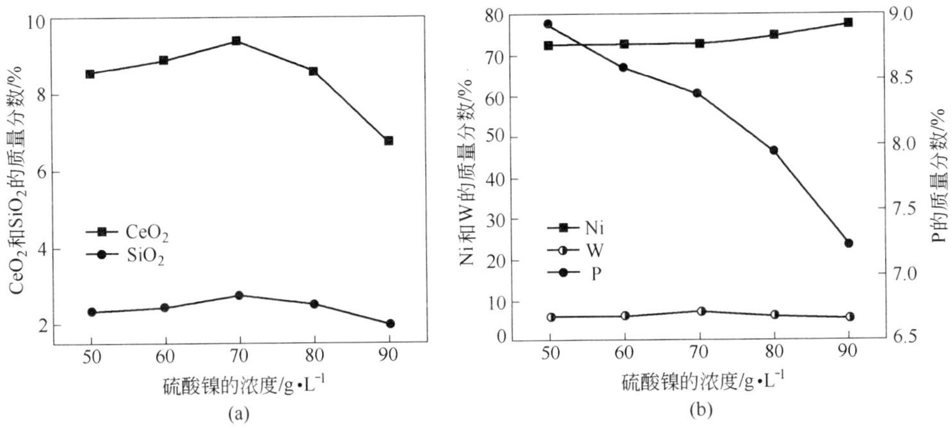

图 3.1 硫酸镍的浓度对 Ni-W-P/CeO_2-SiO_2 颗粒增强金属基纳米复合材料化学组成的影响

增加硫酸镍浓度，在阴极表面放电析出的 Ni^{2+} 数量会增加，导致 Ni 的沉积速率和沉积量增加。根据 W-H_2O 系 E-pH 图分析表明，不可能单独从 WO_4^{2-} 的水溶液中直接沉积出金属 W，但可以在有 Ni 或其他 Fe 族金属存在的情况下，通过诱导共沉积实现金属 W 的沉积[206]。在较低的硫酸镍浓度下，通过诱导共沉积作用，W 的沉积速率会有所增加，沉积量提高。但当硫酸镍浓度超过 70g/L 后，Ni^{2+} 在阴极的沉积速率可能已远远超过 W 的沉积速率，金属 W 的质量分数又开始降低。同时随着沉积速率的增加，n-CeO_2 和 n-SiO_2 颗粒被嵌入基质金属中的几率也会增加。在较高的硫酸镍浓度下，虽然沉积速率仍在加快，但导致阴极表面析氢量增加，从而阻碍纳米颗粒在阴极表面吸附和沉积，造成 n-CeO_2 和 n-SiO_2 颗粒质量分数的降低。

3.2.1.2 硫酸镍浓度对沉积速率和显微硬度的影响

图 3.2 为电解液中硫酸镍的浓度对 Ni-W-P/CeO_2-SiO_2 颗粒增强金属基纳米复合材料沉积速率的影响。图 3.3 为硫酸镍的浓度对显微硬度的影响。

图 3.2 表明，沉积速率随电解液中硫酸镍浓度的增加而提高，当硫酸镍浓度为 50g/L 时，沉积速率最慢，仅为 18.54μm/h。当硫酸镍浓度增加到 90g/L 时，沉积速率提高到了 23.23μm/h。图 3.3 表明：显微硬度先是随硫酸镍浓度的增加而提高，当硫酸镍浓度为 70g/L 时，显微硬度最高，为 577HV；继续增加硫酸镍浓度，显微硬度又开始降低。实际上，颗粒增强金属基纳米复合材料的显微硬度与组织结构及成分密切相关。例如，朱诚意等人[207]研究了 CeO_2 对电沉积 Ni-W-B/SiC 复合材料组织结构及性能的影响，得出了 CeO_2 颗粒能起到细化颗粒作用，提高了显微硬度。Karthikeyan S 等人[208]的研究表明：增加

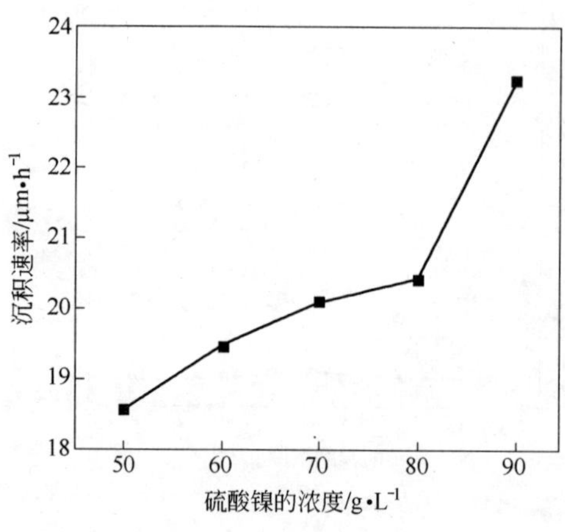

图 3.2 硫酸镍的浓度对沉积速率的影响

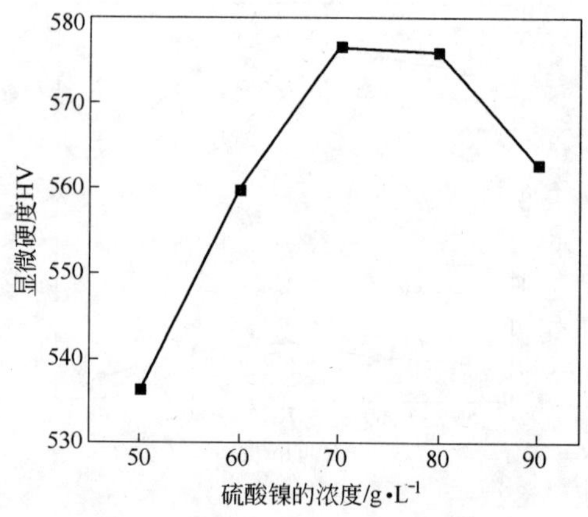

图 3.3 硫酸镍的浓度对显微硬度的影响

电解液中 SiO_2 纳米颗粒的浓度，化学沉积出的 Ni-P/SiO_2 复合材料的显微硬度也随之增加。曹铁华等人[169]也报道了电解液中适宜的 n-SiO_2 颗粒浓度能够提高 Ni-P/SiO_2 复合材料的显微硬度。此外，W 是一种硬质元素，复合材料中含有较高质量分数的 W 也有助于提高显微硬度[209]。结合成分分析可知，当硫酸镍浓度为 70g/L 时，复合材料中的硬质元素 W 和 n-CeO_2、n-SiO_2 颗粒的质量分数均较高，分别为 7.20%、9.37% 和 2.74%，故显微硬度较高。继续增加硫酸镍浓度，复合材料中硬质元素 W 和 n-CeO_2、n-SiO_2 颗粒的质量分数开始降低，显微硬度也随之降低。

3.2.1.3 硫酸镍浓度对表面形貌的影响

电解液中硫酸镍的浓度对 Ni-W-P/CeO_2-SiO_2 颗粒增强金属基纳米复合材料表面形貌的影响如图 3.4 所示。图 3.4(a)~(c)分别表示硫酸镍浓度为 50g/L、70g/L 和 90g/L 时，复合材料在 1000 倍下的表面形貌，图 3.4（d）表示硫酸镍浓度为 70g/L 时，复合材料在 10000 倍下的表面形貌。

图 3.4 表明，硫酸镍浓度对复合材料的表面显微组织有一定影响，增加硫酸镍浓度，复合材料表面平整度有所提高。当硫酸镍浓度为 70g/L 时，复合材料表面平整光滑，Ni-W-P 基质金属颗粒大小较均匀。但从图 3.4（d）可以看出，基质金属颗粒轮廓不清晰，纳米颗粒在基质金属中分布不均匀，特别是 n-SiO_2颗粒团聚严重。当硫酸镍浓度提高到 90g/L 时，虽然复合材料表面粗糙度增加，但颗粒却得到细化，部分大的颗粒周围被众多细小的颗粒所包围，可能是由于硫酸镍浓度增加后，沉积速率加快，成核速率增加，新晶核数目增多，颗粒尺寸减小。但由于过高的硫酸镍浓度会引起析氢加剧，使得表面平整度下降。

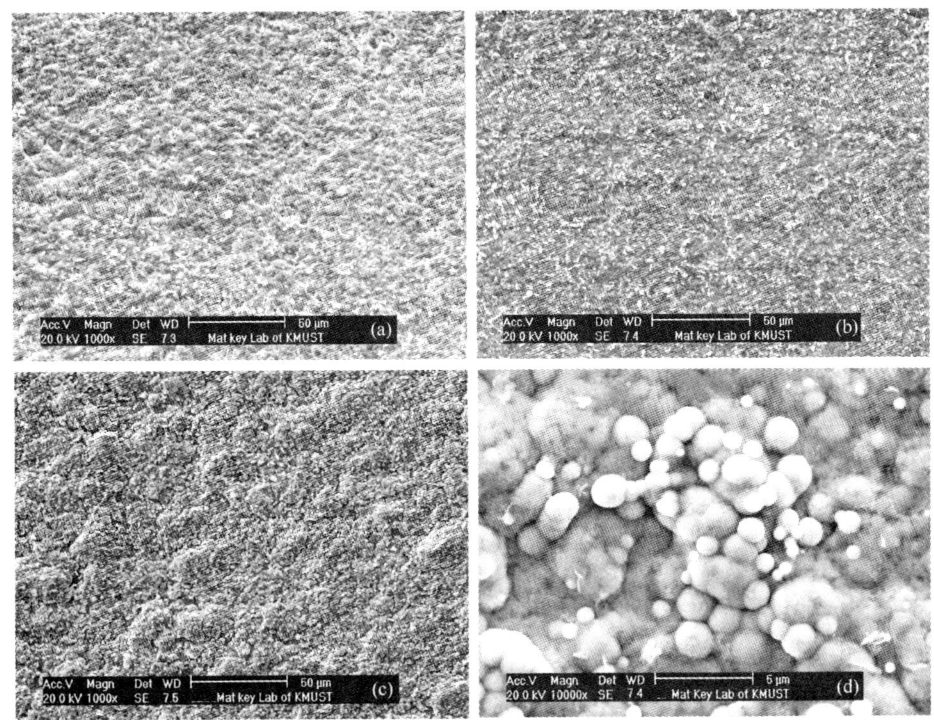

图 3.4 硫酸镍的浓度对 Ni-W-P/CeO_2-SiO_2 颗粒增强金属基纳米复合材料表面形貌的影响

3.2.2 柠檬酸浓度的影响

3.2.2.1 柠檬酸浓度对化学组成的影响

电解液中柠檬酸的浓度对 Ni-W-P/CeO_2-SiO_2 颗粒增强金属基纳米复合材料化学组成的影响如图 3.5 所示。图 3.5（a）为柠檬酸浓度对 n-CeO_2 和 n-SiO_2 颗粒质

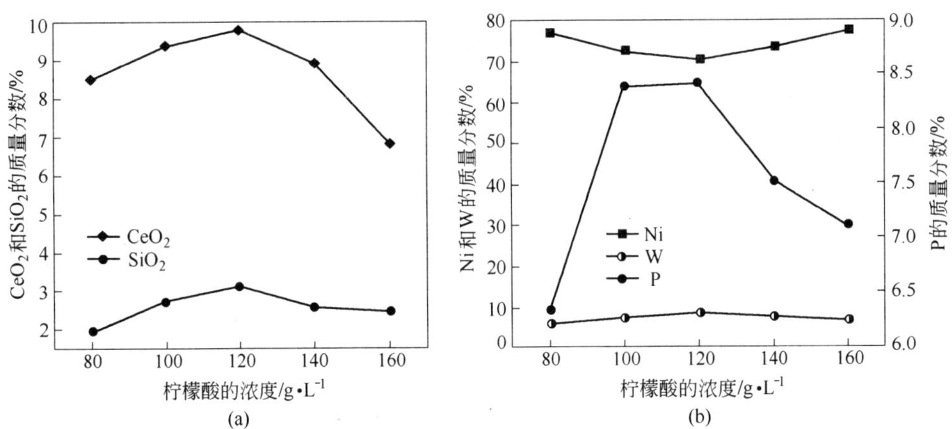

图 3.5 柠檬酸的浓度对 Ni-W-P/CeO_2-SiO_2 颗粒增强金属基纳米复合材料化学组成的影响

量分数的影响，图 3.5（b）为柠檬酸的浓度对 Ni、W 和 P 质量分数的影响。

图 3.5 表明：复合材料中 W、P 和 n-CeO_2、n-SiO_2 颗粒的质量分数均随电解液中柠檬酸浓度的增加而增加，柠檬酸浓度为 120g/L 时，W、P、n-CeO_2 和 n-SiO_2 颗粒的质量分数最高，分别为 8.42%、8.41%、9.81% 和 3.13%。继续增加柠檬酸浓度，其质量分数又开始降低。柠檬酸是 Ni^{2+} 的配合剂，当浓度低于 120g/L 时，适当增加其浓度有利于增加电解液的稳定性，也有利于促进 W、P 和 n-CeO_2、n-SiO_2 的共沉积过程。相同时间内 W、P 和 n-CeO_2、n-SiO_2 纳米颗粒的沉积量高于 Ni 的沉积量时，W、P、n-CeO_2 和 n-SiO_2 在沉积层中的质量分数便会提高。当柠檬酸浓度超过 120g/L 后，柠檬酸与 W 的络合能力也会增强，使 W 的电极电位变得更负[206]，明显增大了 W 和 P 在阴极表面沉积的难度和速度，使 W 和 P 在沉积层中的质量分数又开始降低。但过高的柠檬酸浓度会引起电解液中的 H^+ 增多，阴极析氢反应加快，阻碍 n-CeO_2 和 n-SiO_2 颗粒在阴极表面的竞争析出，造成其质量分数降低。

3.2.2.2 柠檬酸浓度对沉积速率和显微硬度的影响

图 3.6 为电解液中柠檬酸的浓度对 Ni-W-P/CeO_2-SiO_2 颗粒增强金属基纳米复合材料沉积速率的影响。图 3.7 为柠檬酸的浓度对显微硬度的影响。

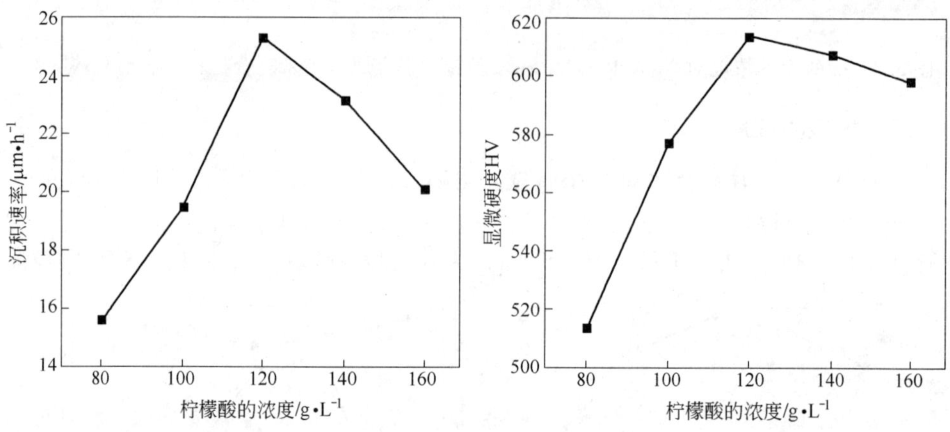

图 3.6 柠檬酸的浓度对沉积速率的影响

图 3.7 柠檬酸的浓度对显微硬度的影响

从图 3.6 和图 3.7 可以看出，沉积速率和显微硬度随柠檬酸浓度的增加而提高，当柠檬酸浓度为 120g/L 时，沉积速率和显微硬度最高，分别为 25.32μm/h 和 614HV。继续增加柠檬酸浓度，沉积速率和显微硬度又开始降低。例如，当柠檬酸浓度增加到 160g/L 时，显微硬度下降到了 598HV，沉积速率下降到了 20.09μm/h。结合成分分析可知，当柠檬酸浓度控制在 120g/L 时，复合材料中硬质元素 W 和 n-CeO_2、n-SiO_2 颗粒的质量分数最高，显微硬度也最高。但当柠檬酸浓度提高到160g/L时，硬质元素W和n-CeO_2、n-SiO_2颗粒的质量分数均有所降低，显微硬度随之降低。

3.2.2.3 柠檬酸浓度对表面形貌的影响

图3.8给出了电解液中柠檬酸的浓度对Ni-W-P/CeO_2-SiO_2颗粒增强金属基纳米复合材料表面形貌的影响，图3.8(a)~(c)分别表示柠檬酸浓度为80g/L、120g/L和160g/L时，复合材料在1000倍下的表面形貌，图3.8（d）表示柠檬酸浓度为120g/L时，复合材料在10000倍下的表面形貌。

图3.8 柠檬酸的浓度对Ni-W-P/CeO_2-SiO_2颗粒增强金属基纳米复合材料表面形貌的影响

从图3.8可以看出，柠檬酸浓度对复合材料的表面显微组织有较大影响。柠檬酸浓度为80g/L时，由于浓度较低，电解液体系不够稳定，阴极表面形核点不均匀，复合材料表面粗糙，基质金属颗粒较大。当柠檬酸浓度增加到120g/L时，复合材料表面平整光滑，组织结构致密，颗粒细小而均匀。图3.8（d）表明：Ni-W-P基质金属颗粒轮廓清晰，呈规则的圆球形，在基质金属中均匀镶嵌着的n-CeO_2微粒，但n-SiO_2颗粒仍然分布不均匀。继续增加柠檬酸浓度达到160g/L时，表面粗糙度又开始增加。

3.2.3　钨酸钠浓度的影响

3.2.3.1　钨酸钠浓度对化学组成的影响

电解液中钨酸钠的浓度对 Ni-W-P/CeO_2-SiO_2 颗粒增强金属基纳米复合材料化学组成的影响如图 3.9 所示。图 3.9（a）为钨酸钠浓度对 n-CeO_2 和 n-SiO_2 颗粒质量分数的影响，图 3.9（b）为钨酸钠浓度对 Ni、W 和 P 质量分数的影响。

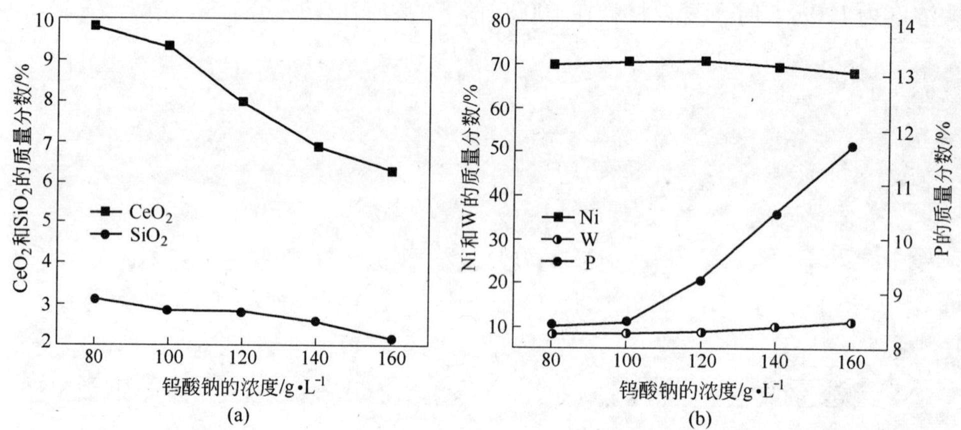

图 3.9　钨酸钠的浓度对 Ni-W-P/CeO_2-SiO_2 颗粒增强金属基纳米复合材料化学组成的影响

图 3.9 表明：随着钨酸钠浓度的增加，W 和 P 的质量分数增加，而 n-CeO_2 和 n-SiO_2 颗粒的质量分数逐渐降低。根据 Nernst 方程[210]，电解液中钨酸钠浓度越高，阴极反应电极电位越正，越有利于 W 与 Ni 和 P 的共沉积。由于相同时间内 W 和 P 的沉积速率高于 Ni 的沉积速率，所以 W 和 P 的质量分数逐渐增加，而 Ni 的质量分数则逐渐降低。此外，当铁族元素在阴极表面沉积时具有较高的析氢过电位[211]，增加钨酸钠浓度，沉积速率加快，氢也极易在阴极表面放电析出，使 n-CeO_2 和 n-SiO_2 颗粒很难稳定地吸附在阴极表面，导致共沉积几率降低，引起纳米颗粒的质量分数降低。

3.2.3.2　钨酸钠浓度对沉积速率和显微硬度的影响

图 3.10 为电解液中钨酸钠的浓度对 Ni-W-P/CeO_2-SiO_2 颗粒增强金属基纳米复合材料沉积速率的影响。图 3.11 为钨酸钠的浓度对显微硬度的影响。

图 3.10 和图 3.11 表明：增加钨酸钠浓度，沉积速率增加，而显微硬度则是先增加后降低。当钨酸钠浓度为 100g/L 时，显微硬度最高，为 642HV，沉积速率为 25.76μm/h。当钨酸钠浓度增加到 160g/L 时，沉积速率提高到 27.51μm/h，而显微硬度却下降到 443HV。结合成分分析可知，当钨酸钠浓度为100～120g/L 时，复合材料中硬质元素 W 和 n-CeO_2、n-SiO_2 颗粒的质量分数均较高，

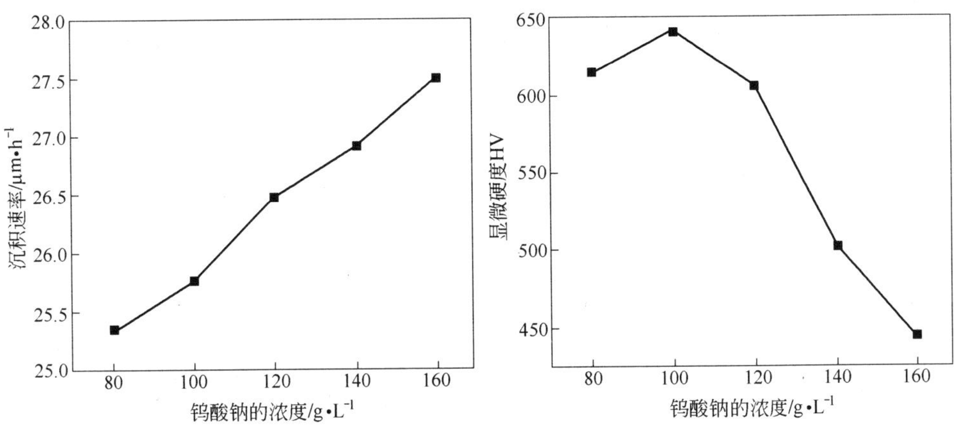

图 3.10 钨酸钠的浓度对沉积速率的影响　　图 3.11 钨酸钠的浓度对显微硬度的影响

分别在8.51% ~8.79%，7.96% ~9.32%和2.81% ~2.83%之间，P的质量分数在8.46% ~9.28%之间，沉积速率和显微硬度则分别在25.76 ~26.48μm/h和606 ~642HV之间。但当钨酸钠浓度提高到160g/L时，虽然复合材料中硬质元素W的质量分数提高到11.34%，但 n-CeO_2 和 n-SiO_2 颗粒的质量分数分别下降到了6.28%和2.16%，而P的质量分数明显提高，故显微硬度明显降低。

3.2.3.3 钨酸钠浓度对表面形貌的影响

电解液中钨酸钠的浓度对Ni-W-P/CeO_2-SiO_2颗粒增强金属基纳米复合材料表面形貌的影响如图3.12所示。图3.12(a)~(c)分别表示钨酸钠浓度为80g/L、120g/L和160g/L时，复合材料在1000倍下的表面形貌。图3.12（d）是钨酸钠浓度为160g/L时，复合材料在10000倍下的表面形貌。

图3.12表明：增加电解液中钨酸钠的浓度，基质金属颗粒明显细化，表面平整度明显提高。主要原因是钨酸钠浓度增加后，沉积速率加快，在阴极表面成核速率增加，当单位时间内形成速度大于颗粒的生长速度时，基质金属颗粒尺寸减小。当钨酸钠浓度提高到160g/L时，复合材料表面最为平整，颗粒细小而均匀，基质金属颗粒轮廓清晰，呈规则圆球形，n-CeO_2 颗粒在基质金属中镶嵌也较为均匀，而 n-SiO_2 颗粒仍出现团聚。由于较高的钨酸钠浓度会引起复合材料中P质量分数的明显增加和 n-CeO_2 和 n-SiO_2 颗粒质量分数的降低，导致显微硬度降低。同时复合材料脆性增大，与基体的结合力下降。

3.2.4 次磷酸钠浓度的影响

3.2.4.1 次磷酸钠浓度对化学组成的影响

电解液中次磷酸钠的浓度对Ni-W-P/CeO_2-SiO_2颗粒增强金属基纳米复合材

图 3.12　钨酸钠的浓度对 Ni-W-P/CeO_2-SiO_2 颗粒增强金属基纳米复合材料表面形貌的影响

料化学组成的影响如图 3.13 所示。图 3.13（a）为次磷酸钠浓度对 n-CeO_2 和 n-SiO_2 颗粒质量分数的影响，图 3.13（b）为次磷酸钠浓度对 Ni、W 和 P 质量分

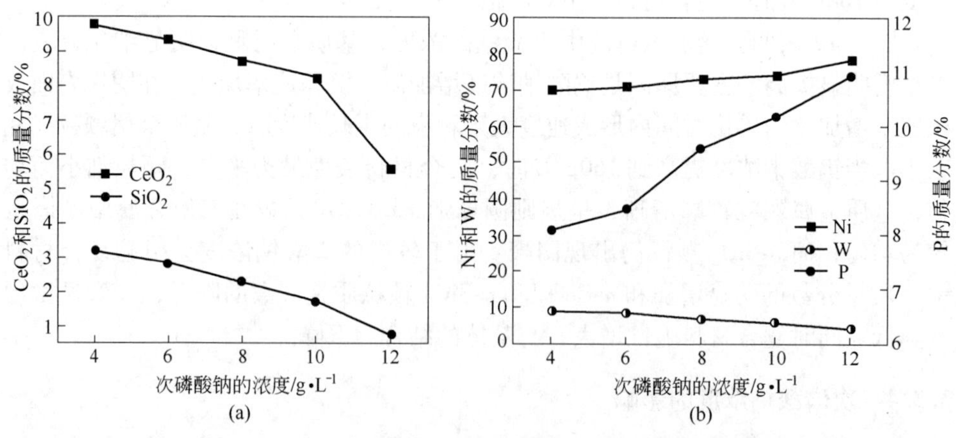

图 3.13　次磷酸钠的浓度对 Ni-W-P/CeO_2-SiO_2 颗粒增强金属基纳米复合材料化学组成的影响

数的影响。

图 3.13 表明，随着次磷酸钠浓度的增加，Ni 和 P 的质量分数逐渐增加，而 W 和 n-CeO_2、n-SiO_2 颗粒的质量分数则逐渐降低。主要原因可能是增加次磷酸钠浓度，相同时间内 Ni 和 P 的沉积速率加快，Ni 和 P 的质量分数增加。同时也造成 H^+ 在阴极上放电机会增多，阻碍 n-CeO_2 和 n-SiO_2 颗粒在阴极析出，造成 n-CeO_2 和 n-SiO_2 颗粒的质量分数逐渐降低。当次磷酸钠浓度控制在 4～6g/L 时，复合材料中 W 和 P 的质量分数分别在 8.51%～8.97% 和8.09%～8.46% 之间，而 n-CeO_2 和 n-SiO_2 颗粒的质量分数分别在 9.32%～9.75% 之间和 2.83%～3.18% 之间。次磷酸钠浓度超过 10g/L 以后，随着 P 沉积速率的进一步加快，质量分数继续增加，而 W 和 n-CeO_2、n-SiO_2 颗粒的质量分数都将持续降低。例如，当次磷酸钠浓度增加到 12g/L 时，W 和 n-CeO_2、n-SiO_2 颗粒的质量分数分别下降到 4.26%、5.63% 和 0.77%，而 P 的质量分数却提高到 10.91%。

3.2.4.2 次磷酸钠浓度对沉积速率和显微硬度的影响

图 3.14 为电解液中次磷酸钠的浓度对 Ni-W-P/CeO_2-SiO_2 颗粒增强金属基纳米复合材料沉积速率的影响。图 3.15 为次磷酸钠的浓度对显微硬度的影响。

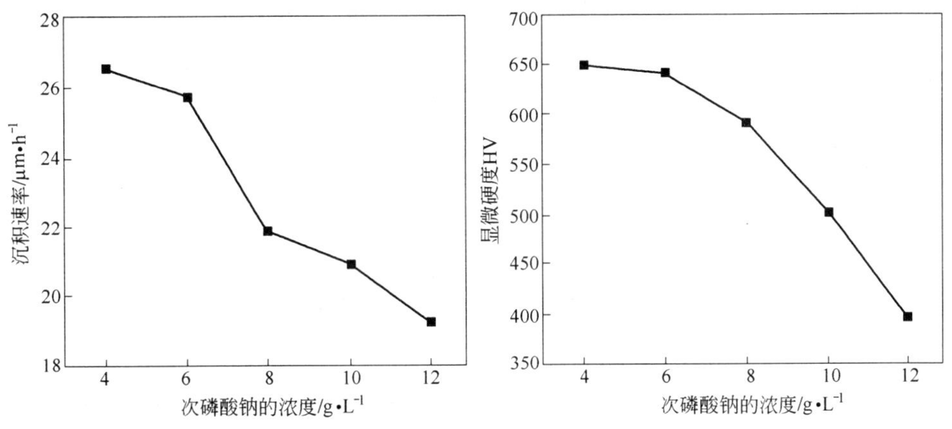

图 3.14 次磷酸钠的浓度对沉积速率的影响

图 3.15 次磷酸钠的浓度对显微硬度的影响

图 3.14 表明，沉积速率随电解液中次磷酸钠浓度的增加而降低。在本实验中，次磷酸钠不是还原剂，没有通入电流时沉积反应不会发生。电流导通后，沉积反应开始进行。增加次磷酸钠浓度，P 的沉积量逐渐增加，但也造成 W 和 n-CeO_2、n-SiO_2 颗粒沉积速率的降低，导致总的沉积速率降低。当次磷酸钠浓度控制在 4～6g/L 时，结合成分分析可知，复合材料中的硬质元素 W 和 n-CeO_2、

n-SiO_2 颗粒的质量分数均较高，而 P 的质量分数较低，故显微硬度较高，在 642 ~ 649HV 之间。继续增加次磷酸钠浓度，引起 W 和 n-CeO_2、n-SiO_2 颗粒的质量分数降低，P 的质量分数增加，显微硬度降低。

3.2.4.3 次磷酸钠浓度对表面形貌的影响

图 3.16 给出了电解液中次磷酸钠的浓度对 Ni-W-P/CeO_2-SiO_2 颗粒增强金属基纳米复合材料表面形貌的影响，图 3.16(a) ~ (c)分别表示电解液中的次磷酸钠浓度为4g/L、8g/L 和 12g/L 时，复合材料在 1000 倍下的表面形貌，图 3.16（d）则表示电解液中的次磷酸钠浓度为 4g/L 时，复合材料在 10000 倍下的表面形貌。

图 3.16 次磷酸钠的浓度对 Ni-W-P/CeO_2-SiO_2 颗粒增强金属基纳米复合材料表面形貌的影响

图 3.16 表明，次磷酸钠浓度对复合材料表面显微组织的影响较小。随着电解液中次磷酸钠浓度的增加，复合材料的表面显微组织没有明显变化。图 3.16（a）和图 3.16（d）表明，当次磷酸钠浓度为 4g/L 时，复合材料中的 Ni-W-P 基质金属颗粒轮廓清晰，颗粒细小而均匀，n-CeO_2 和 n-SiO_2 颗粒在基质金属中分散性较好，镶嵌得也比较均匀。

3.2.5 n-SiO_2 颗粒浓度的影响

3.2.5.1 n-SiO_2 颗粒浓度对化学组成的影响

电解液中 n-SiO_2 颗粒的浓度对 Ni-W-P/CeO_2-SiO_2 颗粒增强金属基纳米复合材料化学组成的影响如图 3.17 所示。图 3.17（a）为 n-SiO_2 颗粒的浓度对 n-CeO_2和 n-SiO_2 颗粒质量分数的影响，图 3.17（b）为 n-SiO_2 颗粒的浓度对 Ni、W 和 P 质量分数的影响。

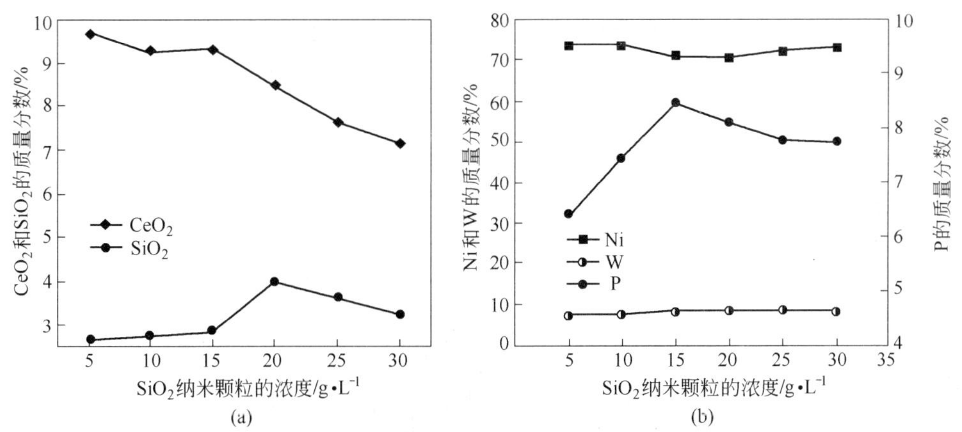

图 3.17 n-SiO_2 颗粒的浓度对 Ni-W-P/CeO_2-SiO_2 颗粒增强金属基纳米复合材料化学组成的影响

图 3.17（a）表明：沉积层中 n-SiO_2 颗粒的质量分数随 n-SiO_2 颗粒浓度的增加而增加，当 n-SiO_2 颗粒浓度为 20g/L 时，n-SiO_2 颗粒的质量分数最高，为 3.98%。继续增加 n-SiO_2 颗粒浓度，n-SiO_2 颗粒的质量分数又开始下降。P 的沉积量随电解液中 n-SiO_2 颗粒浓度的增加先增加后降低，而硬质元素 W 的沉积量则变化不大。

主要原因可能是当 n-SiO_2 颗粒浓度低于 20g/L 时，增加其浓度，在相同时间内被输送到阴极附近并与阴极发生碰撞形成弱吸附的 n-SiO_2 颗粒数量随之增加，因为颗粒产生强吸附的形成速度及被嵌入阴极的几率与弱吸附的覆盖度成正比，使 n-SiO_2 颗粒的沉积量随电解液中 n-SiO_2 颗粒浓度的增加及弱吸附覆盖度的增大而增加。当 n-SiO_2 颗粒浓度为 20g/L 时，由于弱吸附作用使吸附在阴极的 n-SiO_2 颗粒达到饱和，n-SiO_2 颗粒沉积量最高。继续增加 n-SiO_2 颗粒浓度并在超过 20g/L 后，由于电解液黏度增加、n-SiO_2 颗粒团聚严重以及因大量 n-SiO_2 颗粒吸附于电极表面，使电极表面提供电化学反应的面积减小，导致真实电流密度增大而引起电极表面析氢量增多等，又导致 n-SiO_2 颗粒沉积量的降低[212,213]。在增加 n-SiO_2 颗粒浓度引起 n-SiO_2 颗粒沉积量增加的同时，也使 n-CeO_2 颗粒在阴极被嵌入的几率降低，造成 n-CeO_2 颗粒沉积量的降低。

3.2.5.2 n-SiO_2 颗粒浓度对元素分布的影响

当电解液中 n-SiO_2 颗粒的浓度为 20g/L 时，Ni-W-P/CeO_2-SiO_2 颗粒增强金属基纳米复合材料通过线扫描，获得的水平测试点上的元素分布如图 3.18 所示。当 n-SiO_2 颗粒的浓度控制在 20g/L 时，在线扫描的水平测试点上，复合材料中硬质元素 W 的质量分数分布在 1.53% ~16.85%（平均 7.75%）之间，P 的质量分数分布在 1.23% ~14.46%（平均 8.77%）之间，Ce 的质量分数分布在 3.24% ~15.74%（平均 6.48%）之间，Si 的质量分数分布在 0 ~4.84%（平均 2.17%）之间。

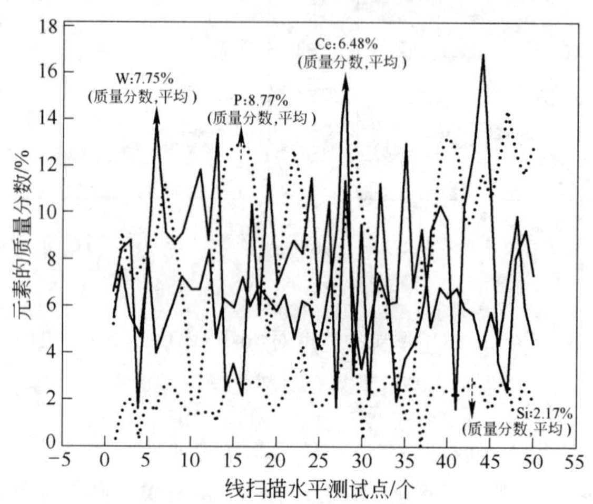

图 3.18 线扫描的能谱分析结果（SiO_2 浓度：20g/L）

当电解液中 n-SiO_2 颗粒浓度为 20g/L 时，Ni-W-P/CeO_2-SiO_2 颗粒增强金属基纳米复合材料通过面扫描获得的能谱结果如图 3.19 所示。可见，通过线扫描获得的元素 W、P、Ce 和 Si 的平均质量分数与通过面扫描所获得的元素 W（平均 8.62%）、元素 P（平均 8.08%）、元素 Ce（平均 6.89%）和元素 Si（平均 1.86%）的平均质量分数非常接近，说明 W、P 和 n-SiO_2、n-CeO_2 颗粒在复合材料中的分布是比较均匀的。

当电解液中 n-SiO_2 颗粒浓度提高到 30g/L 时，通过线扫描，获得的水平测试点上的元素分布如图 3.20 所示。在线扫描的水平测试点上，复合材料中元素 W 的质量分数分布在 0.03% ~15.35%（平均 6.38%）之间，P 的质量分数分布在 1.23% ~14.46%（平均 8.64%）之间，Ce 的质量分数分布在 1.74% ~

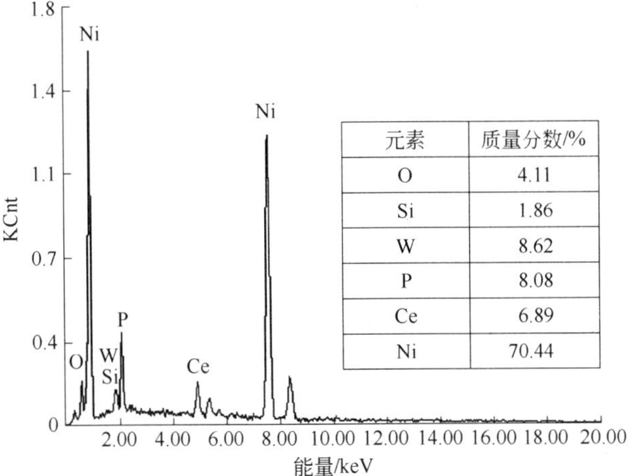

元素	质量分数/%
O	4.11
Si	1.86
W	8.62
P	8.08
Ce	6.89
Ni	70.44

图 3.19 面扫描的能谱分析结果（SiO_2 浓度：20g/L）

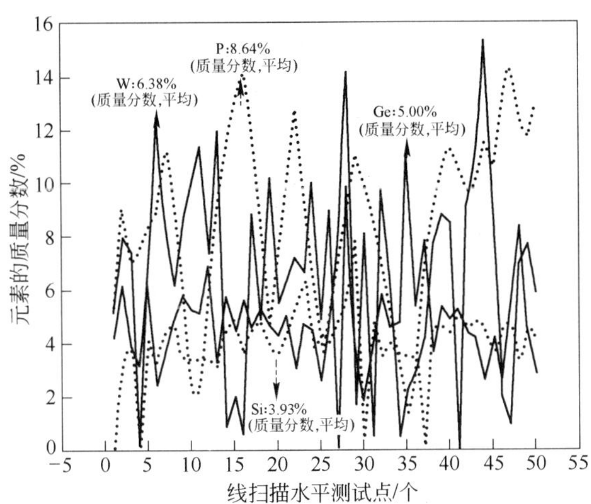

图 3.20 线扫描的能谱分析结果（SiO_2 浓度：30g/L）

14.24%（平均 5.00%）之间，Si 的质量分数分布在 0 ~ 7.84%（平均 3.93%）之间。

当电解液中 n-SiO_2 颗粒浓度提高到 30g/L 时，复合材料通过面扫描获得的能谱分析结果如图 3.21 所示。可以看出，通过面扫描所获得的元素 W（平均 8.43%）、P（平均 7.74%）、Ce（平均 5.80%）和 Si（平均 1.52%）的平均质量分数与通过线扫描所获得的 W、P、Ce 和 Si 的平均质量分数产生了较大偏差，特别是通过线扫描获得的元素 Si 的质量分数（平均 3.93%）远高于通过面扫描所获得元素 Si 的质量分数（平均 1.52%），说明当电解液中 n-SiO_2 颗粒浓度过

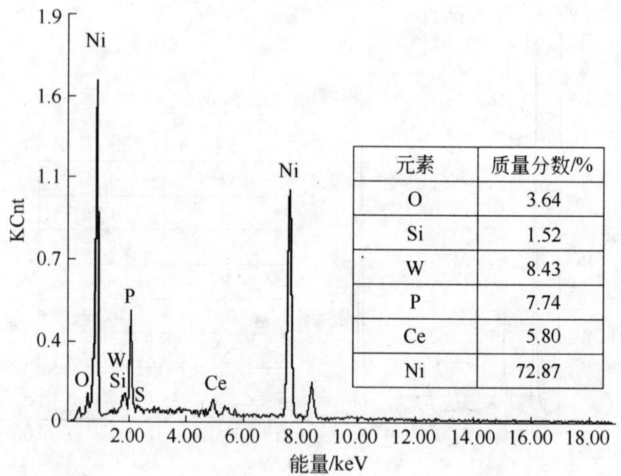

元素	质量分数/%
O	3.64
Si	1.52
W	8.43
P	7.74
Ce	5.80
Ni	72.87

图 3.21 面扫描的能谱分析结果（SiO_2 浓度：30g/L）

高后，n-SiO_2 颗粒在复合材料中的分布极不均匀，可能是产生了严重的团聚。以上研究表明，过高的 n-SiO_2 颗粒浓度不利于制备组织均匀、稳定的颗粒增强金属基纳米复合材料。

3.2.5.3 n-SiO_2 颗粒浓度对沉积速率和显微硬度的影响

图 3.22 为电解液中 n-SiO_2 颗粒的浓度对 Ni-W-P/CeO_2-SiO_2 颗粒增强金属基纳米复合材料沉积速率的影响。图 3.23 为 n-SiO_2 颗粒浓度对显微硬度的影响。

图 3.22 表明，增加电解液中的 n-SiO_2 颗粒浓度引起沉积速率增加，当

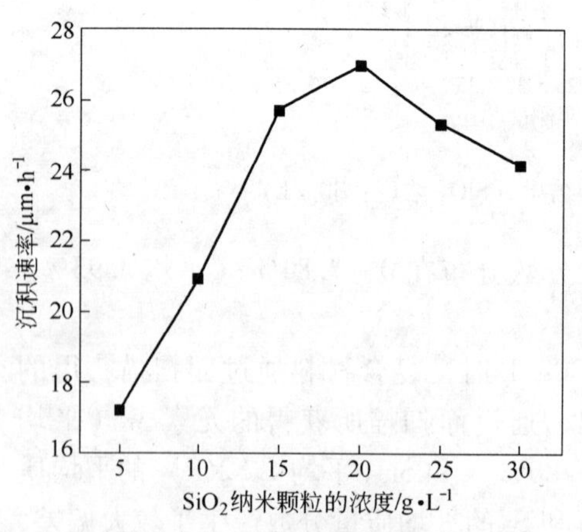

图 3.22 n-SiO_2 颗粒的浓度对沉积速率的影响

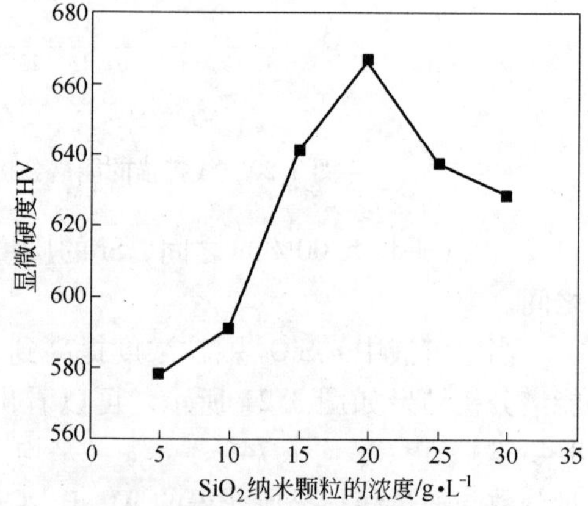

图 3.23 n-SiO_2 颗粒的浓度对显微硬度的影响

n-SiO_2颗粒浓度为20g/L时，沉积速率最快，为27.05μm/h，继续增加颗粒SiO_2浓度，沉积速率又开始降低。主要原因是在机械搅拌作用下，n-SiO_2颗粒不断冲击阴极表面，n-SiO_2颗粒浓度的增加间接增加了停留在阴极表面上的n-SiO_2颗粒数量，增加了被沉积金属在阴极表面的成核几率，促进了电沉积的进行[214]，沉积速率提高并在n-SiO_2颗粒浓度为20g/L时达到最大值。但当n-SiO_2颗粒浓度继续增加时，n-SiO_2颗粒对基体表面的占据率不断增大，对于平均粒径为30nm的n-SiO_2颗粒而言，电解液中过高的n-SiO_2颗粒浓度极易产生团聚，导致基质金属包裹团聚的n-SiO_2颗粒需要的极限时间较长，因此，n-SiO_2颗粒更加不容易被复合嵌入到基质金属中。

图3.23表明：电解液中n-SiO_2颗粒浓度增加，显微硬度增加，当n-SiO_2颗粒浓度为20g/L时，显微硬度最高，达666HV；继续增加n-SiO_2颗粒浓度，显微硬度又开始降低，当n-SiO_2颗粒浓度增加到30g/L时，显微硬度下降到629HV。主要是因为当n-SiO_2颗粒浓度为20g/L时，复合材料中硬质元素W和n-SiO_2颗粒的质量分数最高，分别为8.62%和3.98%，n-CeO_2颗粒的质量分数也较高，为8.46%，显微硬度较高。但当颗粒浓度提高到30g/L时，虽然W的质量分数仍较高，但n-SiO_2和n-CeO_2颗粒的质量分数却分别下降到7.13%和3.25%。同时，纳米颗粒的团聚也会引起显微硬度的降低。

3.2.5.4 n-SiO_2颗粒浓度对表面形貌的影响

电解液中n-SiO_2颗粒的浓度对Ni-W-P/CeO_2-SiO_2颗粒增强金属基纳米复合材料表面形貌的影响如图3.24所示。图3.24(a)~(c)分别表示n-SiO_2颗粒浓度为10g/L、20g/L和30g/L时，复合材料在1000倍下的表面形貌，图3.24（d）为n-SiO_2颗粒浓度为20g/L时，复合材料在10000倍下的表面形貌。

图3.24表明：当n-SiO_2颗粒浓度低于20g/L时增加其浓度，基质金属颗粒得到细化，但当n-SiO_2颗粒浓度高于20g/L后，基质金属颗粒尺寸又开始增加。主要原因可能是在n-SiO_2颗粒浓度较低时增加其浓度，在提高复合材料中n-SiO_2颗粒沉积量的同时，也有一定量的n-CeO_2颗粒沉积出来，均能很好地阻碍基质金属Ni、W和P的连续生长，起到细化作用，使组织得到细化。在n-SiO_2颗粒浓度为20g/L时，复合材料表面组织平整致密，颗粒细小而均匀，n-SiO_2和n-CeO_2颗粒均匀镶嵌在Ni-W-P基质金属中。但当n-SiO_2颗粒浓度过高后，由于电解液黏度增加和n-SiO_2颗粒在电解液中分散性的降低，又导致沉积出来的纳米颗粒在基质金属中产生团聚，加之n-CeO_2颗粒沉积量降低，均不利于颗粒细化。同时，由于纳米颗粒团聚严重，在复合材料表面也产生了许多小结瘤状突起部位。

图 3.24 n-SiO_2 颗粒的浓度对 Ni-W-P/CeO_2-SiO_2 颗粒增强金属基纳米复合材料表面形貌的影响

3.2.6 n-CeO_2 颗粒浓度的影响

3.2.6.1 n-CeO_2 颗粒浓度对化学组成的影响

电解液中 n-CeO_2 颗粒的浓度对 Ni-W-P/CeO_2-SiO_2 颗粒增强金属基纳米复合材料化学组成的影响如图 3.25 所示。图 3.25（a）为 n-CeO_2 颗粒浓度对n-CeO_2 和 n-SiO_2 颗粒质量分数的影响，图 3.25（b）为 n-CeO_2 颗粒的浓度对 Ni、W 和 P 质量分数的影响。

图3.25 表明，n-CeO_2 颗粒的质量分数随电解液中 n-CeO_2 颗粒浓度的增加而增加，而 SiO_2 颗粒的质量分数则逐渐降低，当 n-CeO_2 颗粒浓度为12g/L时，CeO_2 颗粒的质量分数最高，达到 11.08%。继续增加 n-CeO_2 颗粒浓度，n-CeO_2 颗粒的质量分数又开始略有降低。此外，P 的质量分数随 n-CeO_2 颗粒浓度的增加而降低，而 W 的质量分数则逐渐增加。可能是当电解液中 n-CeO_2 颗粒浓度较低时，增加其浓度，它对阴极表面的冲击频率也增加，导致在阴极表面的成核几率增加，促进 n-CeO_2 颗粒的电沉积过程，CeO_2 颗粒的质量分数提高。当 n-CeO_2

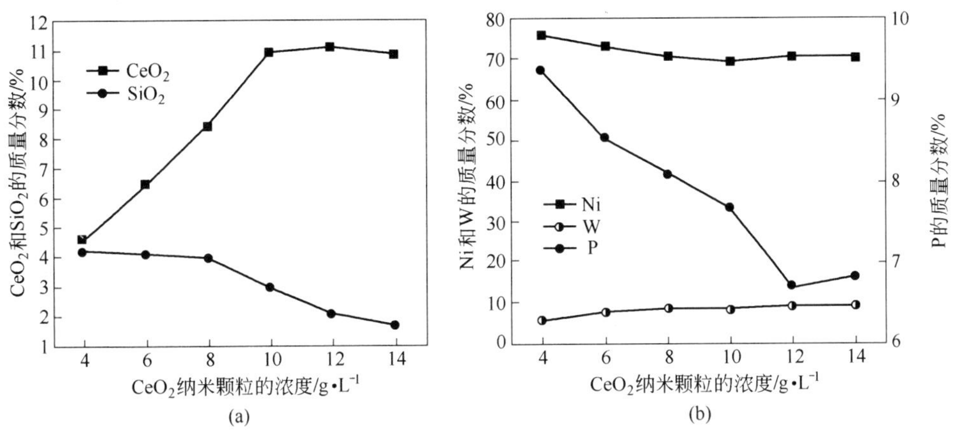

图 3.25 $n\text{-}CeO_2$ 颗粒的浓度对 Ni-W-P/CeO_2-SiO_2 颗粒增强金属基纳米复合材料化学组成的影响

颗粒浓度为 12g/L 时，吸附在阴极表面的$n\text{-}CeO_2$颗粒达到饱和，CeO_2 颗粒沉积的质量分数最高。但当 $n\text{-}CeO_2$ 颗粒浓度超过 12g/L 后，同样与过高 $n\text{-}SiO_2$ 颗粒浓度对纳米复合材料化学组成的影响一样，$n\text{-}CeO_2$ 颗粒的质量分数又开始降低。同时，$n\text{-}CeO_2$ 颗粒浓度增加使其在阴极表面的覆盖率增加，降低了 $n\text{-}SiO_2$ 颗粒在阴极表面的吸附和沉积数量，导致相同时间内 $n\text{-}SiO_2$ 颗粒在阴极被复合嵌入的几率降低，$n\text{-}SiO_2$ 颗粒的质量分数降低。

3.2.6.2 $n\text{-}CeO_2$ 颗粒浓度对元素分布的影响

在电解液中 $n\text{-}CeO_2$ 颗粒浓度为 10g/L 时，Ni-W-P/CeO_2-SiO_2 颗粒增强金属基纳米复合材料通过线扫描，获得的水平测试点上的元素分布如图 3.26 所示，

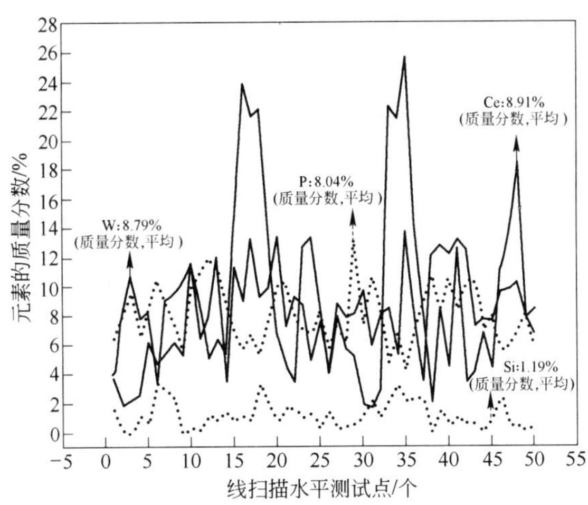

图 3.26 线扫描的能谱分析结果（CeO_2 浓度：10g/L）

通过面扫描获得的能谱分析结果如图3.27所示。

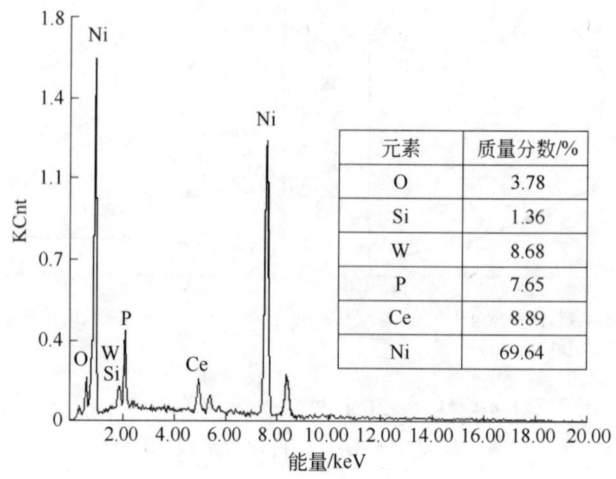

元素	质量分数/%
O	3.78
Si	1.36
W	8.68
P	7.65
Ce	8.89
Ni	69.64

图3.27 面扫描的能谱分析结果（CeO_2 浓度：10g/L）

图3.26表明，当电解液中 n-CeO_2 颗粒浓度为10g/L时，在线扫描水平测试点上，复合材料中元素W的质量分数分布在3.22%～13.82%（平均8.79%）之间，P的质量分数分布在4.27%～13.2%（平均8.04%）之间，Ce的质量分数分布在1.68%～25.7%（平均8.91%）之间，Si的质量分数分布在0～3.5%（平均1.19%）。结合面扫描能谱分析结果（图3.27）可知，面扫描获得的元素W（平均8.68%）、P（平均8.04%）、Ce（平均8.89%）和Si（平均1.36%）的平均质量分数与线扫描的结果比较接近，说明此时元素W、P和 n-SiO_2、n-CeO_2颗粒在复合材料中的分布是比较均匀的。

3.2.6.3 n-CeO_2 颗粒浓度对沉积速率和显微硬度的影响

图3.28为电解液中 n-CeO_2 颗粒的浓度对 Ni-W-P/CeO_2-SiO_2 颗粒增强金属基纳米复合材料沉积速率的影响，图3.29为 n-CeO_2 颗粒的浓度对显微硬度的影响。

图3.28和图3.29表明：沉积速率和显微硬度均随 n-CeO_2 颗粒浓度的增加而增加，当 n-CeO_2 颗粒浓度超过8g/L后，显微硬度增加比较缓慢。分析其原因，可能是当 n-CeO_2 颗粒浓度较低且低于8g/L时增加其浓度，硬质元素W和 n-CeO_2 颗粒的质量分数增加幅度较大，显微硬度提高较大。但当 n-CeO_2 浓度超过8g/L后再继续增加其浓度，虽然硬质元素W和 n-CeO_2 的质量分数仍在继续增加，但增加幅度已较小，又导致了沉积层中 n-SiO_2 颗粒的质量分数降低。

3.2.6.4 n-CeO_2 颗粒浓度对表面形貌的影响

电解液中的 n-CeO_2 颗粒浓度对 Ni-W-P/CeO_2-SiO_2 颗粒增强金属基纳米复合

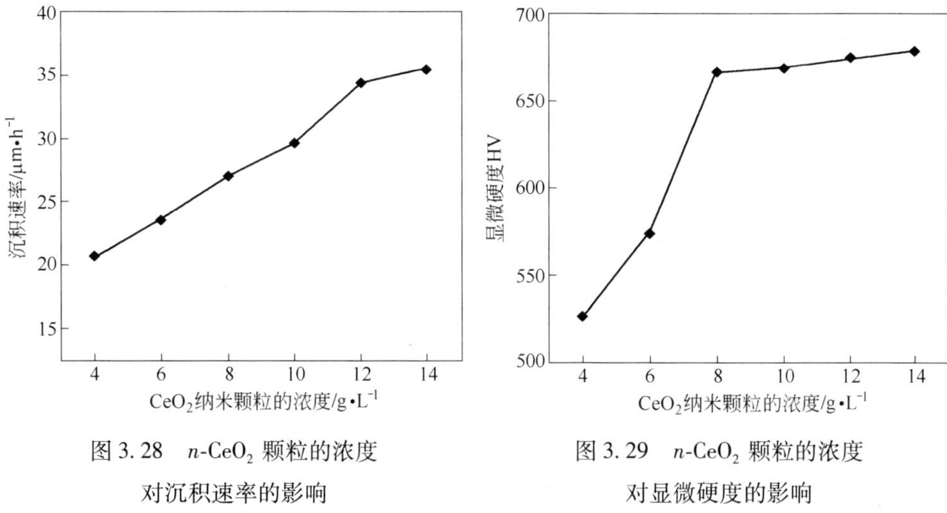

图 3.28 n-CeO_2 颗粒的浓度对沉积速率的影响

图 3.29 n-CeO_2 颗粒的浓度对显微硬度的影响

材料表面形貌的影响如图 3.30 所示。图 3.30(a)~(c)分别表示 n-CeO_2 颗粒浓度为 4g/L、8g/L 和 12g/L 时，复合材料在 1000 倍下的表面形貌。图 3.30（d）

图 3.30 n-CeO_2 颗粒的浓度对 Ni-W-P/CeO_2-SiO_2 颗粒增强金属基纳米复合材料表面形貌的影响

为 n-CeO_2 颗粒浓度为 12g/L 时，复合材料在 10000 倍下的表面形貌。

图 3.30 表明，随着电解液中 n-CeO_2 颗粒浓度的增加，复合材料的基质金属颗粒得到细化。当 n-CeO_2 颗粒浓度控制在 8g/L 时，复合材料表面比较平整，但当其浓度提高到 12g/L 时，表面平整度又开始降低，同时产生了许多类似结瘤突起的部位。主要原因可能是增加 n-CeO_2 颗粒浓度，会有更多的 n-CeO_2 颗粒沉积到基质金属 Ni-W-P 中，有效阻碍基质金属 Ni、W 和 P 的连续生长，起到颗粒细化作用。同时又由于沉积速率较高，也有利于增加形核速率，颗粒尺寸有所降低。但电解液中过高的 n-CeO_2 颗粒浓度同样导致 n-CeO_2 颗粒在纳米复合材料中团聚严重，在纳米复合材料表面产生一些结瘤突起。

3.2.7 表面活性剂的影响

3.2.7.1 纳米颗粒的分散方法及表面活性剂的研究现状

纳米颗粒在电解液中容易发生团聚，主要是因为纳米颗粒之间存在着有别于常规颗粒之间的作用能（F_n），这种纳米作用能就是纳米颗粒表面因缺少邻近配位的原子而具有很高的活性使纳米颗粒彼此团聚的内在属性，其物理意义是单位表面积纳米颗粒具有的吸附力，这是纳米颗粒容易发生团聚的内在因素。

采取适当方法对纳米颗粒进行分散处理时，纳米颗粒表面会产生溶剂化膜作用能（F_s）、双电层静电作用能（F_r）、聚合物吸附层的空间保护作用能（F_p）。在一定体系中，纳米颗粒处于这几种作用能的平衡状态；当 $F_n > F_s + F_r + F_p$ 时，纳米颗粒易团聚；当 $F_n < F_s + F_r + F_p$ 时，纳米颗粒易分散。要使纳米颗粒能够很好地分散，必须通过以下方式增强纳米颗粒的排斥作用能[215]：

（1）强化纳米粒子表面对分散介质的侵蚀性，改变其界面结构，提高溶剂化膜的强度和厚度，增强溶剂化排斥作用；

（2）增大纳米粒子表面双电层的电位绝对值，增强纳米粒子间的静电排斥作用；

（3）通过高分子分散剂在纳米粒子表面的吸附，产生并强化立体保护作用。

纳米颗粒在电解液中分散均匀，是获得均匀稳定复合材料的必备条件。为达到该目的，目前普遍采用两种方法：

（1）物理分散法，包括超声分散法、机械搅拌分散法和空气搅拌分散法；

（2）化学分散法，包括化学改性分散法和表面活性剂分散法。其中，表面活性剂分散是通过改变纳米颗粒表面电荷的分布达到分散效果的，但相同的表面活性剂在不同的电解液体系中也可能产生不同的效果。

黄辉等人[216]的研究表明：阳离子表面活性剂有利于促进颗粒与基质金属共沉积，提高 SiC 颗粒的复合量，显微硬度增高；非离子表面活性剂可改变颗粒与基质金属结合状态，提高耐磨性。阳离子与非离子表面活性剂协同作用，能获得颗粒复合量高、硬度高、耐磨性能优异的金属基复合材料；Ger M D[217]和 Hou K H等人[218]指出：阳离子表面活性剂 CTBA 能促进 SiC 颗粒与 Ni^{2+} 共沉积，沉积层中 SiC 颗粒的复合量随着表面活性剂浓度的增大而增加；张文礼等人[219]的研究表明：含氟型表面活性剂和阳离子聚合物聚乙烯亚胺能有效阻止颗粒的团聚，当其含量分别为0.6～0.7g/L 及 0.7g/L 时，获得了稳定悬浮的电解液和颗粒分布均匀的 Ni-P/SiC 复合材料。

李志林等人[220]的研究表明：阳离子表面活性剂有利于 Ni/TiO_2 的复合电沉积并能提高纳米复合材料的显微硬度；陈玉梅等人[221]指出：在 Ni/TiO_2 体系中，阴离子表面活性剂或阴离子与非离子表面活性剂的联合使用会更好地改善颗粒在电解液中的分散性，并能提高在复合材料的含量。

郑环宇等人[222]的研究表明：阳离子表面活性剂十六烷基三甲基溴化铵与阿拉伯胶的协同作用对纳米 Al_2O_3 的分散效果最好，获得了 Al_2O_3 纳米颗粒分散均匀、复合量较高的(Zn-Ni)/Al_2O_3 复合材料；丁红燕等人[223]指出：通过选择合适的表面活性剂对纳米 Al_2O_3 颗粒分散后再进行化学沉积，能够获得分散均匀的 Ni-P/Al_2O_3 纳米复合材料。

韩廷水等人[224]研究了表面活性剂对 Ni/Si_3N_4 复合材料的影响，结果表明：阳离子表面活性剂十六烷基三甲基溴化铵可提高 Ni/Si_3N_4 复合材料中 Si_3N_4 颗粒含量和显微硬度，有利于 Ni 和 Si_3N_4 的共沉积。非离子表面活性剂甲酰胺的影响不显著。选择适当的阴离子表面活性剂和阳离子活性剂的混合比例，可以获得较好的复合材料。

周苏闽等人[225]报道了阳离子表面活性剂有利于促进 CeO_2 颗粒与 Ni-P 的化学共沉积，而非离子表面活性剂则有利于制备表面质量较好的金属基复合材料；黄新民等人[226]指出：酸性电解液中宜选用非极性和阴离子表面活性剂，碱性电解液中宜选用阳离子表面活性剂。

为保证 n-CeO_2 和 n-SiO_2 颗粒在电解液中分散均匀，配制电解液时，先采用表面活性剂对电解液中的 n-CeO_2、n-SiO_2 颗粒进行分散处理。分别选用了一种非离子表面活性剂聚乙二醇 10000 和一种阳离子表面活性剂十六烷基三甲基溴化胺，比较了表面活性剂种类及浓度对颗粒增强金属基纳米复合材料脉冲电沉积过程的影响。

3.2.7.2 非离子表面活性剂对复合材料脉冲电沉积过程的影响

聚乙二醇 10000（PEG10000）是一种非离子表面活性剂，它只有醚键与羟基两种亲水基而无疏水基，分子链在水溶液中呈蛇形。其亲水基由具有一定数量的含氧基团（羟基）构成，因为在水溶液中不是离子状态，所以稳定性较高。当电解液中 PEG10000 的浓度控制在 5～30mg/L 时，对 Ni-W-P/CeO_2-SiO_2 颗粒增强金属基纳米复合材料中 n-CeO_2 和 n-SiO_2 颗粒质量分数的影响如图 3.31 所示，对沉积速率的影响如图 3.32 所示。

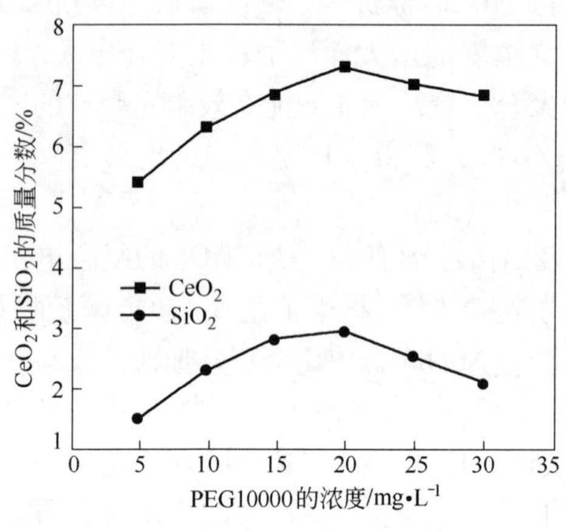

图 3.31　PEG10000 的浓度对纳米颗粒质量分数的影响

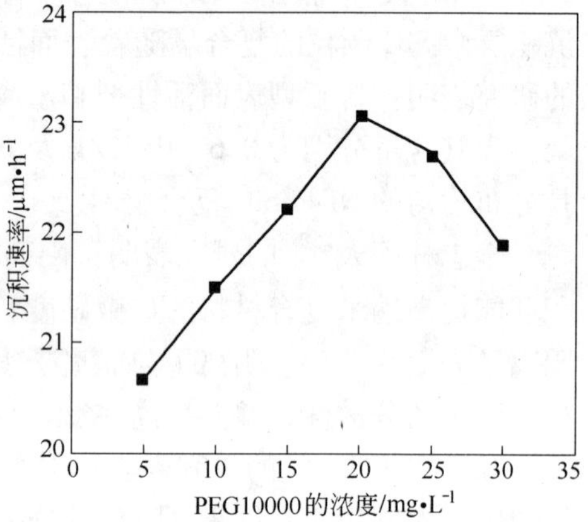

图 3.32　PEG10000 的浓度对沉积速率的影响

图 3.31 和图 3.32 表明：n-CeO_2 和 n-SiO_2 颗粒的质量分数和沉积速率均是随着电解液中非离子表面活性剂 PEG10000 浓度的增加而提高，在 PEG10000 浓度为 20mg/L 时，n-CeO_2 和 n-SiO_2 颗粒的质量分数最高，分别为 7.32% 和 2.96%。继续增加 PEG10000 浓度，又造成 n-CeO_2 和 n-SiO_2 颗粒质量分数的降低。可见，电解液中添加过高浓度的非离子表面活性剂 PEG10000 不但不能有效提高 n-CeO_2 和 n-SiO_2 颗粒的共沉积量，反而还会降低其沉积量。主要原因是当电解液中非离子表面活性剂 PEG10000 浓度过高时，它们会相互连接在一起，起到桥梁作用，造成纳米颗粒团聚和在阴极表面被嵌入的几率降低，引起 n-CeO_2 和 n-SiO_2 颗粒共沉积量的降低。

图 3.33 给出了电解液中非离子表面活性剂 PEG10000 的浓度对 Ni-W-P/CeO_2-SiO_2 颗粒增强金属基纳米复合材料表面形貌的影响。图 3.33（a）～（c）为 PEG10000 浓度分别为 10mg/L、20mg/L 和 30mg/L 时，复合材料在 2000 倍下的表面形貌。图 3.33（d）为 PEG10000 浓度为 20mg/L 时，复合材料在 10000 倍下的表面形貌。

图 3.33 表明：电解液中的非离子表面活性剂 PEG10000 的添加量过低或过高时，对 n-CeO_2 和 n-SiO_2 颗粒均没有起到很好的分散作用，复合材料表面比较粗糙，平整度不高。当电解液中非离子表面活性剂 PEG10000 添加量为 20mg/L

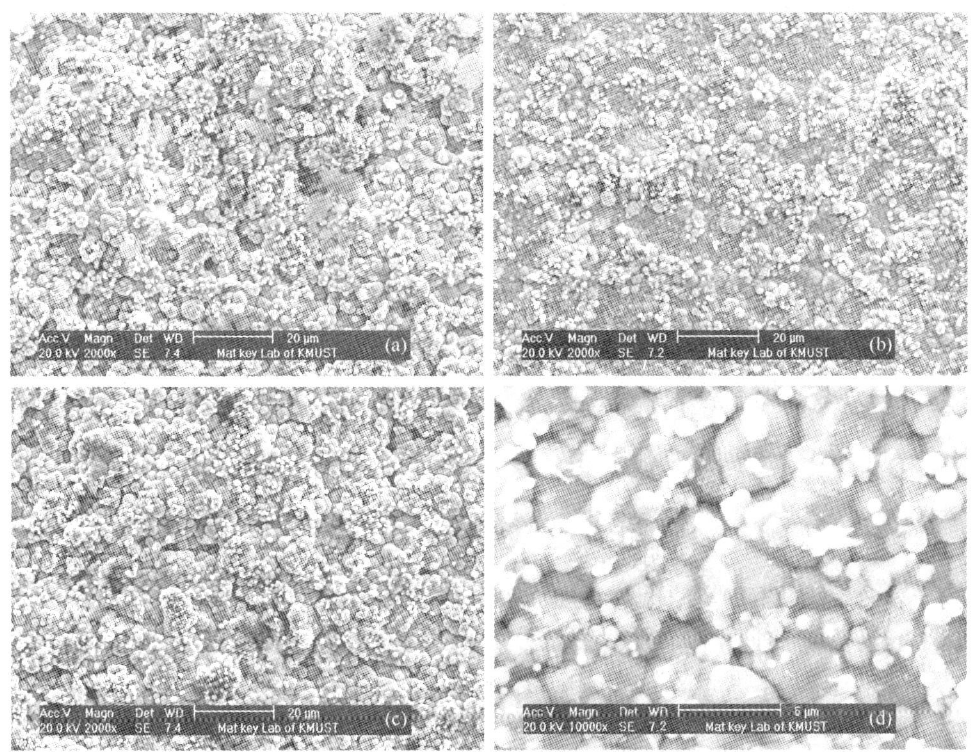

图 3.33　PEG10000 的浓度对 Ni-W-P/CeO_2-SiO_2 颗粒增强金属基纳米复合材料表面形貌的影响

时，沉积速率最快，形核速率可能更高，颗粒细化效果也最明显。同时由于 n-CeO_2 和 n-SiO_2 颗粒沉积量最多，对阻止 Ni-W-P 基质金属的连续长大也有一定的作用，因此，基质金属颗粒尺寸要小一些，表面相对也平整一些。但从图 3.33（d）可以看出，n-CeO_2 和 n-SiO_2 颗粒在基质金属中的团聚很严重，未达到均匀弥散分布，说明非离子表面活性剂 PEG10000 对改善该类纳米颗粒在基质金属中的分散性效果较差。

3.2.7.3　阳离子表面活性剂对复合材料脉冲电沉积过程的影响

十六烷基三甲基溴化胺（CTAB）是一种小分子的阳离子表面活性剂。当加入到电解液中时，电解液表面会产生白色泡沫，起到保温、降低蒸发损失的作用，还可以使一些悬浮的杂质夹杂在泡沫中易于清除，以保持电解液的清洁。当电解液中 CTAB 浓度控制在 2～12mg/L 时，对 Ni-W-P/CeO_2-SiO_2 颗粒增强金属基纳米复合材料中 n-CeO_2 和 n-SiO_2 颗粒质量分数的影响如图 3.34 所示，对沉积速率的影响如图 3.35 所示。

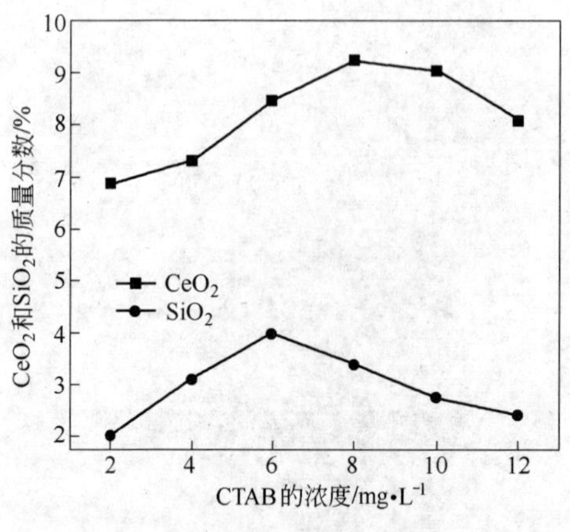

图 3.34 CTAB 的浓度对纳米颗粒质量分数的影响

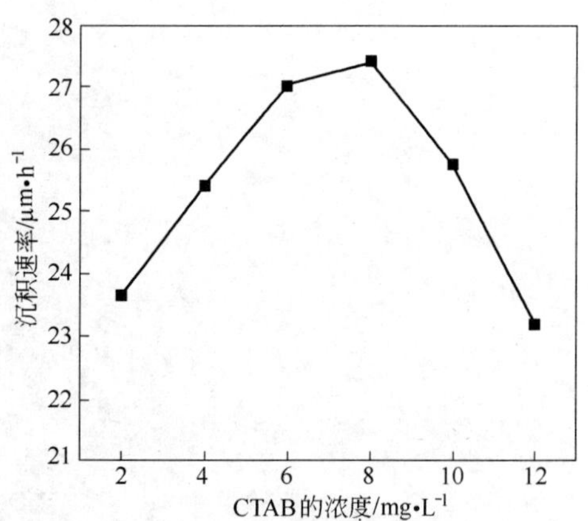

图 3.35 CTAB 的浓度对沉积速率的影响

图 3.34 和图 3.35 表明：n-CeO_2 和 n-SiO_2 颗粒的质量分数和沉积速率随阳离子表面活性剂 CTAB 浓度的增加而提高，沉积速率在 CTAB 浓度为 8mg/L 最快，n-SiO_2 和 n-CeO_2 颗粒质量分数分别在 CTAB 浓度为 6mg/L 和 8mg/L 最高。继续增加 CTAB 浓度，又造成沉积速率和纳米颗粒质量分数的降低。原因是电解液呈弱酸性，纳米颗粒在电解液中带有正电荷，增加电解液中的阳离子表面活性剂 CTAB 浓度，纳米颗粒与其发生吸附作用，表面电荷增多，过电位增大，引起纳米颗粒间静电斥力增大，抑制了纳米颗粒团聚[227]，结果使纳米颗粒分散均匀程度提高，也提高了在基质金属中的嵌入几率，引起沉积量增加。但过高的 CTAB 浓度会造成电解液中的离子强度过高，压缩双电层，减小颗粒间的静电斥力，重新使纳米颗粒团聚[222]。此外，还会使电解液中产生的白色泡沫增多，更多的纳米颗粒会被卷入到泡沫中，使电解液中纳米颗粒的真实含量降低，而且输出电流也不稳定，造成纳米颗粒沉积量的降低。

电解液中的阳离子表面活性剂 CTAB 的浓度对 Ni-W-P/CeO_2-SiO_2 颗粒增强金属基纳米复合材料表面形貌的影响如图 3.36 所示。图 3.36(a)~(c)为 CTAB 浓度分别为 2mg/L、8mg/L 和 12mg/L 时，复合材料在 2000 倍下的表面形貌。图 3.36（d）为 CTAB 浓度为 8mg/L 时，复合材料在 10000 倍下的表面形貌。

图 3.36 表明，电解液中的阳离子表面活性剂 CTAB 的浓度对复合材料的表面形貌有较为明显的影响。当 CTAB 浓度较低为 2mg/L 时，对纳米颗粒没有起到很好的分散效果，由于纳米颗粒的团聚，引起复合材料表面出现很多突起部位。当 CTAB 浓度控制在 8mg/L 时，复合材料表面平整，Ni-W-P 基质金属轮廓清晰，纳米颗粒在基质金属中均匀弥散分布，有效提高了基质金属的形核率，同

图 3.36 CTAB 的浓度对 Ni-W-P/CeO_2-SiO_2 颗粒增强金属基纳米复合材料表面形貌的影响

时阻碍了基质金属颗粒的进一步长大，基质金属颗粒细化效果较好。但当 CTAB 浓度提高到 12mg/L 时，由于纳米颗粒的重新团聚和沉积量降低，又导致表面粗糙度增加，基质金属颗粒尺寸增大。

以上分析表明，阳离子表面活性剂 CTAB 对提高复合材料中 n-CeO_2 和 n-SiO_2 颗粒的沉积量和改善其表面显微组织，明显好于非离子表面活性剂 PEG10000。

3.3 工艺条件对金属基纳米复合材料脉冲电沉积的影响

3.3.1 电解液 pH 值的影响

3.3.1.1 电解液 pH 值对化学组成的影响

电解液 pH 值对 Ni-W-P/CeO_2-SiO_2 颗粒增强金属基纳米复合材料化学组成的影响如图 3.37 所示。图 3.37（a）为电解液 pH 值对 n-CeO_2 和 n-SiO_2 颗粒质量分数的影响，图 3.37（b）为 pH 值对 Ni、W 和 P 质量分数的影响。

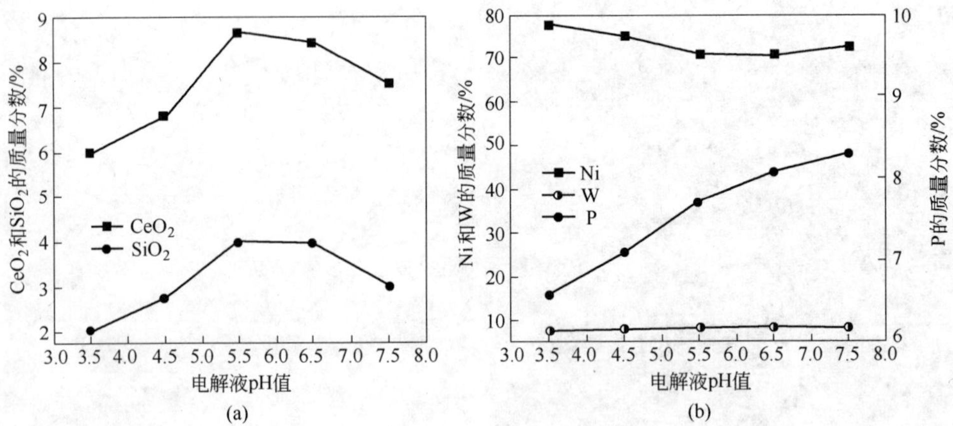

图 3.37　电解液 pH 值对 Ni-W-P/CeO_2-SiO_2 颗粒增强金属基纳米复合材料化学组成的影响

图 3.37 表明：提高电解液 pH 值，复合材料中 n-CeO_2 和 n-SiO_2 颗粒的质量分数逐渐增加，当 pH 值控制在 5.5 时，n-CeO_2 和 n-SiO_2 颗粒的质量分数最高，分别为 8.68% 和 4.02%。继续增大 pH 值，n-CeO_2 和 n-SiO_2 颗粒的质量分数又开始降低。此外，P 的质量分数随 pH 值的增加而提高，W 的质量分数变化不大。原因可能是 pH 值低于 5.5 时增加 pH 值，电解液中的 H^+ 数量减少，阴极析氢量降低，促进了沉积速率的增加，使阴极表面对 n-CeO_2 和 n-SiO_2 颗粒包裹能力增强，n-CeO_2 和 n-SiO_2 颗粒的质量分数增加。但电解液 pH 值超过 5.5 以后，过高的电解液 pH 值导致 H^+ 数量过低，造成吸附在 n-CeO_2 和 n-SiO_2 颗粒表面的 H^+ 量也会减少，使颗粒表面荷正电的程度降低，不利于颗粒在阴极表面的吸附和沉积，造成纳米颗粒质量分数降低。

3.3.1.2　电解液 pH 值对沉积速率和显微硬度的影响

图 3.38 为电解液 pH 值对 Ni-W-P/CeO_2-SiO_2 颗粒增强金属基纳米复合材料沉积速率的影响。图 3.39 是电解液 pH 值对显微硬度的影响。

图 3.38 和图 3.39 表明：沉积速率和显微硬度随 pH 值的提高而增加，当 pH 值为 5.5 时，沉积速率最快，为 28.78μm/h，显微硬度最高，达 673HV。继续提高 pH 值，沉积速率和显微硬度又开始降低。原因是当 pH 值较低时增加 pH 值，阴极析氢量减少，沉积速率增加，同时 n-CeO_2 和 n-SiO_2 颗粒质量分数也随之增加，显微硬度增加并在 pH 值为 5.5 时达到最高值。继续增大 pH 值，n-CeO_2 和 n-SiO_2 颗粒沉积难度加大，沉积速率降低，导致 n-CeO_2 和 n-SiO_2 颗粒的质量分数降低，显微硬度降低。

3.3.1.3　电解液 pH 值对表面形貌的影响

电解液 pH 值对 Ni-W-P/CeO_2-SiO_2 颗粒增强金属基纳米复合材料表面形貌的

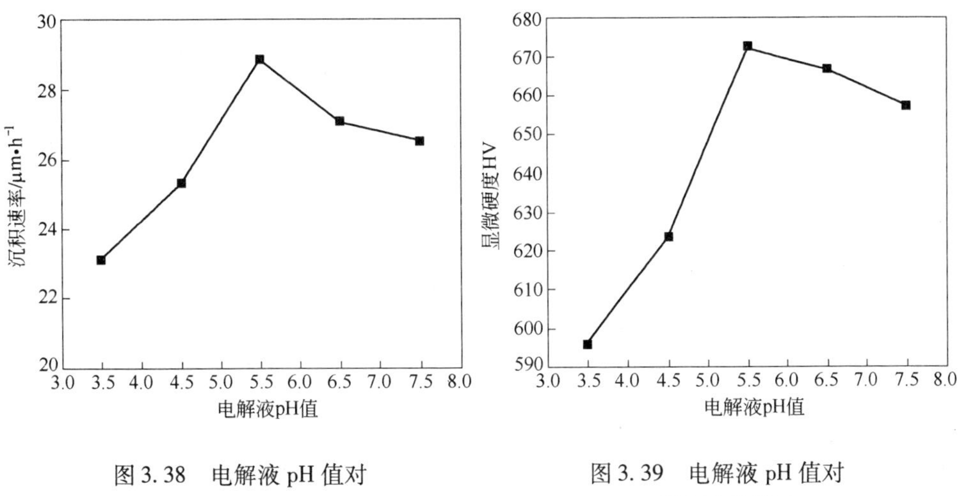

图 3.38 电解液 pH 值对沉积速率的影响

图 3.39 电解液 pH 值对显微硬度的影响

影响如图 3.40 所示。图 3.40(a)~(c)分别表示电解液 pH 值分别为 3.5、5.5 和 7.5 时，复合材料在 1000 倍下的表面形貌。图 3.40（d）表示电解液 pH 值为

图 3.40 电解液 pH 值对 Ni-W-P/CeO_2-SiO_2 颗粒增强金属基纳米复合材料表面形貌的影响

5.5 时，复合材料在 10000 倍下的表面形貌。

从图 3.40 可以看出，当电解液 pH 值较低时，复合材料的基质金属颗粒相对大些；当电解液 pH 值提高到 5.5 ~ 7.5 时，表面平整光滑，表面显微组织得到改善。从图 2.44（d）可以看出，当 pH 值为 5.5 时，复合材料中的 Ni-W-P 基质金属颗粒轮廓清晰，结构紧密，细小而均匀，而且 n-SiO_2 和 n-CeO_2 颗粒均匀地镶嵌在基质金属中。

3.3.2 电解液温度的影响

3.3.2.1 电解液温度对化学组成的影响

电解液温度对 Ni-W-P/CeO_2-SiO_2 颗粒增强金属基纳米复合材料化学组成的影响如图 3.41 所示。图 3.41（a）为电解液温度对 n-CeO_2 和 n-SiO_2 颗粒质量分数的影响，图 3.41（b）为电解液温度对 Ni、W 和 P 质量分数的影响。

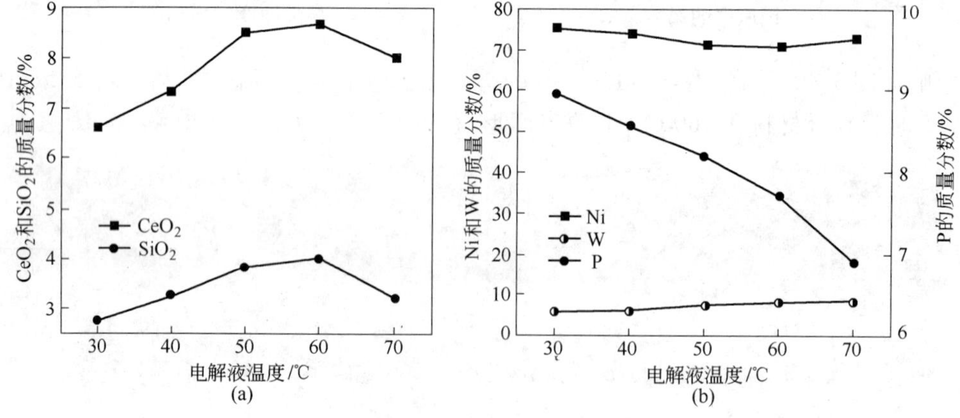

图 3.41 电解液温度对 Ni-W-P/CeO_2-SiO_2 颗粒增强金属基纳米复合材料化学组成的影响

图 3.41（a）表明：复合材料中 n-CeO_2 和 n-SiO_2 颗粒的质量分数随着电解液温度的升高先增加后降低，当电解液温度为 60℃ 时，n-CeO_2 和 n-SiO_2 颗粒的质量分数最高，分别为 8.68% 和 4.02%。继续升高电解液温度，n-CeO_2 和 n-SiO_2 颗粒的质量分数又开始降低。此外，W 的质量分数随电解液温度的升高而增加，而 P 的质量分数则随电解液温度的升高而降低。

一般来说，电解液温度过低，阴极表面吸附的金属原子在电极表面扩散能力下降，电沉积速率决定于吸附原子在金属表面移动并进入晶格的能力，不利于颗粒嵌入基质金属中。当电解液温度低于 60℃ 时，升高其温度，离子和纳米颗粒的热运动均加强，平均动能增加，有利于纳米颗粒与基质金属的共沉积，所以 n-CeO_2 和 n-SiO_2 颗粒含量增加。但电解液温度超过 60℃ 后，继续升高其温度，一方面会引起电解液中的离子运动加剧，离子的剧烈运动将使阴极表面对纳米颗粒的吸附能力降低；另一方面，由于阴极极化程度减弱，阴极过电位降低，电场力减弱，导致纳米颗粒表面对正离子的吸附能力减弱，表面电荷密度较低，颗粒对阴极表面的附着力减小，沉积速率降低[228,229]，所以 n-CeO_2 和 n-SiO_2 颗粒的质量分数又开始下降。

3.3.2.2 电解液温度对沉积速率和显微硬度的影响

图 3.42 为电解液温度对 Ni-W-P/CeO_2-SiO_2 颗粒增强金属基纳米复合材料沉积速率的影响，图 3.43 为电解液温度对显微硬度的影响。

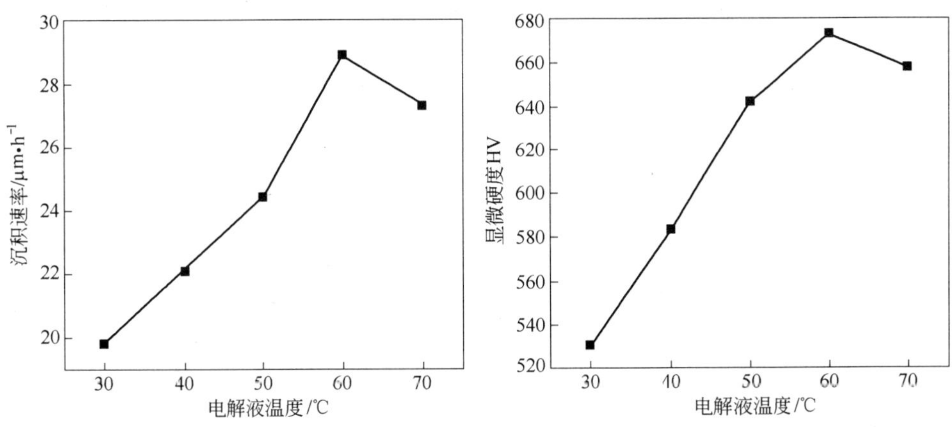

图 3.42 电解液温度对沉积速率的影响　　图 3.43 电解液温度对显微硬度的影响

图 3.42 和图 3.43 表明：沉积速率和显微硬度均随电解液温度的升高而增加，当电解液温度控制在 60℃ 时，沉积速率最快，为 28.87μm/h，显微硬度最高，为 673HV。继续增加电解液温度，其沉积速率和显微硬度又略有降低。当电解液温度升高到 70℃ 时，沉积速率和显微硬度分别降低到了 27.32μm/h 和 658HV。结合成分分析可知，当电解液温度低于 60℃ 时，升高其温度，复合材料中 n-CeO_2 和 n-SiO_2 颗粒和硬质元素 W 的质量分数均增加，P 的质量分数降低，显微硬度逐渐增加并在电解液温度为 60℃ 时最高。继续增加电解液温度，虽然复合材料中硬质元素 W 的质量分数仍略有增加，但 n-CeO_2 和 n-SiO_2 颗粒的质量分数却开始降低，显微硬度也有所降低。

3.3.2.3 电解液温度对表面形貌的影响

电解液温度对 Ni-W-P/CeO_2-SiO_2 颗粒增强金属基纳米复合材料表面形貌的影响如图 3.44 所示。

图 3.44 表明，当电解液温度低于 60℃ 时，升高其温度，表面显微组织得到改善，基质金属颗粒尺寸减小，平整度提高。当温度控制在 50～60℃ 时，基质

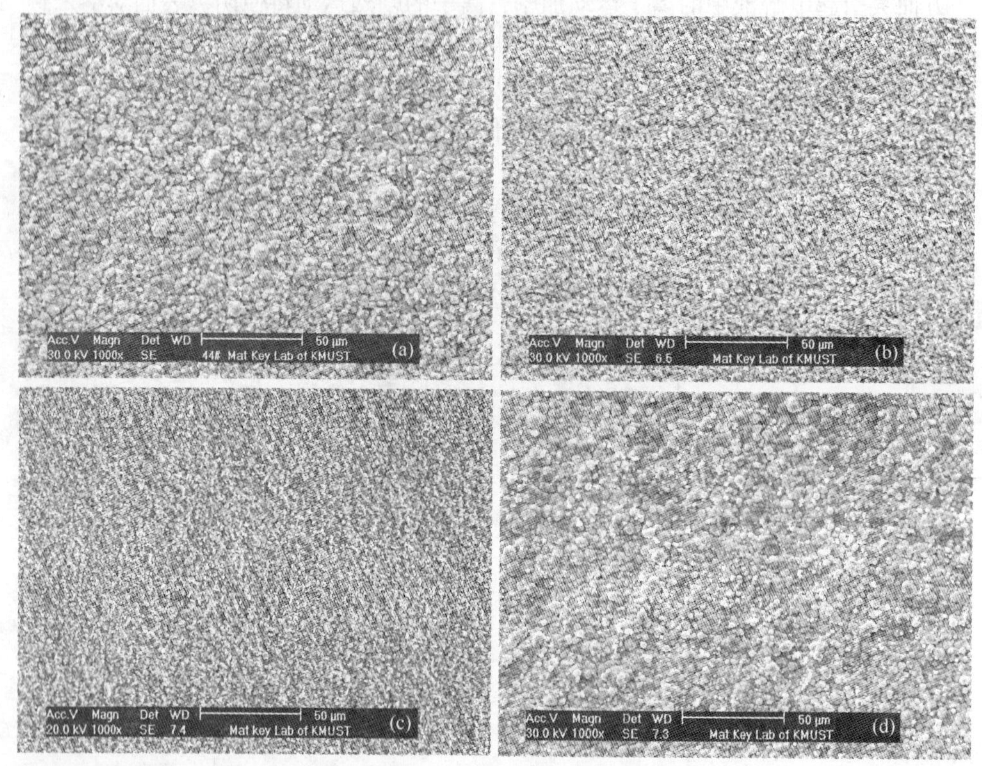

图 3.44　电解液温度对 Ni-W-P/CeO_2-SiO_2 颗粒增强金属基纳米复合材料表面形貌的影响

金属颗粒尺寸最小，复合材料表面最为平整。若继续升高温度至 70℃时，基质金属颗粒尺寸又开始增加，表面平整度有所下降。原因是升高电解液温度，沉积速率提高，引起形核速率大于颗粒生长速率。同时，复合材料中 n-CeO_2 和 n-SiO_2颗粒数量的增加也能有效地阻碍基质金属 Ni、W 和 P 的连续生长，起到颗粒细化作用。但当电解液温度过高后，由于电解液黏度增大，同时阴极过电位降低，引起沉积速率和纳米颗粒沉积量降低，颗粒尺寸增加，表面平整度下降。

3.3.3　机械搅拌速度的影响

在复合电沉积过程中，n-CeO_2 和 n-SiO_2 颗粒在电解液中的分散性和在复合材料中分散均匀性的维持，以及从电解液内部向阴极表面运动的过程，主要是依靠适宜的机械搅拌速度和添加剂的相互作用共同实现的。

3.3.3.1　机械搅拌速度对化学组成的影响

机械搅拌速度对 Ni-W-P/CeO_2-SiO_2 颗粒增强金属基纳米复合材料化学组成的影响如图 3.45 所示。图 3.45（a）为机械搅拌速度对 n-CeO_2 和 n-SiO_2 颗粒质量分数的影响，图3.45（b）为机械搅拌速度对Ni、W和P质量分数的影响。

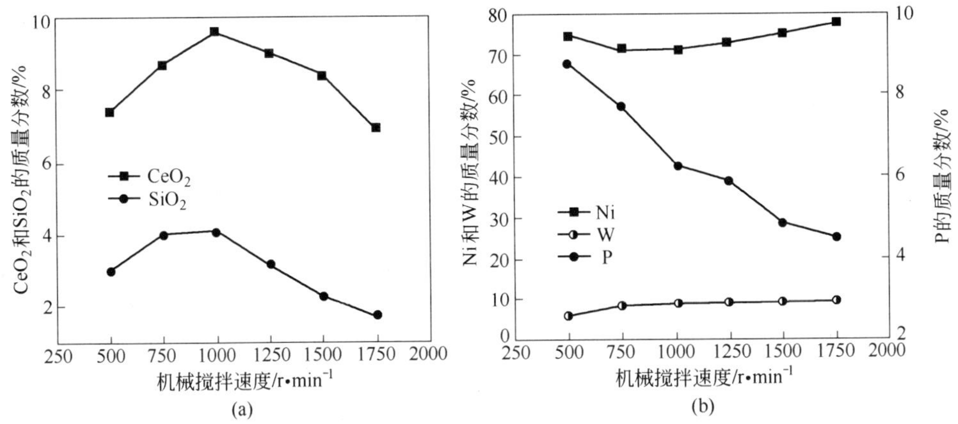

图3.45 机械搅拌速度对Ni-W-P/CeO_2-SiO_2颗粒增强金属基纳米复合材料化学组成的影响

从图3.45可以看出，当电解液中n-CeO_2和n-SiO_2颗粒浓度一定时，n-CeO_2和n-SiO_2颗粒的质量分数随机械搅拌速度的增大而增加，当机械搅拌速度控制在1000r/min时，n-CeO_2和n-SiO_2颗粒的质量分数最高，分别为9.57%和4.09%。继续增加机械搅拌速度，n-CeO_2和n-SiO_2颗粒的质量分数又开始降低。原因是n-CeO_2和n-SiO_2颗粒从电解液内部向阴极表面的运动是靠机械搅拌引起的电解液流动进行输送的，机械搅拌速度增加，电解液流动速度增加，加快了纳米颗粒被输送到阴极表面的速度，被嵌入几率增大，n-CeO_2和n-SiO_2颗粒的质量分数增加。但当机械搅拌速度继续超过1000r/min后，由于电解液中的纳米颗粒长期处于剧烈运动状态，使纳米颗粒与阴极表面剧烈碰撞频繁增加，在阴极表面停留时间较短，也会使部分已经在阴极表面吸附的纳米颗粒又重新脱落到电解液中，不利于与基质金属的共沉积，纳米颗粒的质量分数又开始降低。图2.49（b）表明：沉积层中W的质量分数随机械搅拌速度的增加而增加，而P的质量分数变化正好相反。

3.3.3.2 机械搅拌速度对沉积速率和显微硬度的影响

图3.46为机械搅拌速度对Ni-W-P/CeO_2-SiO_2颗粒增强金属基纳米复合材料沉积速率的影响，图3.47为机械搅拌速度对显微硬度的影响。

图3.46和图3.47表明：沉积速率和显微硬度均是随着机械搅拌速度的增加而增加，当机械搅拌速度控制在1000r/min时，沉积速率和显微硬度最高，分别达32.68μm/h和682HV。继续提高机械搅拌速度，沉积速率和显微硬度又开始降低。结合成分分析可知，当机械搅拌速度低于1000r/min时，增加机械搅拌速度，促进了纳米颗粒这在阴极表面与基质金属的共沉积，纳米颗粒和硬质元素

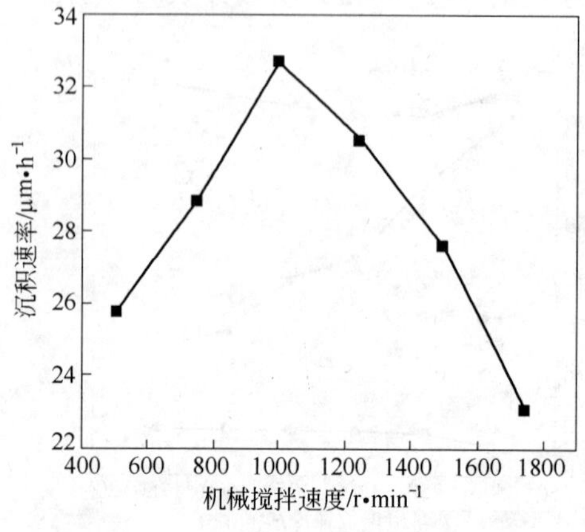

图 3.46 机械搅拌速度对沉积速率的影响

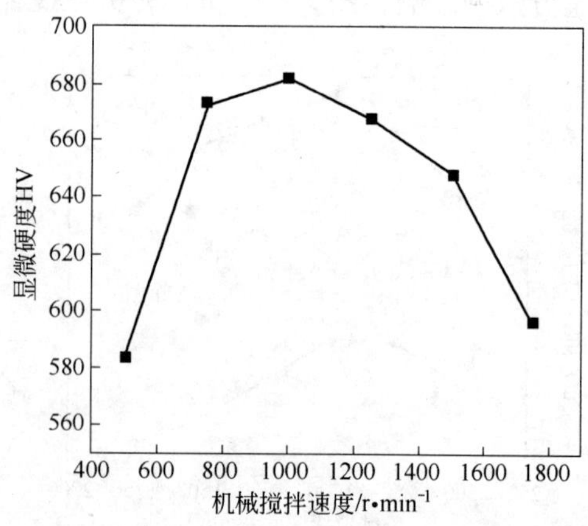

图 3.47 机械搅拌速度对显微硬度的影响

W 的质量分数均增加，P 的质量分数降低，这些均有利于提高显微硬度。但当机械搅拌速度超过 1000r/min 后，过快的机械搅拌速度会导致沉积速率降低，虽然硬质元素 W 的质量分数仍略有增加，P 的质量分数仍在继续降低，但由于复合材料中 n-CeO_2 和 n-SiO_2 颗粒的质量分数也在不断降低，导致显微硬度下降。

3.3.3.3 机械搅拌速度对元素分布的影响

机械搅拌速度控制在 1000r/min 时，Ni-W-P/CeO_2-SiO_2 颗粒增强金属基纳米复合材料通过线扫描，获得的水平测试点上的元素分布如图 3.48 所示，面扫描获得的能谱分析结果如图 3.49 所示。

图 3.48 表明：当机械搅拌速度控制在 1000r/min 时，在线扫描的水平测试

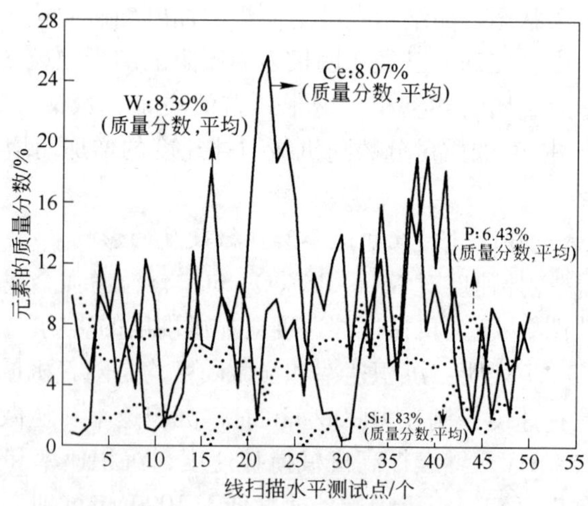

图 3.48 线扫描的能谱分析结果

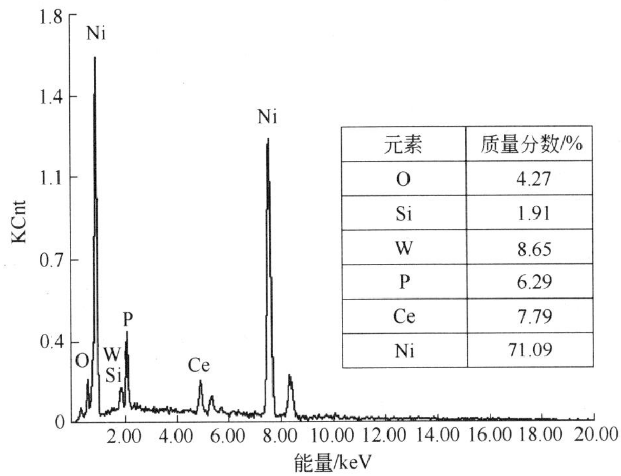

元素	质量分数/%
O	4.27
Si	1.91
W	8.65
P	6.29
Ce	7.79
Ni	71.09

图 3.49 面扫描的能谱分析结果

点上，Ni-W-P/CeO_2-SiO_2 颗粒增强金属基纳米复合材料中元素 W 的质量分数分布在 1.28% ~ 18.96%（平均 8.39%）之间，P 的质量分数分布在 2.88% ~ 9.69%（平均 6.43%）之间，Ce 的质量分数分布在 0.42% ~ 25.67%（平均 8.07%）之间，Si 的质量分数分布在 0 ~ 4.18%（平均 1.83%）之间。图 3.49 表明，面扫描所获得 W（8.65%）、P（6.29%）、Ce（7.79%）和 Si（1.91%）的平均质量分数与线扫描的测试结果比较接近，说明复合材料中的元素 W、P 和 n-CeO_2、n-SiO_2 颗粒的分布是比较均匀的。

3.3.3.4 机械搅拌速度对表面形貌的影响

机械搅拌速度对 Ni-W-P/CeO_2-SiO_2 颗粒增强金属基纳米复合材料表面形貌的影响如图 3.50 所示。图 3.50(a) ~ (d)分别表示机械搅拌速度分别为 500r/min、1000r/min、1250r/min 和 1750r/min 时，复合材料在 2000 倍下的表面形貌。图 3.50(e) ~ (f)分别表示机械搅拌速度为 1000r/min 和 1750r/min 时，复合材料在 10000 倍下的表面形貌。

图 3.50 表明，当机械搅拌速度从 500r/min 提高到 1000r/min 时，复合材料的表面显微组织得到改善。但当机械搅拌速度从 1000r/min 再次提高到 1750r/min 时，表面平整度和致密性又有明显下降。原因是当机械搅拌速度增加时，电解液中纳米颗粒被输送到阴极表面的速度加快，形核速率增加；同时，复合材料中 n-CeO_2 和 n-SiO_2 颗粒的沉积量也在增加，也能有效地阻碍基质金属 Ni、W 和 P 的连续生长，使基质金属颗粒尺寸降低，表面平整度提高。但当机械搅拌速度过高，达到 1750r/min 后，由于电解液中的离子和纳米颗粒长期处于剧烈运动状态，导致阴极表面的形核点较少而且不均匀，加之沉积速率降低，形核速率减

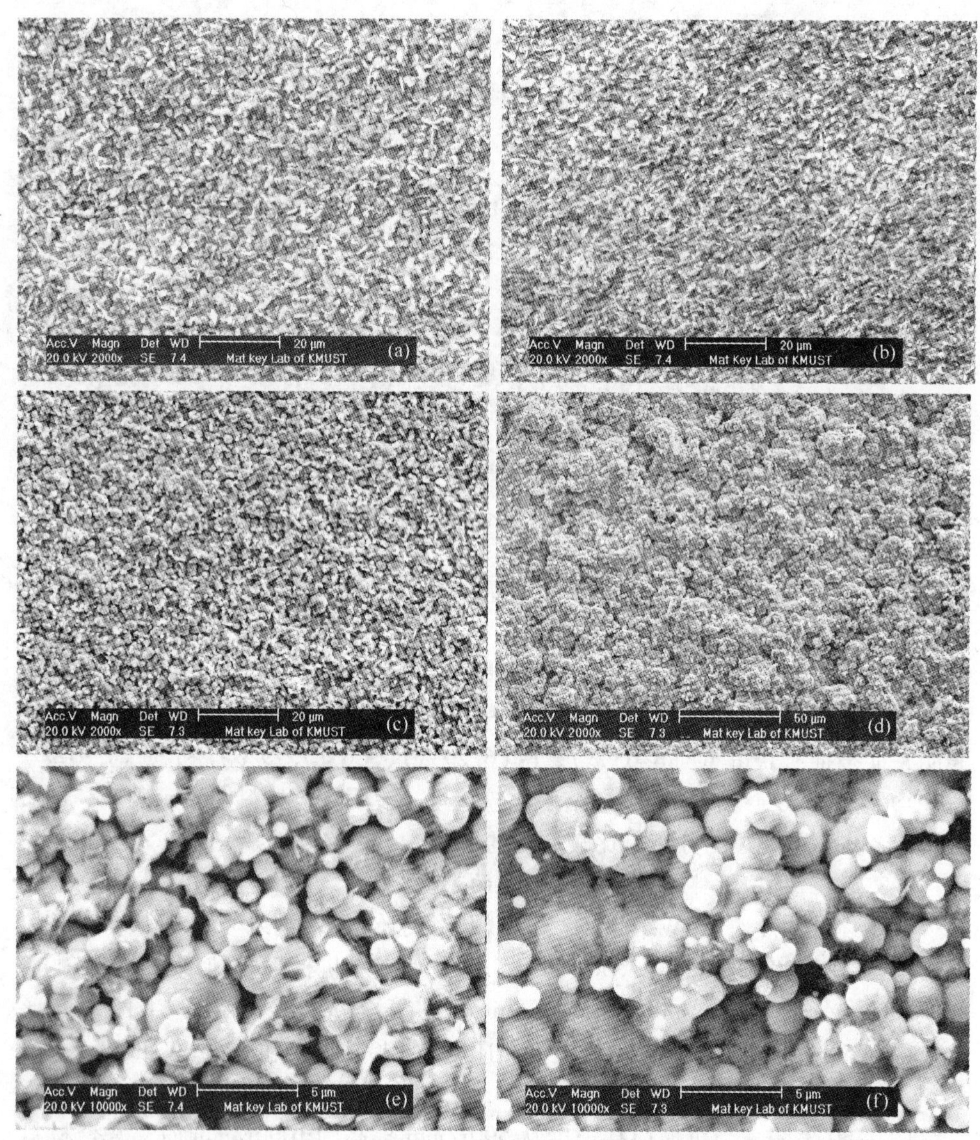

图 3.50 机械搅拌速度对 Ni-W-P/CeO_2-SiO_2 颗粒增强金属基纳米复合材料表面形貌的影响

小，导致在已沉积的颗粒上继续长大速度过快，基质金属颗粒尺寸又开始增加，表面粗糙度也增加。图 3.50（e）表明，当机械搅拌速度控制在 1000r/min 时，基质金属颗粒比较均匀，嵌入在 Ni-W-P 基质金属中的 n-CeO_2 和 n-SiO_2 颗粒分布得也比较均匀。图 3.50（f）表明，当机械搅拌速度提高到 1750r/min 时，复合材料的表面质量又有明显下降。

3.3.4 超声功率的影响

不同超声功率对 Ni-W-P/CeO_2-SiO_2 颗粒增强金属基纳米复合材料表面形貌的影响，结果如图 3.51 所示。图 3.51（a）为未采用超声设备处理时，Ni-W-P/CeO_2-SiO_2 颗粒增强金属基纳米复合材料在 5000 倍下的表面形貌。图 3.51(b)～(f)分别表示超声功率分别为 100W、200W、300W、400W 和 500W 时，复合材

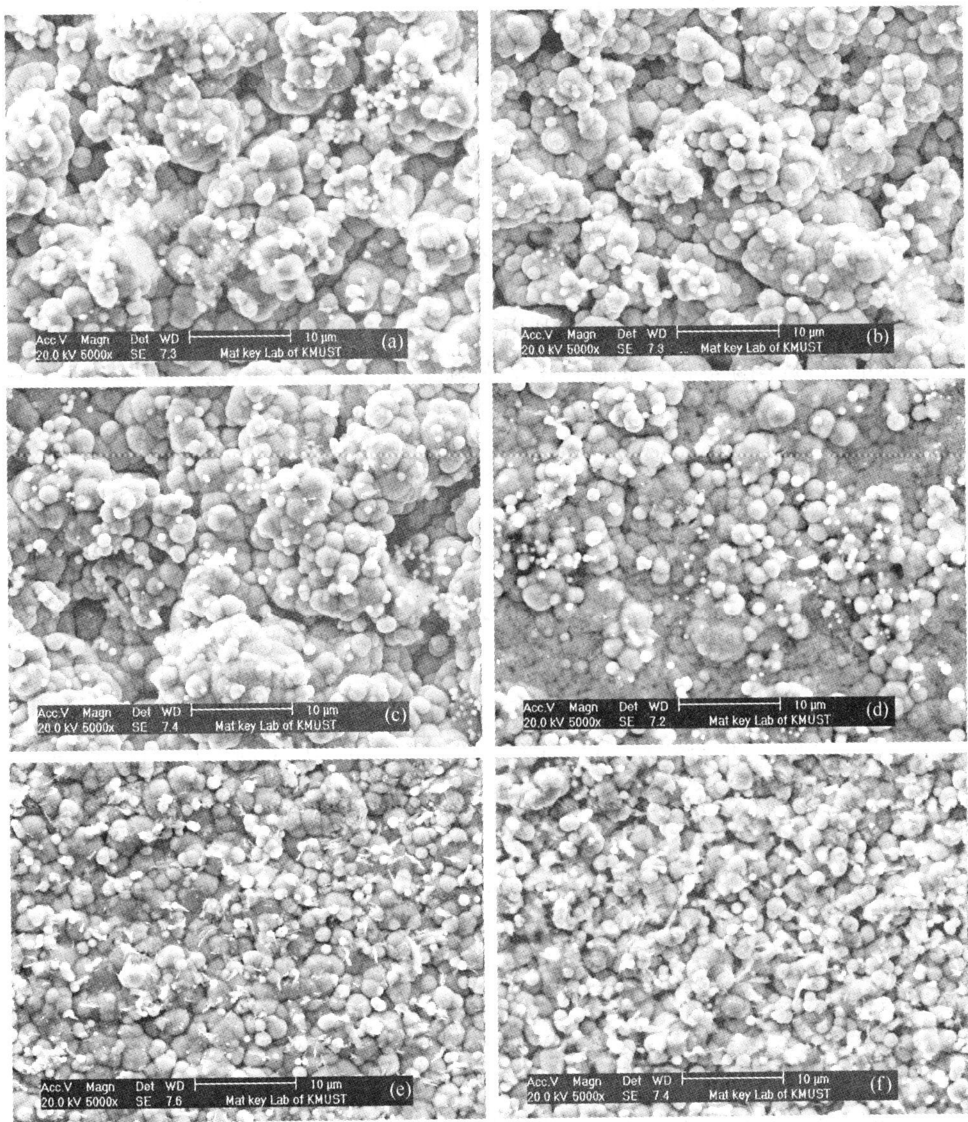

图 3.51　超声功率对 Ni-W-P/CeO_2-SiO_2 颗粒增强金属基纳米复合材料表面形貌的影响

料在5000倍下的表面形貌。

图3.51表明：在脉冲电沉积制备Ni-W-P/CeO_2-SiO_2颗粒增强金属基纳米复合材料前未采用超声对电解液分散，制备出来的复合材料中n-CeO_2和n-SiO_2颗粒的沉积量较少且团聚严重，基本是以聚合体形态存在，说明电解液中的纳米颗粒未被充分地分散开。当超声功率低于300W时，对电解液处理30min后再进行脉冲电沉积，制备出的复合材料中n-CeO_2和n-SiO_2颗粒的团聚情况得到轻微缓解，但表面仍比较粗糙，基质金属颗粒大小仍不均匀。但当超声功率提高到400～500W时，对电解液处理30min之后再进行脉冲电沉积，则制备出的复合材料表面显微组织的致密度和平整度明显增强，Ni-W-P基质金属颗粒轮廓清晰，大小均匀一致，而且纳米颗粒是以弥散状态均匀镶嵌在基质金属中。因此，采用超声对纳米颗粒分散时，超声功率应控制在400W分散30min时便可以解决纳米颗粒分散的均匀性和稳定性控制问题。

分析以上原因，可以从超声的作用及机理给予解释[230～235]。采用适宜强度的超声功能对电解液进行充分处理时，可以利用超声产生的声流使悬浮在电解液中的纳米颗粒在宏观上均匀分布，利用其空化效应所产生的高压激波及强烈的随机振荡可粉碎成团聚状的粒子群，使纳米颗粒在微观上进一步均匀化，从而为制备出纳米颗粒在基质金属中分散均匀的Ni-W-P/CeO_2-SiO_2颗粒增强金属基纳米复合材料奠定了基础。

3.4 小结

通过研究电解液组成对Ni-W-P/CeO_2-SiO_2颗粒增强金属基纳米复合材料脉冲电沉积过程的影响，得出如下结论：

（1）为增强金属基复合材料与基体之间的结合力，脉冲电沉积前需对普通碳钢进行电化学抛光和闪镀镍工艺处理；

（2）当硫酸镍和柠檬酸浓度分别控制在70g/L和120g/L时，复合材料表面平整，颗粒细小而均匀，基质金属颗粒轮廓清晰，n-CeO_2颗粒镶嵌均匀，但n-SiO_2颗粒沉积量较少且分布不均匀。沉积速率为25.32μm/h，显微硬度为614HV；

（3）当钨酸钠和次磷酸钠浓度分别控制在100～120g/L和4～6g/L时，沉积速率和显微硬度较高。增加钨酸钠浓度，基质金属颗粒细化，呈规则圆球形，纳米颗粒镶嵌均匀。次磷酸钠浓度的增加对表面显微组织影响较小，但会明显降低显微硬度；

（4）当n-SiO_2颗粒浓度为20g/L时，沉积速率和显微硬度均较高；增加n-SiO_2颗粒浓度，基质金属颗粒得到细化，但当n-SiO_2颗粒浓度提高到30g/L时，颗粒尺寸又开始增加，同时产生许多小结瘤状突起部位；

（5）增加n-CeO_2浓度，沉积速率和显微硬度随之增加，基质金属颗粒细化。当浓度超过 8 ~10g/L 后，显微硬度增加较缓慢。n-CeO_2 浓度控制在 10g/L 时，元素 Ni、W、P、Ce 和 Si 在复合材料中的分布是比较均匀的；

（6）阳离子表面活性剂 CTAB 对提高 n-CeO_2 和 n-SiO_2 颗粒的沉积量和改善显微组织明显好于非离子表面活性剂 PEG10000。阳离子表面活性剂 CTAB 的添加量控制在 6 ~8mg/L 左右为宜。

通过研究工艺条件对 Ni-W-P/CeO_2-SiO_2 颗粒增强金属基纳米复合材料脉冲电沉积过程的影响，得出如下结论：

（1）增加电解液 pH 值，沉积速率和显微硬度及 n-CeO_2 和 n-SiO_2 颗粒的质量分数增加。pH 值控制在 5.5 时，沉积速率最快，纳米颗粒的质量分数和显微硬度最高。电解液 pH 值较低时，基质金属颗粒粗大。提高到 5.5 ~7.5 时，显微组织改善。

（2）电解液温度低于 60℃时升高温度，表面显微组织得到改善，基质金属颗粒尺寸降低，平整度提高，而沉积速率、显微硬度和纳米颗粒的质量分数随电解液温度的升高先增加后降低，在电解液温度为 60℃时达到最高值。之后继续升高电解液温度，这些指标又开始降低，基质金属颗粒尺寸又开始增加。

（3）提高机械搅拌速度，沉积速率、显微硬度和纳米颗粒的质量分数增加，在机械搅拌速度为 1000r/min 时达到最高值。继续增加机械搅拌速度，沉积速率、显微硬度和纳米颗粒的质量分数又开始降低。机械搅拌速度从 500r/min 提高到 1000r/min 时，显微组织得到改善。

（4）电沉积之前未采用超声处理电解液，纳米颗粒沉积量少且团聚严重，以聚合体形态存在。使用超声（400W）处理 30min 后再进行脉冲电沉积，便起到了很好的效果。

4 脉冲参数对金属基纳米复合材料脉冲电沉积的影响

本章考察了单脉冲参数（如单脉冲导通时间、单脉冲关断时间、单脉冲峰值电流密度和单脉冲占空比）、双脉冲参数（如正反向脉冲占空比、正反向脉冲工作时间和正反向脉冲平均电流密度）对 Ni-W-P/CeO_2-SiO_2 颗粒增强金属基纳米复合材料脉冲电沉积过程的影响；继续进行成分设计优化、动力学优化，同时进行制备过程的脉冲参数优化。

4.1 单脉冲参数对金属基纳米复合材料脉冲电沉积的影响

复合材料的晶粒尺寸、表面形貌和显微硬度不仅与电解液组成有关，还与工艺条件密切相关[236,237]。脉冲电沉积技术能够改变复合材料的组织和组成，被认为是控制复合材料表面力学性能的一种最有效的方法[238~240]。与直流电沉积相比，脉冲电沉积具有更高的瞬时电流密度，通过改变脉冲导通时间、脉冲关断时间、脉冲峰值电流密度和脉冲平均电流密度等脉冲参数，能够很好地改善复合材料的组织和性能[241,242]。该技术能够生产出纳米晶复合材料，近几年来已发展成为一项经济可行的工艺技术[243,244]。

一般来说，直接比较不同研究者所得出的脉冲电沉积实验结论很困难，甚至有些结论是完全相矛盾的，主要原因有三点：一是很多的脉冲电沉积实验区别较大，二是复合电沉积工艺本身的复杂性，三是在研究特定脉冲参数时仍缺乏一致标准。对于第三点，许多研究者通常只引用脉冲占空比和脉冲频率两个指标来研究对金属基复合材料性能的影响[245,246]。实际上，脉冲占空比和脉冲频率两个物理量并不是脉冲设备固有的参数，而是通过计算而来，它们都随着脉冲导通时间和脉冲关断时间的变化而变化。因此，脉冲占空比和脉冲频率两个物理量并不能单独反应脉冲导通时间和脉冲关断时间对复合材料电沉积过程的影响。

4.1.1 单脉冲导通时间的影响

4.1.1.1 单脉冲导通时间对化学组成的影响

单脉冲导通时间对 Ni-W-P/CeO_2-SiO_2 颗粒增强金属基纳米复合材料化学组成的影响如图 4.1 所示。图 4.1（a）为单脉冲导通时间对 n-CeO_2 和 n-SiO_2 颗粒质量分数的影响，图 4.1（b）为单脉冲导通时间对 Ni、W 和 P 质量分数的影响。

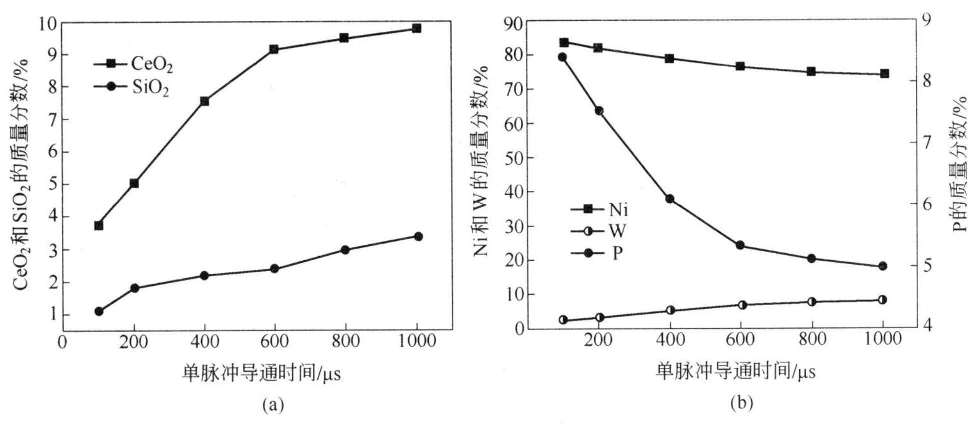

图4.1 单脉冲导通时间对Ni-W-P/CeO_2-SiO_2颗粒增强金属基纳米复合材料化学组成的影响

图4.1表明：n-CeO_2和n-SiO_2颗粒的质量分数随单脉冲导通时间的增加而增加，但当单脉冲导通时间超过800μs后，纳米颗粒的质量分数增加幅度较小。原因是在一定的脉冲峰值电流密度和脉冲关断时间下，增加单脉冲导通时间，就增加了脉冲占空比，使得相同条件下的平均电流密度增大，沉积速率增加，纳米颗粒在阴极被嵌入的极限时间缩短，沉积几率增加。另外，阴极平均电流密度增大，阴极过电位增高，电场力增强，阴极对固体颗粒的静电引力增强，对纳米颗粒与基质金属的复合共沉积有一定促进作用，因此，纳米颗粒的质量分数增加。但当单脉冲导通时间增加到800～1000μs以后，阴极获得的输出电流密度过高，由于镶嵌在阴极的颗粒的导电能力差，遮盖了部分的阴极表面，使阴极实际面积减小而真实电流密度增大，阴极过电位进一步提高，可能导致析氢量增加，影响纳米颗粒和基质金属在阴极上的吸附和沉积，又导致纳米颗粒的质量分数增加幅度减小甚至降低。此外，Ni和P的质量分数随着单脉冲导通时间的增加而降低，而W的质量分数变化正好相反。

4.1.1.2 单脉冲导通时间对沉积速率和显微硬度的影响

图4.2为单脉冲导通时间对Ni-W-P/CeO_2-SiO_2颗粒增强金属基纳米复合材料沉积速率的影响。图4.3为脉冲导通时间对显微硬度的影响。

图4.2和图4.3表明：沉积速率和显微硬度均是随着单脉冲导通时间的增加而增加，当单脉冲导通时间从100μs增加到1000μs时，沉积速率和显微硬度分别从21.21μm/h和525HV增加到45.47μm/h和689HV。因为单脉冲导通时间为100μs时，n-CeO_2和n-SiO_2颗粒和硬质元素W的质量分数最低，分别为3.78%、1.09%和2.68%，故显微硬度最低。增加单脉冲导通时间，n-CeO_2和

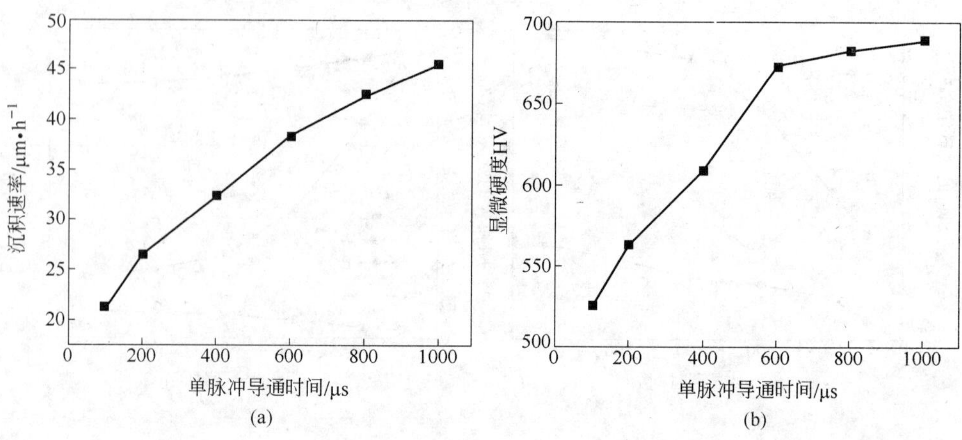

图4.2 单脉冲导通时间对沉积速率的影响　　图4.3 单脉冲导通时间对显微硬度的影响

n-SiO_2 颗粒和硬质元素 W 的质量分数都在不断地增加，当单脉冲导通时间增加到 1000μs 时，n-CeO_2 和 n-SiO_2 颗粒和硬质元素 W 的质量分数是最高的，分别为 9.73%、3.35% 和 8.24%，因此显微硬度也最高。

4.1.1.3 单脉冲导通时间对表面形貌的影响

单脉冲导通时间对 Ni-W-P/CeO_2-SiO_2 颗粒增强金属基纳米复合材料表面形貌的影响如图 4.4 所示。图 4.4(a) ~ (f) 分别表示单脉冲导通时间为 100μs、200μs、400μs、600μs、800μs 和 1000μs 时，复合材料在 2000 倍下的表面形貌。

从图 4.4 可以看出，单脉冲导通时间对复合材料的表面显微组织有一定影响。当单脉冲导通时间最短为 100μs 时，其显微组织由一些大的、不平整的颗粒所组成，这些大颗粒周围被一些细小的颗粒所包围，呈典型的织构生长特性。它能有效阻止沿着电场方向的特定生长。增加脉冲导通时间，大颗粒尺寸明显降低，当单脉冲导通时间为 400μs 时，其显微组织已经变为由一些细小平整的颗粒组成。之后继续增加脉冲导通时间，又导致大颗粒结构的重现，而且表面粗糙度也有明显增加。

当单脉冲导通时间从 100μs 增加到 400μs 时，复合材料的显微结构由一些大的、不平整的颗粒逐渐演变为完全由一些细小的颗粒所组成，原因可能是增加单脉冲导通时间，沉积过电位增加，引起形核速率大于颗粒的生长速率，基质金属颗粒尺寸变小[247]。对于沉积过电位的增加，部分研究者给予了不同的解释。例如，Abdulin V 等人报道了增加脉冲导通时间，用于消耗在双电层上的电流减少而引起感应电流增加，导致阴极过电位较高[248]。Yoshimura S 等人报道了较长的脉冲导通时间会引起脉冲扩散层厚度的增加，也可能引起较高的阴极沉积过电位[249]。但在更长的脉冲导通时间下，继续增加单脉冲导通时间，引起阴极平均电流密度较大，阴极析氢量增多，阴极表面形核点不均匀，大颗粒尺寸重新出

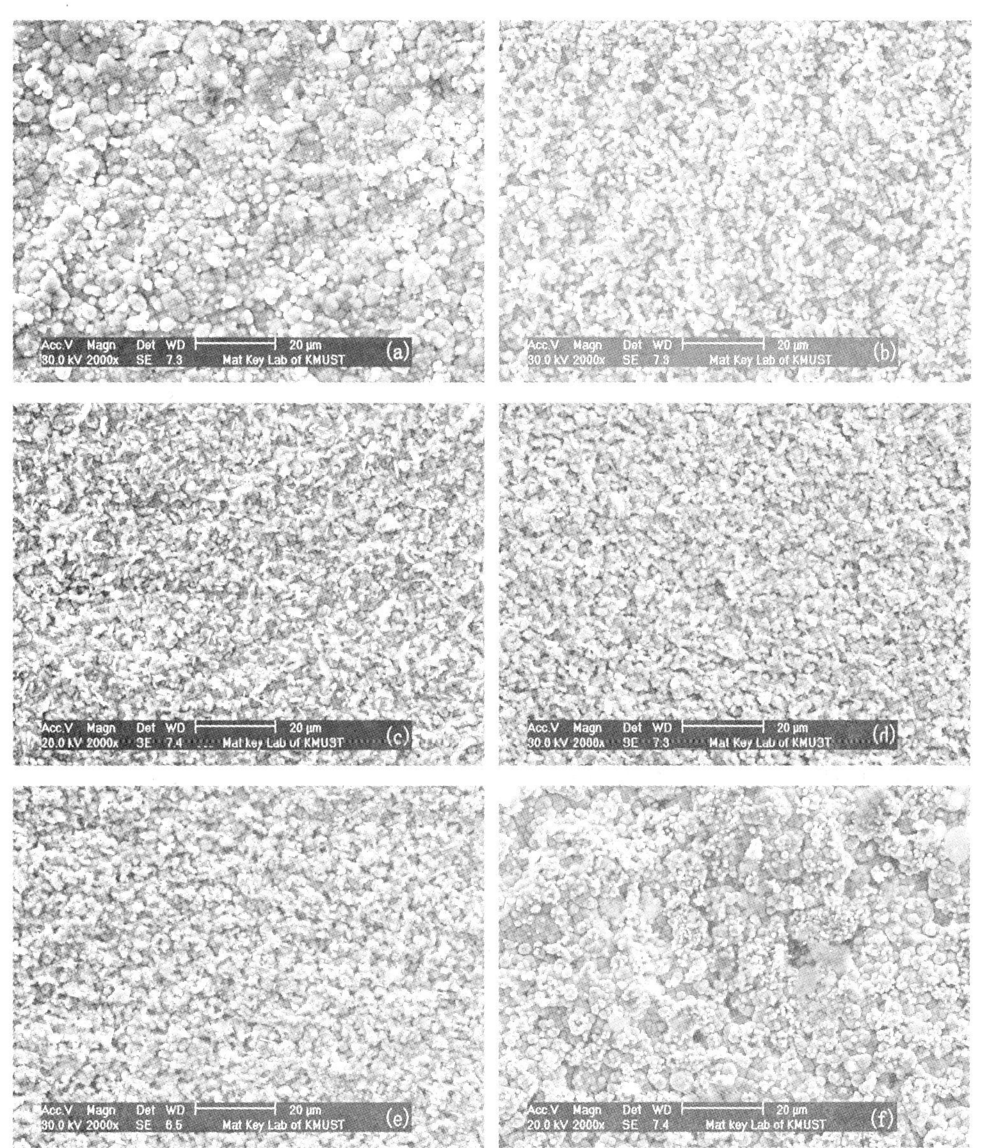

图 4.4 单脉冲导通时间对 Ni-W-P/CeO_2-SiO_2 颗粒增强金属基纳米复合材料表面形貌的影响

现，而且表面平整度也有明显降低。

4.1.2 单脉冲关断时间的影响

4.1.2.1 单脉冲关断时间对化学组成的影响

单脉冲关断时间对 Ni-W-P/CeO_2-SiO_2 颗粒增强金属基纳米复合材料化学组

成的影响如图 4.5 所示。图 4.5（a）为单脉冲关断时间对 n-CeO_2 和 n-SiO_2 颗粒质量分数的影响，图 4.5（b）为单脉冲关断时间对 Ni、W 和 P 质量分数的影响。

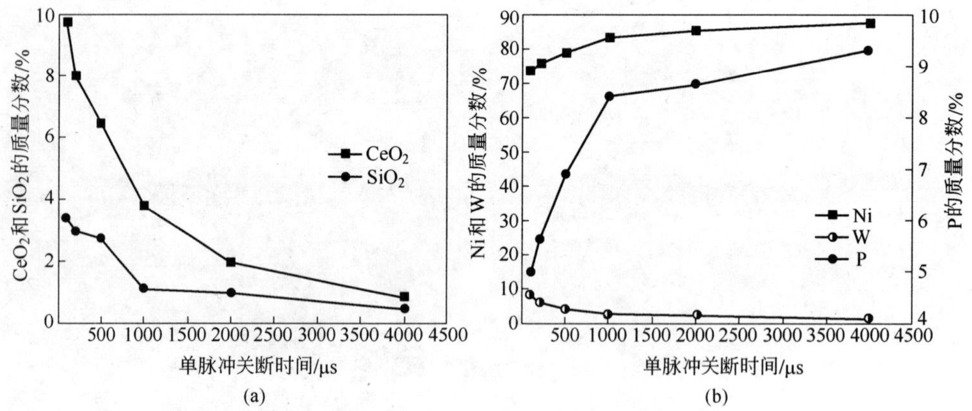

图 4.5　单脉冲关断时间对 Ni-W-P/CeO_2-SiO_2 颗粒增强金属基纳米复合材料化学组成的影响

从图 4.5 可以看出，n-CeO_2 和 n-SiO_2 颗粒的质量分数随着单脉冲关断时间的增加而降低。原因是在一定的脉冲峰值电流密度和脉冲导通时间下，增加脉冲关断时间，脉冲占空比降低，此时输出的脉冲平均电流密度减小，沉积速率降低，纳米颗粒在阴极被嵌入的极限时间增长，沉积几率降低。同时阴极电流密度减小，阴极过电位降低，电场力减弱，阴极对固体微粒的静电引力减弱，不利于纳米颗粒与基质金属的复合共沉积，纳米颗粒的质量分数降低。此外，Ni 和 P 的质量分数随单脉冲导通时间的增加而增加，而 W 的质量分数则随单脉冲导通时间的增加而降低。

4.1.2.2　单脉冲关断时间对沉积速率和显微硬度的影响

图 4.6 为单脉冲关断时间对 Ni-W-P/CeO_2-SiO_2 颗粒增强金属基纳米复合材料沉积速率的影响。图 4.7 为单脉冲关断时间对显微硬度的影响。

图 4.6 和图 4.7 表明：沉积速率和显微硬度均随单脉冲关断时间的增加而降低，当脉冲关断时间从 100μs 增加到 5000μs 时，沉积速率和显微硬度分别从 45.47μm/h 和 689HV 降低到 10.81μm/h 和 478HV。结合成分分析可知，当单脉冲关断时间为 100μs 时，纳米复合材料中 n-CeO_2 和 n-SiO_2 颗粒和硬质元素 W 的质量分数最高，分别为 9.73%、3.35% 和 8.24%，P 的质量分数最低，为 4.98%，显微硬度最高。增加单脉冲关断时间，纳米颗粒和硬质元素 W 的质量分数不断降低，当脉冲关断时间增加到 4000μs 时，复合材料中 n-CeO_2 和 n-SiO_2

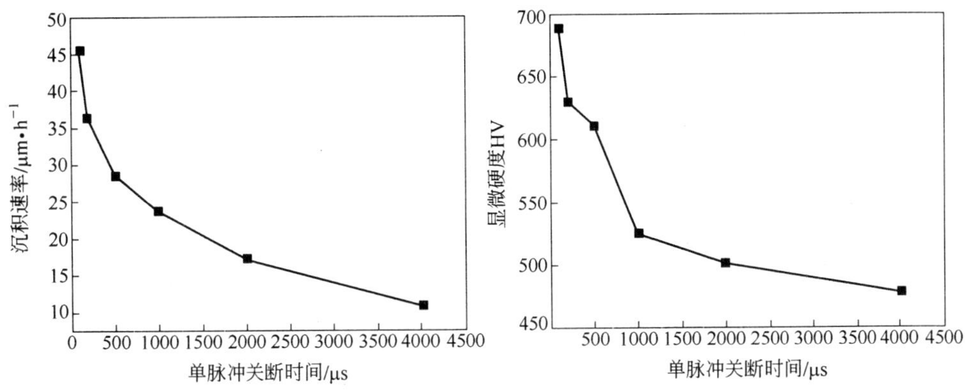

图4.6 单脉冲关断时间对沉积速率的影响　图4.7 单脉冲关断时间对显微硬度的影响

颗粒和 W 的质量分数最低，分别为 0.81%、0.46% 和 1.36%，而且 P 的质量分数最高，达到 9.31%，造成显微硬度最低。

4.1.2.3 单脉冲关断时间对表面形貌的影响

单脉冲关断时间对 Ni-W-P/CeO_2-SiO_2 颗粒增强金属基纳米复合材料表面形貌的影响如图 4.8 所示。图 4.8(a)~(f)分别表示单脉冲关断时间为 100μs、200μs、500μs、1000μs、2000μs 和 5000μs 时，复合材料在 2000 倍下的表面形貌。

从图 4.8 可以看出，在较低的单脉冲关断时间下，复合材料的表面显微组织是由许多细小、平整的基质金属颗粒所组成，增加脉冲关断时间，呈圆球形的颗粒尺寸明显增加。原因可能是在一定的脉冲峰值电流密度和脉冲导通时间下，增加脉冲关断时间，引起已经沉积出来的基质金属颗粒生长中心更为活跃，颗粒生长速度较快，造成颗粒尺寸增加[250]。另外一种可能的解释是，增加脉冲关断时间，Ni 原子会有更充裕的时间在形成固溶体之前迁移越过晶面而导致颗粒尺寸增加[240]。

4.1.3 单脉冲峰值电流密度的影响

4.1.3.1 单脉冲峰值电流密度对化学组成的影响

单脉冲峰值电流密度对 Ni-W-P/CeO_2-SiO_2 颗粒增强金属基纳米复合材料化学组成的影响如图 4.9 所示。图 4.9（a）为单脉冲峰值电流密度对 n-CeO_2 和 n-SiO_2 颗粒质量分数的影响，图 4.9（b）为单脉冲峰值电流密度对 Ni、W 和 P 质量分数的影响。

从图 4.9 可以看出，n-CeO_2 和 n-SiO_2 颗粒的质量分数随单脉冲峰值电流密度的增加而增加，当单脉冲峰值电流密度达到 50A/dm^2 以上时，纳米颗粒的质

金属基纳米复合材料表面形貌的影响

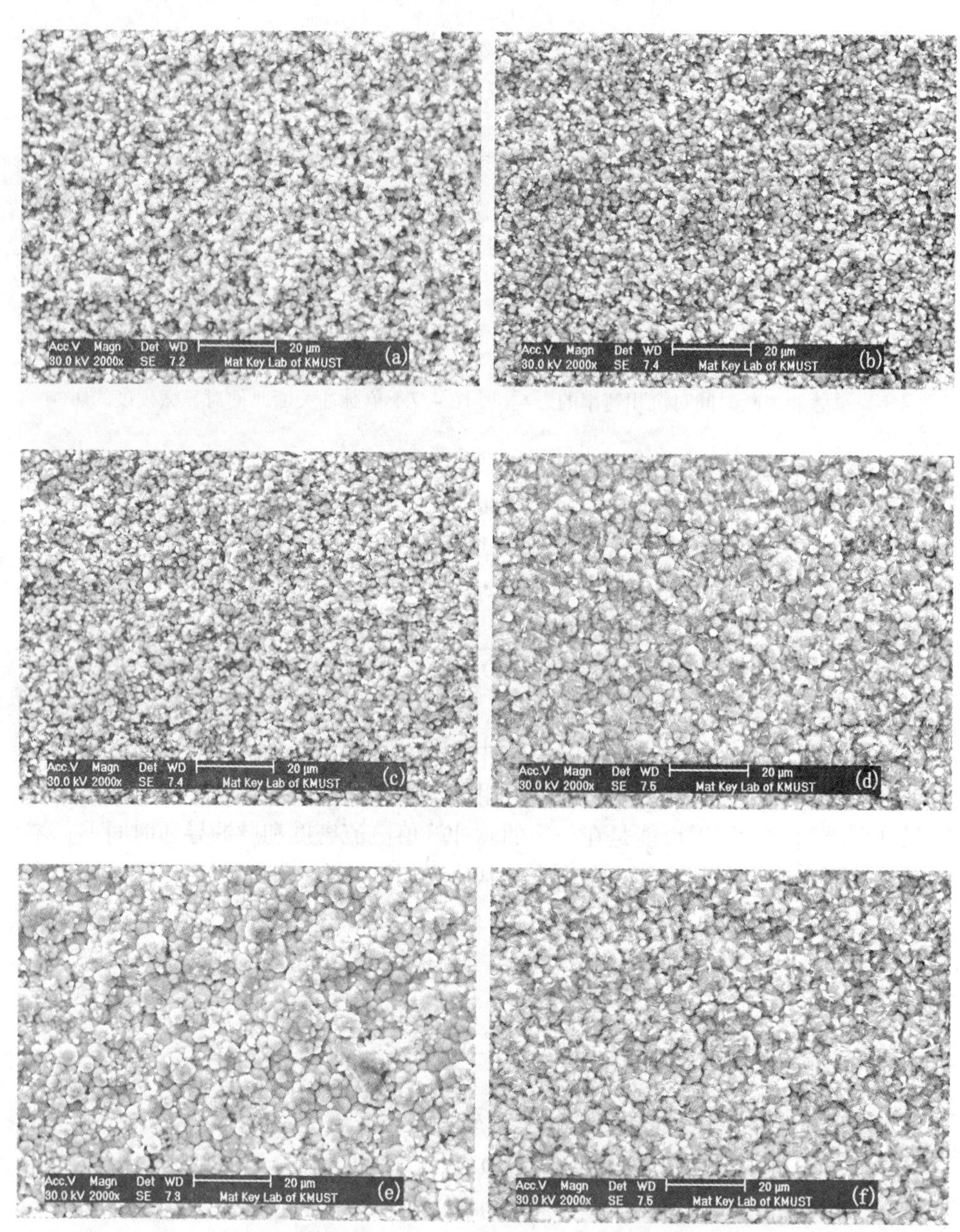

图 4.8　单脉冲关断时间对 Ni-W-P/CeO_2-SiO_2 颗粒增强金属基纳米复合材料表面形貌的影响

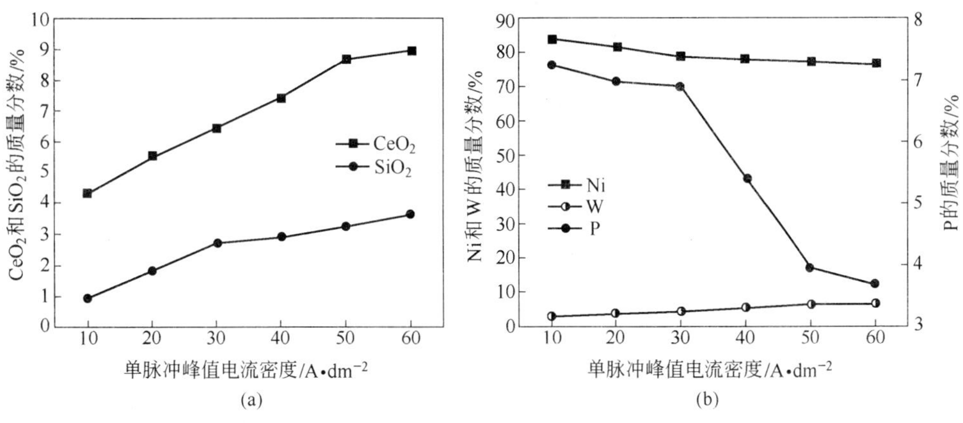

图 4.9 单脉冲峰值电流密度对 Ni-W-P/CeO_2-SiO_2 颗粒增强金属基纳米复合材料化学组成的影响

量分数增加幅度则开始减小。原因是在一定的单脉冲导通时间和单脉冲关断时间下，脉冲占空比是固定的，增加单脉冲峰值电流密度，引起单脉冲平均电流密度增加，沉积速率加快，沉积几率提高。同时，阴极平均电流密度的增加也导致阴极过电位升高，电场力增强，促进了纳米颗粒与基质金属的复合共沉积，纳米颗粒的质量分数增加。此外，Ni 和 P 的质量分数随着单脉冲峰值电流密度的增加而降低，而 W 的质量分数则随着单脉冲峰值电流密度的增加而提高。

4.1.3.2 单脉冲峰值电流密度对沉积速率和显微硬度的影响

图 4.10 为单脉冲峰值电流密度对 Ni-W-P/CeO_2-SiO_2 颗粒增强金属基纳米复合材料沉积速率的影响。图 4.11 为单脉冲峰值电流密度对显微硬度的影响。

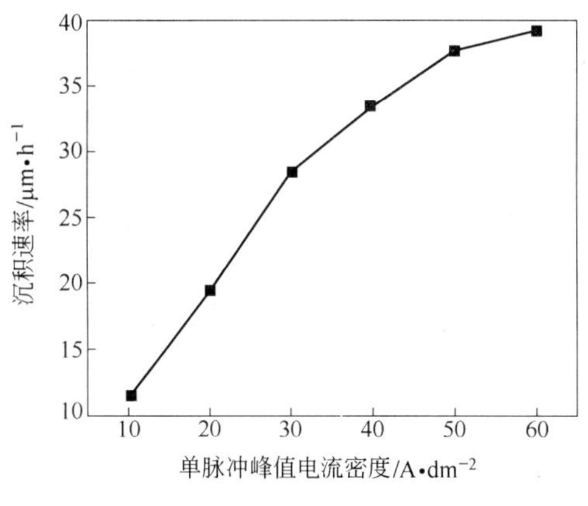

图 4.10 单脉冲峰值电流密度对沉积速率的影响

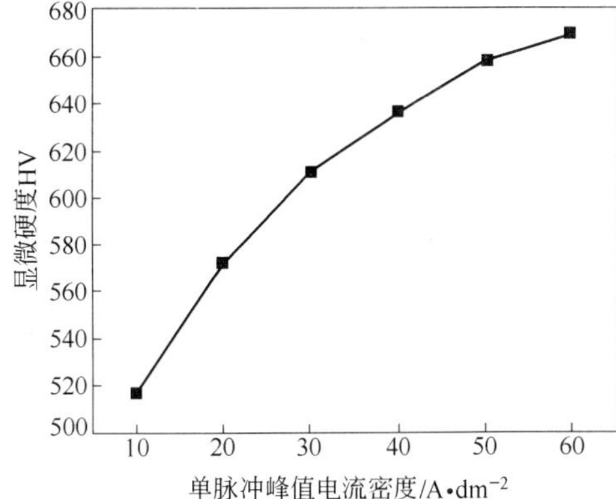

图 4.11 单脉冲峰值电流密度对显微硬度的影响

图 4. 10 和图 4. 11 表明：沉积速率和显微硬度均随单脉冲峰值电流密度的增加而增加，当单脉冲峰值电流密度从 10A/dm^2 增加到 60A/dm^2 时，沉积速率和显微硬度分别从 11. 43μm/h 和 517HV 增加到 39. 16μm/h 和 619HV。结合成分分析可知，当单脉冲峰值电流密度为 10A/dm^2 时，n-CeO_2 和 n-SiO_2 颗粒和硬质元素 W 的质量分数最低，分别为 4. 34%、0. 94% 和 2. 97%，P 的质量分数最高，为 7. 26%，这些均不利于提高显微硬度。在单脉冲导通时间和单脉冲关断时间恒定时，增加单脉冲峰值电流密度，纳米颗粒和硬质元素 W 的质量分数增加，P 的质量分数降低；当电流密度达到 60A/dm^2 时，n-CeO_2 和 n-SiO_2 颗粒和硬质元素 W 的质量分数最高，故显微硬度最高。

4. 1. 3. 3 单脉冲峰值电流密度对表面形貌的影响

单脉冲峰值电流密度对 Ni-W-P/CeO_2-SiO_2 颗粒增强金属基纳米复合材料表面形貌的影响如图 4. 12 所示。

图 4. 12(a) ~ (f) 分别表示单脉冲峰值电流密度 10A/dm^2、20A/dm^2、30A/dm^2、40A/dm^2、50A/dm^2 和 60A/dm^2 时，复合材料在 2000 倍下的表面形貌。图 4. 12 表明：增加单脉冲峰值电流密度，复合材料显微组织改善。原因是在一定的单脉冲导通时间和单脉冲关断时间下，增加单脉冲峰值电流密度，引起阴极平均电流密度增大，阴极过电位升高，电场力增强，有效促进了纳米颗粒与基质金属的复合共沉积，提高了沉积速率，增加了颗核形成速率，降低了颗粒生长速率，导致颗粒尺寸降低，表面平整度提高。

4. 1. 4 单脉冲占空比的影响

4. 1. 4. 1 单脉冲占空比对化学组成的影响

单脉冲占空比对 Ni-W-P/CeO_2-SiO_2 颗粒增强金属基纳米复合材料化学组成的影响如图 4. 13 所示。图 4. 13（a）为单脉冲占空比对 n-CeO_2 和 n-SiO_2 颗粒的质量分数的影响，图 4. 13（b）为单脉冲占空比对 Ni、W 和 P 的质量分数的影响。

图 4. 13 表明：n-CeO_2 和 n-SiO_2 颗粒和元素 W 的质量分数随着单脉冲占空比的增加而增加，而 Ni 和 P 的质量分数则是随着单脉冲占空比的增加而逐渐降低。原因是在一定单脉冲频率和单脉冲峰值电流密度下，增加单脉冲占空比引起阴极平均电流密度增加，沉积速率加快，纳米颗粒在阴极的沉积几率提高。同时导致阴极过电位升高，电场力增强，促进了纳米颗粒与基质金属的复合共沉积，纳米颗粒的质量分数增加。

4. 1. 4. 2 单脉冲占空比对沉积速率和显微硬度影响

图 4. 14 为单脉冲占空比对 Ni-W-P/CeO_2-SiO_2 颗粒增强金属基纳米复合材料沉积速率的影响。图 4. 15 为单脉冲占空比对显微硬度的影响。

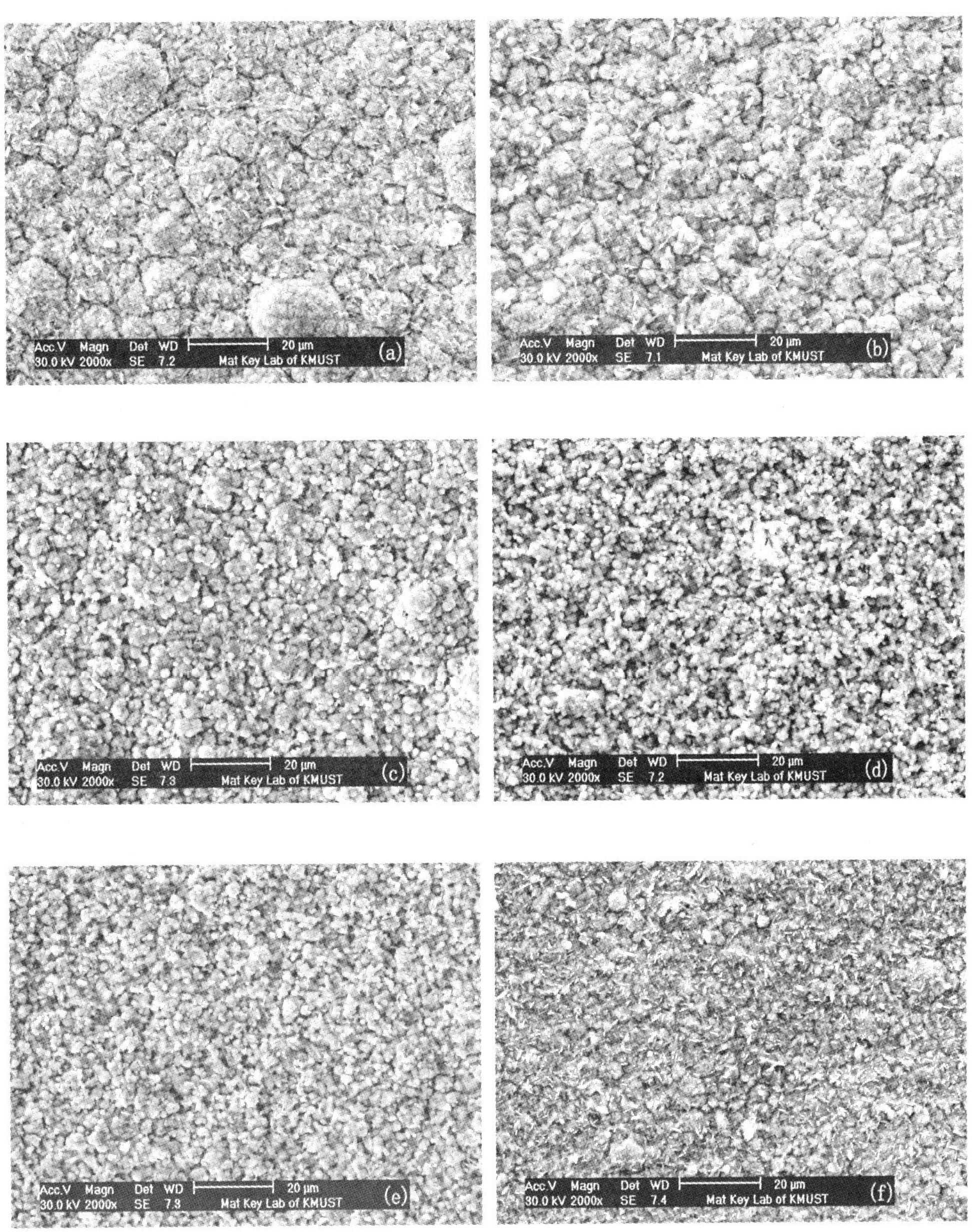

图 4.12 单脉冲峰值电流密度对 Ni-W-P/CeO_2-SiO_2 颗粒增强金属基纳米复合材料表面形貌的影响

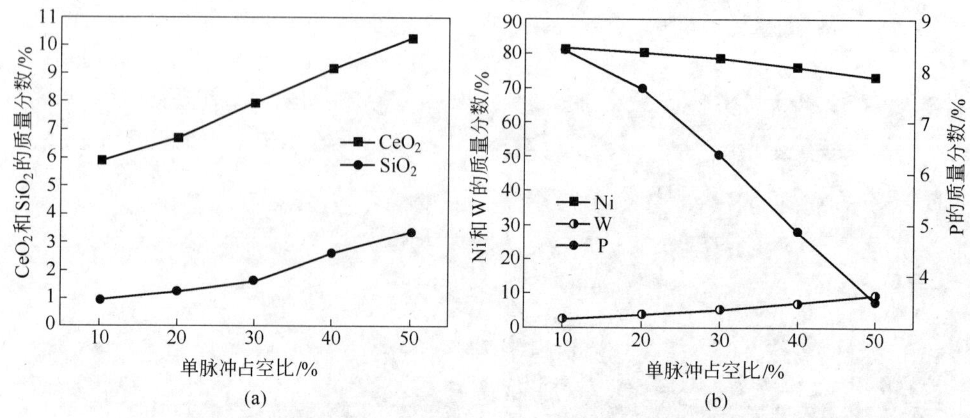

图 4.13　单脉冲占空比对 Ni-W-P/CeO_2-SiO_2 颗粒增强金属基纳米复合材料化学组成的影响

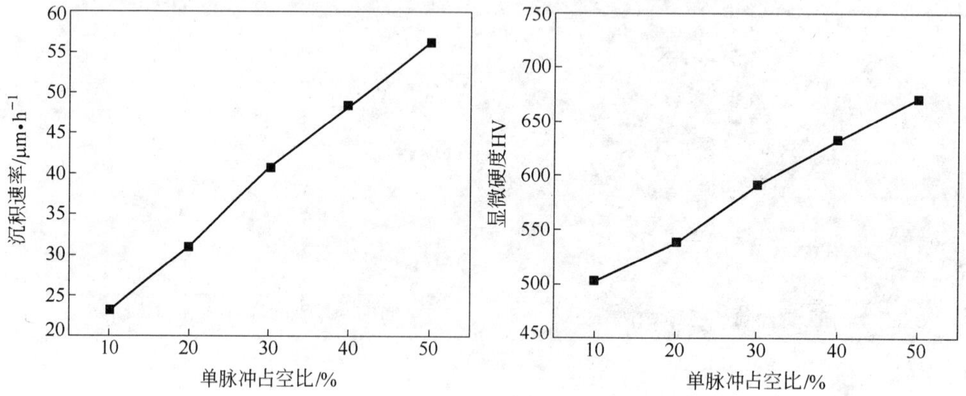

图 4.14　单脉冲占空比对沉积速率的影响

图 4.15　单脉冲占空比对显微硬度的影响

图 4.14 和图 4.15 表明：沉积速率和显微硬度均是随着单脉冲占空比的增加而增加，当单脉冲占空比从 10% 增加到 50% 时，沉积速率和显微硬度分别从 23.09μm/h 和 503HV 增加到 56.24μm/h 和 671HV。结合成分分析可知，当单脉冲占空比为 10% 时，复合材料中 *n*-CeO_2 和 *n*-SiO_2 颗粒和硬质元素 W 的质量分数最低，分别为 5.89%、0.96% 和 2.85%，P 质量分数最高，达到 8.41%。这些不利于提高显微硬度。增加单脉冲占空比，纳米颗粒和硬质元素 W 的质量分数不断增加，P 质量分数降低。当单脉冲占空比增加到 50% 时，*n*-CeO_2 和 *n*-SiO_2 颗粒和硬质元素 W 的质量分数最高，分别为 10.24%、3.38% 和 9.46%，而且 P 质量分数最低，为 3.53%，所以显微硬度最高。

4.1.4.3　单脉冲占空比对表面形貌的影响

单脉冲占空比对 Ni-W-P/CeO_2-SiO_2 颗粒增强金属基纳米复合材料表面形貌

的影响如图4.16所示。图4.16(a)~(d)分别表示单脉冲占空比为10%、20%、40%和50%时，复合材料在2000倍下的表面形貌。图4.16(e)~(f)分别表示单脉冲占空比为10%和50%时，复合材料在10000倍下的表面形貌。

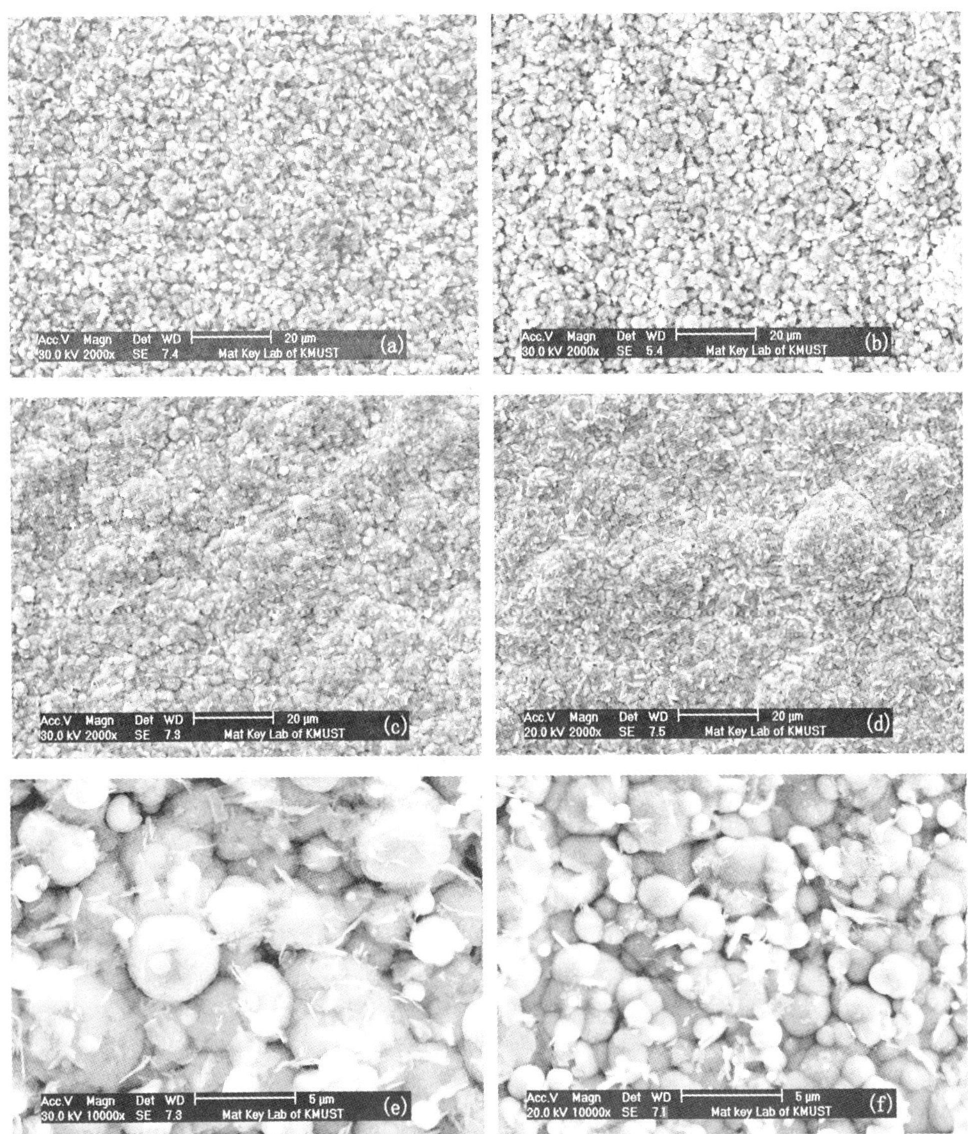

图4.16　单脉冲占空比对Ni-W-P/CeO_2-SiO_2颗粒增强金属基纳米复合材料表面形貌的影响

从图4.16可以看出，增加单脉冲占空比，复合材料的表面显微组织得到改善，基质金属颗粒得到细化，当单脉冲占空比从10%增加到50%时，基质金属的颗粒尺寸明显降低。主要原因是在单脉冲频率和单脉冲峰值电流密度恒定时，增加单脉冲占空比引起平均电流密度增加，电场力增强，促进纳米颗粒与基质金属的共沉积，使沉积速率加快，形核速率增大，数目增多，有效避免了在已经沉积出来的少数颗粒上连续长大，使基质金属颗粒尺寸减小，复合材料的致密性也有明显改善。

4.2 双脉冲参数对金属基纳米复合材料脉冲电沉积的影响

4.2.1 正向脉冲占空比的影响

4.2.1.1 正向脉冲占空比对化学组成的影响

正向脉冲占空比对 Ni-W-P/CeO_2-SiO_2 颗粒增强金属基纳米复合材料化学组成的影响如图 4.17 所示。图 4.17（a）为正向脉冲占空比对 n-CeO_2 和 n-SiO_2 颗粒质量分数的影响，图 4.17（b）为正向脉冲占空比对 Ni、W 和 P 质量分数的影响。

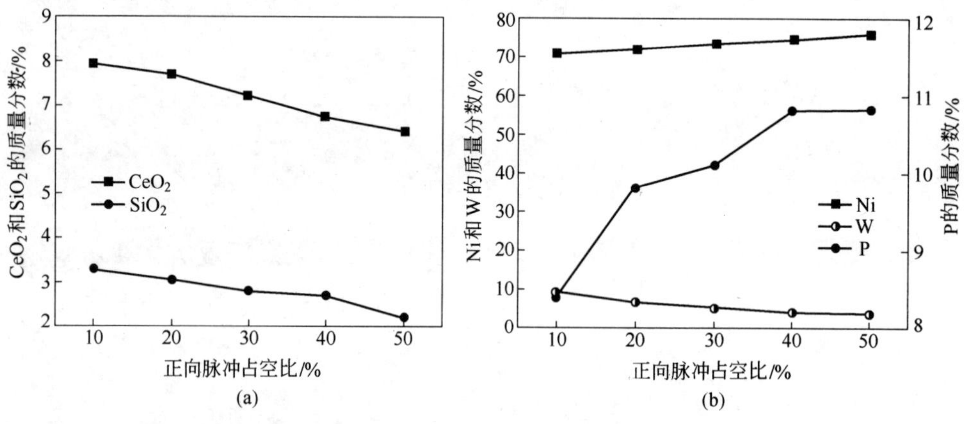

图 4.17 正向脉冲占空比对 Ni-W-P/CeO_2-SiO_2 颗粒增强金属基纳米复合材料化学组成的影响

从图 4.17 可以看出：增加正向脉冲占空比，Ni 和 P 的质量分数不断增加，而 n-CeO_2 和 n-SiO_2 颗粒和 W 的质量分数则不断降低，正向脉冲占空比对 W 的沉积影响最大。例如，当正向脉冲占空比从 10% 提高到 50% 时，W 的质量分数从 9.49% 降低到 3.85%，而对 n-CeO_2 和 n-SiO_2 颗粒沉积的质量分数影响变化则相对较小。

4.2.1.2 正向脉冲占空比对沉积速率和显微硬度影响

图 4.18 为正向脉冲占空比对 Ni-W-P/CeO_2-SiO_2 颗粒增强金属基纳米复合材料沉积速率的影响。图 4.19 为正向脉冲占空比对显微硬度的影响。

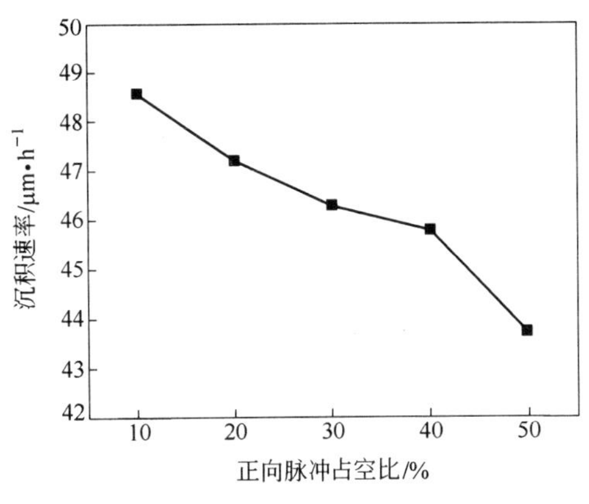

图4.18 正向脉冲占空比对沉积速率的影响

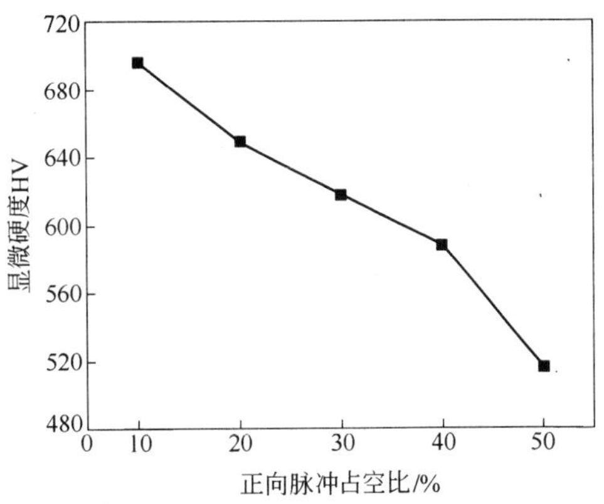

图4.19 正向脉冲占空比对显微硬度的影响

从图4.18和图4.19可以看出，沉积速率和显微硬度均是随着正向脉冲占空比的增加而降低，但沉积速率降低的幅度相对较小，而显微硬度降低的幅度却较大。例如，当正向脉冲占空比从10%增加到50%时，沉积速率只从48.6μm/h降低到43.7μm/h，而显微硬度却从696HV降低到516HV。沉积速率并不是单一受到正向脉冲占空比的影响，而是正向脉冲占空比和脉冲电流密度相互作用的结果。增加正向脉冲占空比实际上是增加正向脉冲导通时间，在固定正向脉冲平均电流密度时，导致脉冲峰值电流密度的降低，不利于消除阴极极化，阴极周围的离子得不到很好补充，都对沉积速率的增加不利。因此，沉积速率降低。结合成分分析可知，增加脉冲占空比，n-CeO_2 和 n-SiO_2 颗粒和 W 的质量分数不断降低，而 P 的质量分数增加，所以显微硬度降低。当正向脉冲占空比为10%时，n-CeO_2 和 n-SiO_2 颗粒含量和元素 W 的质量分数最高，分别为7.94%、3.29%和9.49%，P 的质量分数最低，为8.42%，显微硬度最高。

4.2.1.3 正向脉冲占空比对表面形貌的影响

正向脉冲占空比对 Ni-W-P/CeO_2-SiO_2 颗粒增强金属基纳米复合材料表面形貌的影响如图4.20所示。图4.20(a)~(d)分别表示反向脉冲占空比为10%、30%、40%和50%时，复合材料在2000倍下的表面形貌。图4.20(e)~(f)表示反向脉冲占空比为10%时，复合材料分别在5000倍和10000倍下的表面形貌。

从图4.20可以看出，在脉冲平均电流密度恒定时，增加正向脉冲占空比，基质金属颗粒尺寸略有增加。主要原因是增加正向脉冲占空比，脉间的值就变小，阴极附近在脉宽时间内由于沉积到复合材料中而消耗掉的金属离子和纳米颗粒不能在较短的脉间时间内得到较好的补充，不利于消除电解液浓差极化，促使成核速率降低，数目减少，基质金属颗粒尺寸增大。

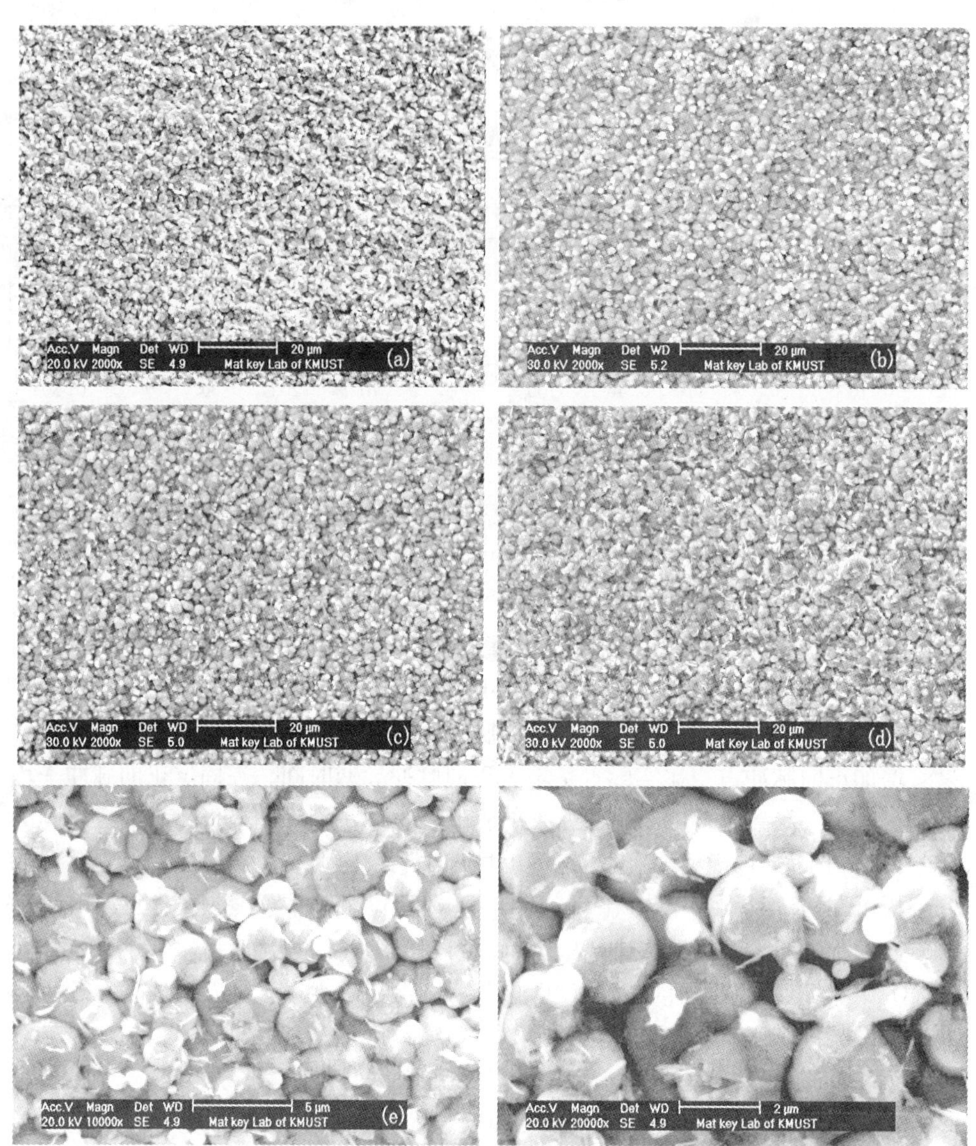

图 4.20　正向脉冲占空比对 Ni-W-P/CeO_2-SiO_2 颗粒增强金属基纳米复合材料表面形貌的影响

4.2.2　反向脉冲占空比的影响

4.2.2.1　反向脉冲占空比对化学组成的影响

反向脉冲占空比对 Ni-W-P/CeO_2-SiO_2 颗粒增强金属基纳米复合材料化学组成的影响如图 4.21 所示。图 4.21（a）为反向脉冲占空比对 n-CeO_2 和 n-SiO_2 颗粒质量分

数的影响，图 4.21（b）为反向脉冲占空比对元素 Ni、W 和 P 质量分数的影响。

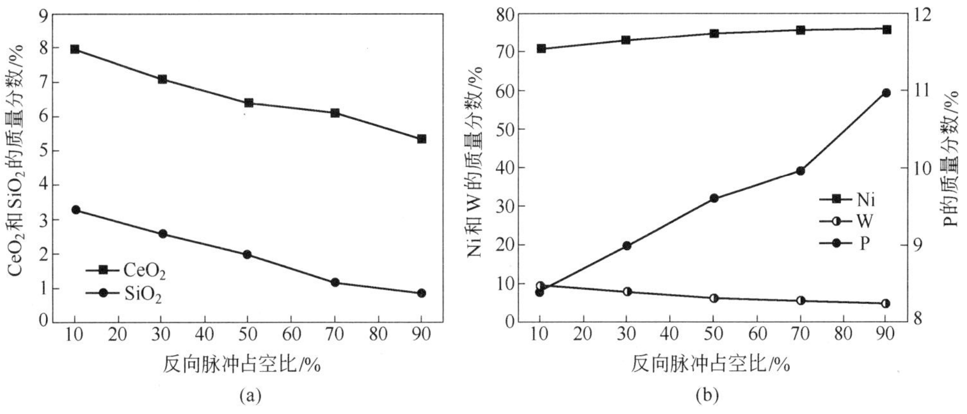

图 4.21 反向脉冲占空比对 Ni-W-P/CeO_2-SiO_2 颗粒增强金属基纳米复合材料化学组成的影响

从图 4.21 可以看出：增加反向脉冲占空比，*n*-CeO_2 和 *n*-SiO_2 颗粒和 W 的质量分数不断降低，而 P 的质量分数却明显增加，Ni 的质量分数有所增加但增加幅度不大。原因是当反向脉冲频率和反向脉冲平均电流密度恒定时，增加反向脉冲占空比，反向脉冲峰值电流密度降低，阴极过电位降低，同样不利于 W 的沉积。通过沉积速率曲线表明，增加反向脉冲占空比，沉积速率提高，主要体现在元素 P 和 Ni 沉积速率的提高上，当两者的沉积量高于元素 W 和 *n*-CeO_2 和 *n*-SiO_2颗粒的沉积量时，便引起 W 和 *n*-CeO_2 和 *n*-SiO_2 相对质量分数的降低。

4.2.2.2 反向脉冲占空比对沉积速率和显微硬度影响

图 4.22 为反向脉冲占空比对 Ni-W-P/CeO_2-SiO_2 颗粒增强金属基纳米复合材料沉积速率的影响。图 4.23 为反向脉冲占空比对显微硬度的影响。

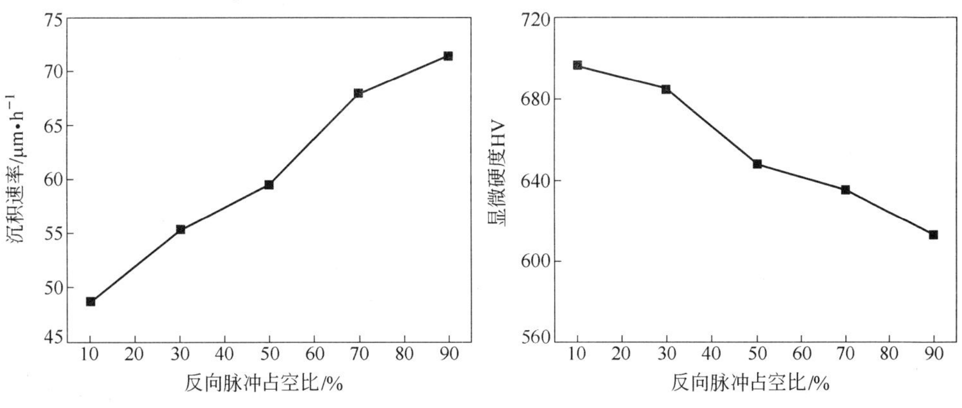

图 4.22 反向脉冲占空比对沉积速率的影响

图 4.23 反向脉冲占空比对显微硬度的影响

从图 4. 22 和图 4. 23 可以看出，复合材料的沉积速率随着反向脉冲占空比的增加而提高，而显微硬度却随着反向脉冲占空比的增加而降低。例如，当反向脉冲占空比从 10% 增加到 90% 时，沉积速率从 48. 6μm/h 提高到 71. 4μm/h，而显微硬度却从 696HV 降低到 612HV。主要原因是当反向脉冲平均电流密度恒定时，增加反向脉冲占空比，导致了反向脉冲峰值电流密度的降低，一定程度上缓解了复合材料的反向溶解过程，提高了沉积速率。同时，增加脉冲反向占空比，引起了纳米颗粒及硬质元素 W 沉积量的降低，导致复合材料显微硬度的降低。

4. 2. 2. 3 反向脉冲占空比对表面形貌的影响

反向脉冲占空比对 Ni-W-P/CeO_2-SiO_2 颗粒增强金属基纳米复合材料表面形貌的影响如图 4. 24 所示。图 4. 24(a) ~ (d)分别表示反向脉冲占空比为 30%、50%、70% 和 90% 时，复合材料在 2000 倍下的表面形貌。图 4. 24(e) ~ (f)分别表示反向脉冲占空比为 30% 时，复合材料在 5000 倍和 10000 倍下的表面形貌。

在周期反向脉冲电沉积中，反向脉冲部分实际上是和电沉积过程相反的一个过程，即“退镀”过程。该过程能够将沉积层的毛刺溶解除去，改善沉积层的厚度分布，从而起到整平的作用。但从图 4. 24 可以看出，增加反向脉冲占空比，沉积出的基质金属颗粒没有减小反而增大。分析其原因，一方面是在固定反向脉冲平均电流密度时，增加反向脉冲占空比，便降低了反向脉冲峰值电流密度，使其除去毛刺的能力减弱，整平能力降低；另一方面是在正向脉冲电流的作用下，反向溶解能力的下降又使得部分突起的颗粒继续长大，导致沉积层表面的基质金属颗粒粗大。

以上分析表明，在固定反向脉冲平均电流密度时，降低反向脉冲占空比对提高复合材料的综合性能是有利的。但实验时发现，当反向脉冲占空比控制在 10% 时，复合材料和基体金属的结合力不够好；当其调整到 30% 以上时，结合力得到明显改善，进行结合力性能检测及 SEM 样品制备时均未发现有脱离或剥离等情况发生。

4. 2. 3 正向脉冲工作时间的影响

4. 2. 3. 1 正向脉冲工作时间对化学组成的影响

正向脉冲工作时间对 Ni-W-P/CeO_2-SiO_2 颗粒增强金属基纳米复合材料化学组成的影响如图 4. 25 所示。图 4. 25 （a）为正向脉冲工作时间对 n-CeO_2 和 n-SiO_2 颗粒质量分数的影响，图 4. 25 （b）为正向脉冲工作时间对 Ni、W 和 P 质量分数的影响。

从图 4. 25 可以看出，当增加正向脉冲工作时间时，W 的质量分数显著提高，但 n-CeO_2 和 n-SiO_2 颗粒和元素 P 的质量分数却在不断降低，正向脉冲工作时间对元素 W 的沉积过程影响最大。例如，当正向脉冲工作时间从 100ms 增加

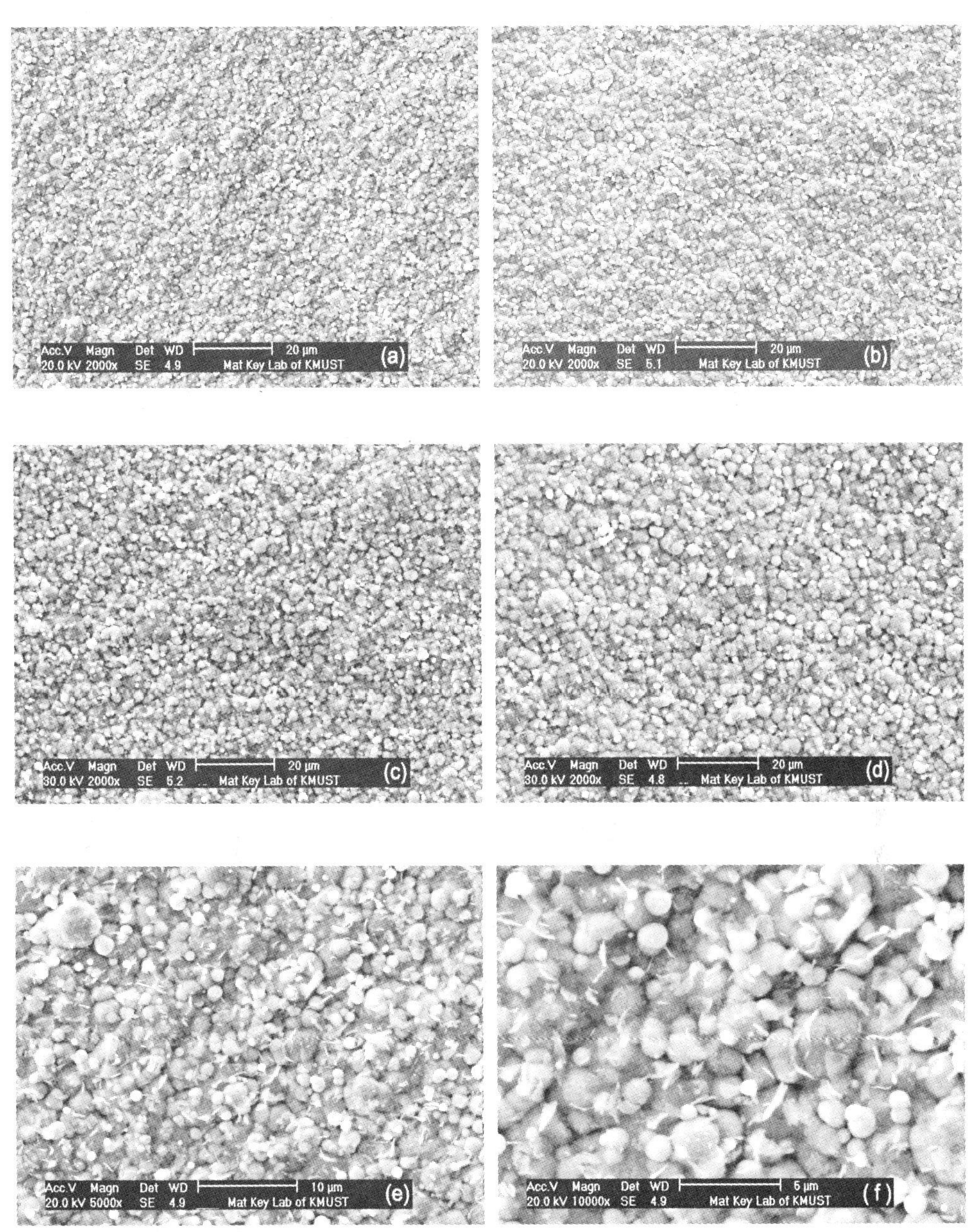

图 4.24 反向脉冲占空比对 Ni-W-P/CeO_2-SiO_2 颗粒增强金属基纳米复合材料表面形貌的影响

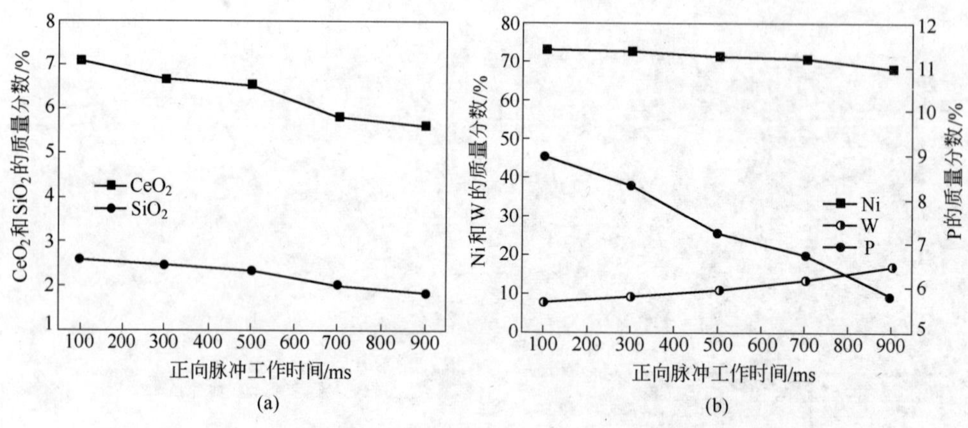

图 4.25 正向脉冲工作时间对 Ni-W-P/CeO_2-SiO_2 颗粒增强金属基纳米复合材料化学组成的影响

到 900ms 时，W 的质量分数从 7.86% 提高到 16.72%，而 n-CeO_2 和 n-SiO_2 颗粒沉积的质量分数却分别从 7.08% 和 2.59% 降低到 5.61% 和 1.84%。

4.2.3.2 正向脉冲工作时间对沉积速率和显微硬度的影响

图 4.26 为正向脉冲工作时间对 Ni-W-P/CeO_2-SiO_2 颗粒增强金属基纳米复合材料沉积速率的影响。图 4.27 为正向脉冲工作时间对显微硬度的影响。

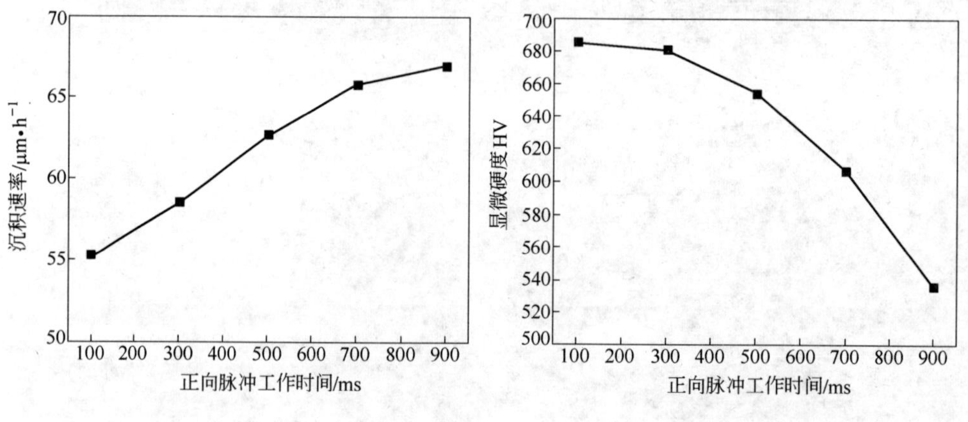

图 4.26 正向脉冲工作时间对沉积速率的影响

图 4.27 正向脉冲工作时间对显微硬度的影响

从图 4.26 和图 4.27 可以看出，增加正向脉冲工作时间，复合材料的沉积速率不断增加，但显微硬度却在不断降低。例如，当正向脉冲工作时间从 100ms 增加到 900ms 时，沉积速率从 55.2μm/h 提高到 66.9μm/h，而显微硬度却从

685HV 降低到 536HV。原因是正向脉冲是一个沉积层不断增厚的过程，在反向脉冲工作时间和其他脉冲参数恒定时，增加正向脉冲工作时间，导致沉积层的厚度不断地增加，而反向脉冲对沉积层溶解作用是不变的，因此沉积速度增加。虽然增加正向脉冲工作时间导致硬质元素 W 的沉积量显著提高，但由于元素 W 的过快沉积却引起了固体颗粒沉积量的下降以及沉积层组织结构致密程度的降低，所以显微硬度在不断地降低。

4.2.3.3 正向脉冲工作时间对表面形貌的影响

正向脉冲工作时间对 Ni-W-P/CeO_2-SiO_2 颗粒增强金属基纳米复合材料表面形貌的影响如图 4.28 所示。图 4.28（a）~（d）分别表示正向脉冲工作时间为 300ms、500ms、700ms 和 900ms 时，复合材料在 5000 倍下的表面形貌。

图 4.28 正向脉冲时间对 Ni-W-P/CeO_2-SiO_2 颗粒增强金属基纳米复合材料表面形貌的影响

从图 4.28 可以看出，在反向脉冲工作时间和其他脉冲参数恒定时，当正向脉冲工作时间从 300ms 增加到 900ms 时，随着沉积速率的加快，Ni-W-P 基质金属颗粒得到一定的细化，但组织结构的缺陷也明显增多，特别是沉积层的致密程度明显下降。这可能是由于固体颗粒沉积量的减少以及元素 W 沉积量的明显增加所致。

4.2.4　反向脉冲工作时间的影响

4.2.4.1　反向脉冲工作时间对化学组成的影响

反向脉冲工作时间对 Ni-W-P/CeO_2-SiO_2 颗粒增强金属基纳米复合材料化学组成的影响如图 4.29 所示。图 4.29（a）为反向脉冲工作时间对 *n*-CeO_2 和 *n*-SiO_2 颗粒质量分数的影响，图 4.29（b）为反向脉冲工作时间对 Ni、W 和 P 质量分数的影响。

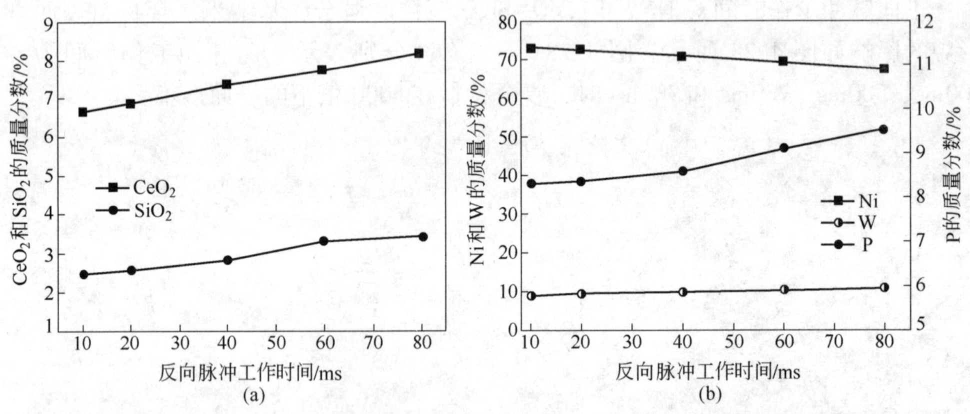

图 4.29　反向脉冲工作时间对 Ni-W-P/CeO_2-SiO_2 颗粒增强金属基纳米复合材料化学组成的影响

图 4.29 表明：增加反向脉冲工作时间，*n*-CeO_2 和 *n*-SiO_2 颗粒和 P 的质量分数不断增加，Ni 的质量分数不断降低，而反向脉冲工作时间硬质元素 W 的质量分数则变化不大。当反向脉冲工作时间为 40ms 时，Ni-W-P/CeO_2-SiO_2 纳米复合材料的化学组成为：70.89% Ni、9.89% W、8.59% P、7.35% CeO_2 和 2.81% SiO_2。

4.2.4.2　反向脉冲工作时间对沉积速率和显微硬度影响

图 4.30 为反向脉冲工作时间对 Ni-W-P/CeO_2-SiO_2 颗粒增强金属基纳米复合材料沉积速率的影响。图 4.31 为反向脉冲工作时间对显微硬度的影响。

从图 4.30 和图 4.31 可以看出，增加反向脉冲工作时间，沉积速率不断降低，但显微硬度却在不断升高。例如，当反向脉冲工作时间从 10ms 增加到 80ms 时，沉积速率从 58.5μm/h 降低到 40.2μm/h，而显微硬度却从 681HV 提高到 739HV。主要原因与正向脉冲工作时间对电沉积过程的影响正好相反，在正向脉冲工作时间和其他脉冲参数恒定时，增加反向脉冲工作时间，导致对沉积层的溶解作用增强，沉积层的厚度在减少，沉积速率降低。由于增加反向脉冲工作时间纳米颗粒沉积的质量分数的增加以及沉积层组织结构致密程度提高，显微硬度提高。

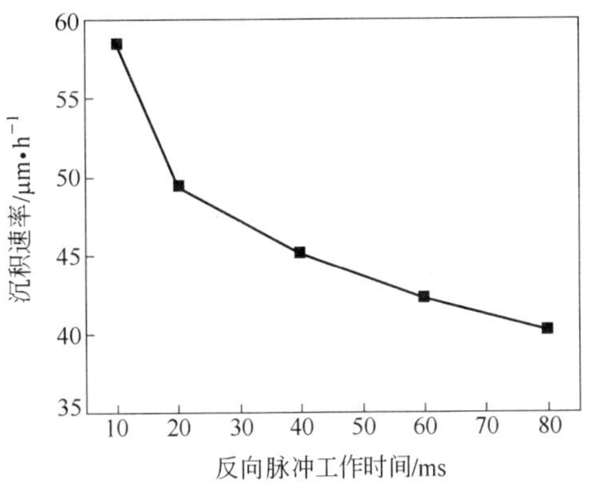

图 4.30 反向脉冲工作时间对沉积速率的影响

图 4.31 反向脉冲工作时间对显微硬度的影响

4.2.4.3 反向脉冲工作时间对表面形貌的影响

反向脉冲工作时间对 Ni-W-P/CeO_2-SiO_2 颗粒增强金属基纳米复合材料表面形貌的影响如图 4.32 所示。图 4.32(a)~(d)分别表示反向脉冲工作时间为

图 4.32 反向脉冲工作时间对 Ni-W-P/CeO_2-SiO_2 颗粒增强金属基纳米复合材料表面形貌的影响

20ms、40ms、60ms 和 80ms 时，复合材料在 5000 倍下的表面形貌。

图 4.32 表明：在正向脉冲工作时间和其他脉冲参数恒定的条件下，随着反向脉冲工作时间的不断增加，反向脉冲对沉积层的溶解作用在加强，对沉积层的整平作用明显体现出来，所以沉积层的表面平整度也有明显的提高。

以上分析表明：在固定正向脉冲工作时间和其他脉冲参数时，增加反向脉冲工作时间，对提高纳米复合材料的性能是有利的。但在进行性能测试时也发现，当反向脉冲工作时间超过 40ms 时，由于反向溶解的作用增强，复合材料和基体金属之间的结合力明显下降。

4.2.5 正向脉冲平均电流密度的影响

4.2.5.1 正向脉冲平均电流密度对化学组成的影响

正向脉冲平均电流密度对 Ni-W-P/CeO_2-SiO_2 颗粒增强金属基纳米复合材料化学组成的影响如图 4.33 所示。图 4.33（a）为正向脉冲平均电流密度对 n-CeO_2 和 n-SiO_2 颗粒质量分数的影响，图 4.33（b）为正向脉冲平均电流密度对 Ni、W 和 P 质量分数的影响。

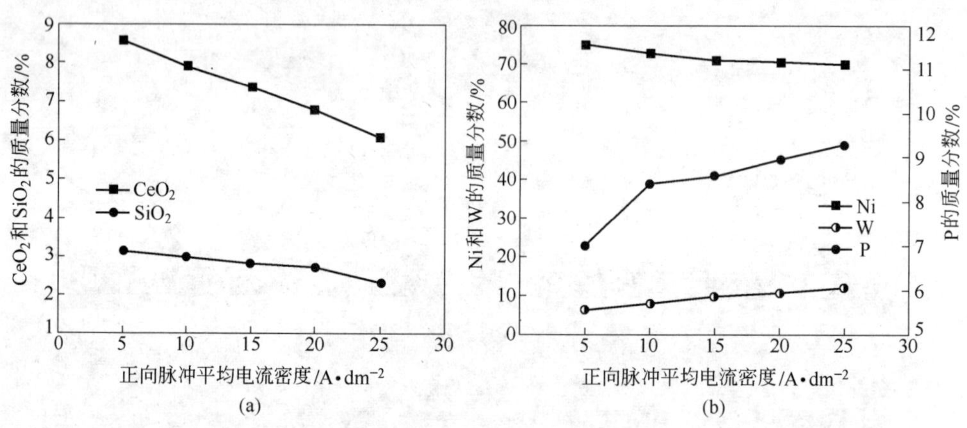

图 4.33 正向脉冲平均电流密度对 Ni-W-P/CeO_2-SiO_2 颗粒增强金属基纳米复合材料化学组成的影响

从图 4.33 可以看出，n-CeO_2 和 n-SiO_2 颗粒的质量分数随着正向脉冲平均电流密度的增加而降低，而 W 和 P 的质量分数却不断提高。实际上，增加正向脉冲平均电流密度，阴极过电位升高，电场力增强，沉积速率加快，使纳米颗粒被嵌入到基质金属中的极限时间缩短，阴极对吸附于正离子上的固体微粒的静电引力也会增强。这些因素对提高纳米颗粒与基质金属的复合共沉积有一定的促进作用。然而正向平均电流密度的增加，也会导致纳米颗粒被输送到阴极附近并嵌入到基质金属中的速度常常不及基质金属沉积速率的提高。此外，由于镶嵌在阴极表面的纳米颗粒会遮盖住部分的阴极表面，而且其导电能力很差，因而使阴极实际面积减小而真实电流密度增大，又会进一步提高阴极过电位，导致阴极析氢的可能性增加，进一步妨碍纳米颗粒与基质金属的共沉积，造成纳米颗粒相对质量分数的降低。

4.2.5.2　正向脉冲平均电流密度对沉积速率和显微硬度的影响

图 4.34 为正向脉冲平均电流密度对 Ni-W-P/CeO_2-SiO_2 颗粒增强金属基纳米复合材料沉积速率的影响。图 4.35 为正向脉冲平均电流密度对显微硬度的影响。

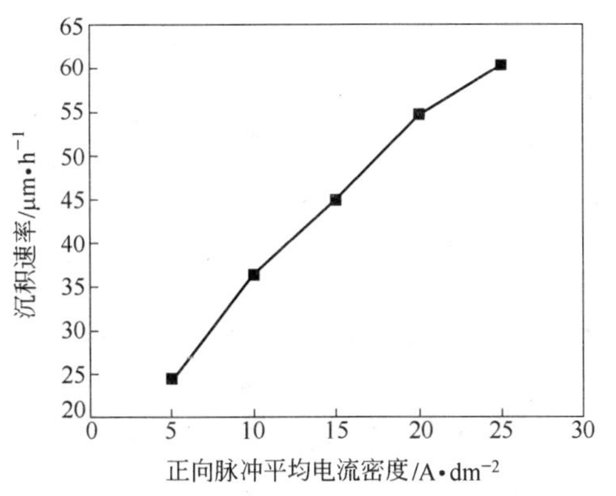

图 4.34　正向脉冲平均电流密度对沉积速率的影响

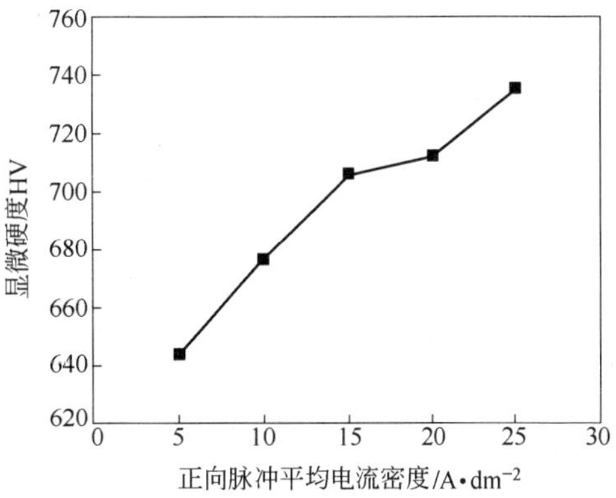

图 4.35　正向脉冲平均电流密度对显微硬度的影响

从图 4.34 和图 4.35 可以看出，沉积速率和显微硬度均随正向脉冲平均电流密度的增加不断提高。当正向脉冲平均电流密度从 5A/dm^2 提高到 25A/dm^2 时，沉积速率和显微硬度分别从 24.3μm/h 和 644HV 提高到了 60.3μm/h 和 735HV。主要是因为正向脉冲平均电流密度增加，电场强度增强，离子运动速度加快，有利于基质金属的电沉积过程，沉积速率增加。同时，增加正向脉冲平均电流密度，基质金属颗粒得到细化，沉积层的组织结构致密性的增强以及硬质 W 含量的提高对提高显微硬度均是有利的。

4.2.5.3　正向脉冲平均电流密度对表面形貌的影响

正向脉冲平均电流密度对 Ni-W-P/CeO_2-SiO_2 颗粒增强金属基纳米复合材料表面形貌的影响如图 4.36 所示。图 4.36(a)～(d)分别表示正向脉冲平均电流密度为 5A/dm^2、10A/dm^2、15A/dm^2 和 20A/dm^2 时，复合材料在 5000 倍下的表面形貌。

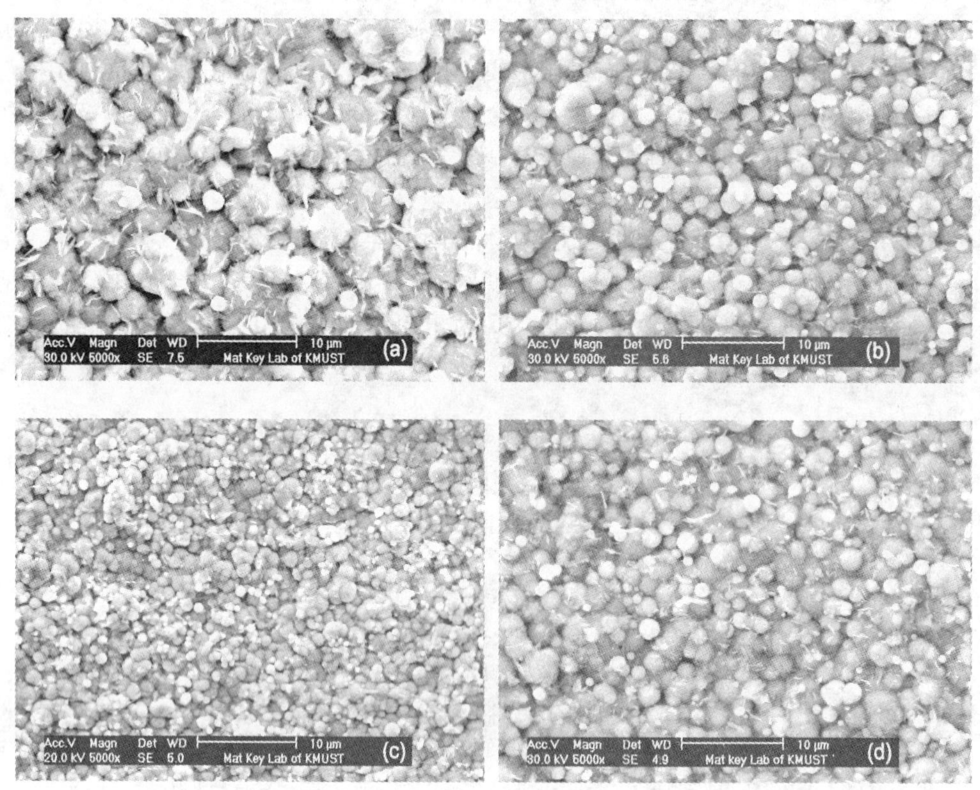

图 4.36 正向脉冲平均电流密度对 Ni-W-P/CeO_2-SiO_2 颗粒增强金属基纳米复合材料表面形貌的影响

从图 4.36 可以看出，在其他脉冲参数恒定时，增加正向脉冲平均电流密度，Ni-W-P 基质金属颗粒得到细化，表面显微组织结构得到改善。但当正向脉冲平均电流密度超过 15A/dm^2 后，基质金属颗粒又开始长大。主要是因为当正向脉冲电流密度低于 20A/dm^2 时，增加脉冲平均电流密度，阴极过电位升高，电场力增强，沉积速率加快，有利于晶核的形成，增加了用于沉积的形核点数量，避免了在少数颗粒上的持续长大，基质金属颗粒得到细化。但当正向脉冲平均电流密度过高后，导致沉积速率明显加快，也增加了颗粒的生长速率，导致基质金属颗粒又开始长大。

以上分析表明，在其他脉冲参数恒定时，适当增加正向脉冲平均电流密度，对提高 Ni-W-P/CeO_2-SiO_2 复合材料的性能是有利的。但实验发现，如果正向脉冲平均电流密度过高，同时由于尖端电流效应的缘故，样品边缘或棱角部位结晶粗大较为严重，也极易造成样品的烧焦。

4.2.6 反向脉冲平均电流密度的影响

4.2.6.1 反向脉冲平均电流密度对化学组成的影响

反向脉冲平均电流密度对 Ni-W-P/CeO_2-SiO_2 颗粒增强金属基纳米复合材料化学组成的影响如图 4.37 所示。图 4.37（a）为反向脉冲平均电流密度对 *n*-CeO_2 和 *n*-SiO_2 颗粒质量分数的影响，图 4.37（b）为反向脉冲电流密度对元素 Ni、W 和 P 质量分数的影响。

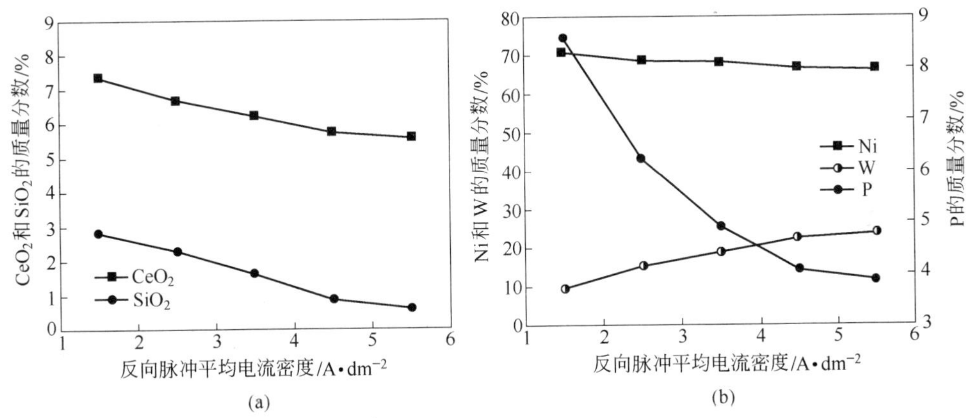

图 4.37 反向脉冲平均电流密度对 Ni-W-P/CeO_2-SiO_2 颗粒增强金属基纳米复合材料化学组成的影响

从图 4.37 可以看出，*n*-CeO_2 和 *n*-SiO_2 颗粒的质量分数随着反向脉冲平均电流密度的增加而降低，W 的质量分数不断提高，而 Ni 和 P 的质量分数也在不断降低。实际上，反向脉冲是一个“退镀”的过程，增加反向脉冲电流密度，过电位同样会升高，电场力增强，使沉积层的溶解速度加快，一方面导致已沉积或部分正在被基质金属包覆的纳米颗粒陆续溶解到电解液中，另一方面也会导致正向沉积时的不连续性增强，纳米颗粒不容易被连续地嵌入。因此，纳米颗粒沉积的质量分数不断降低。与其他条件相比，反向脉冲平均电流密度对 W 沉积过程的影响最为明显，例如，当反向平均电流密度从 1.5A/dm^2 提高到 5.5A/dm^2 时，W 的质量分数从 9.89% 提高到 23.69%，其质量分数约提高了 2.5 倍。

4.2.6.2 反向脉冲平均电流密度对沉积速率和显微硬度的影响

图 4.38 为反向脉冲平均电流密度对 Ni-W-P/CeO_2-SiO_2 颗粒增强金属基纳米复合材料沉积速率的影响。图 4.39 为反向脉冲平均电流密度对显微硬度的影响。

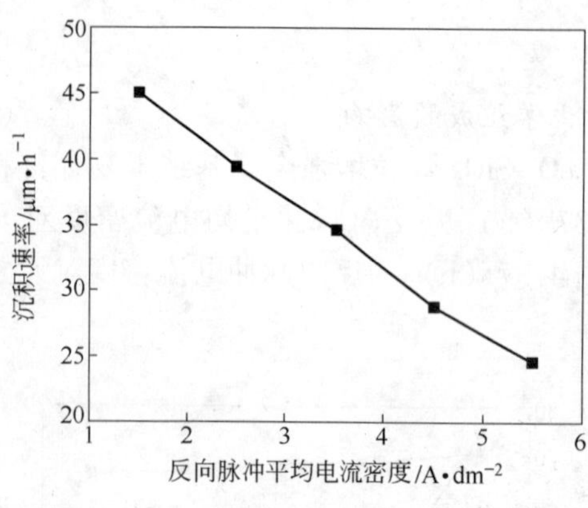

图 4.38 反向脉冲平均电流密度对沉积速率的影响

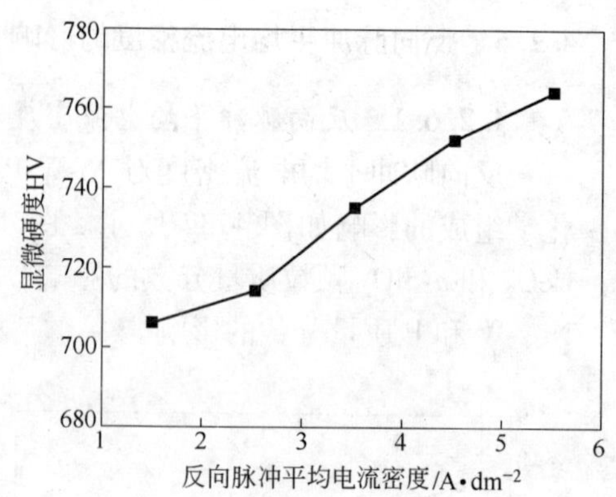

图 4.39 反向脉冲平均电流密度对显微硬度的影响

从图 4.38 和图 4.39 可以看出，沉积速率随反向脉冲平均电流密度的增加不断降低。而显微硬度则随反向脉冲平均电流密度的增加不断升高。当反向脉冲平均电流密度从 1.5A/dm^2 提高到 5.5A/dm^2 时，沉积速率从 45.1μm/h 降低到 24.6，而显微硬度则从 706HV 提高到 764HV。主要是因为反向脉冲平均电流密度增加越多，沉积层的溶解量就越大，单位时间内沉积出的厚度就越薄，即沉积速率就越低。同时，增加反向脉冲平均电流密度，虽然固体颗粒的含量以及 P 含量都处于降低的状态，但沉积层中硬质元素 W 的质量分数却有明显的提高，对提高显微硬度起到了重要的作用。

4.2.6.3 反向脉冲平均电流密度对表面形貌的影响

反向脉冲平均电流密度对 Ni-W-P/CeO_2-SiO_2 颗粒增强金属基纳米复合材料表面形貌的影响如图 4.40 所示。图 4.40(a) ~ (d)分别表示反向脉冲平均电流密度为 1.5A/dm^2、2.5A/dm^2、3.5A/dm^2 和 5.5A/dm^2 时，复合材料在 5000 倍下的表面形貌。

从图 4.40 可以看出，反向脉冲平均电流密度对沉积层的表面形貌特征有着非常大的影响。当反向脉冲平均电流密度为 1.5A/dm^2 时，复合材料表面质量较高，没有发现裂纹。而当反向脉冲平均电流密度超过 1.5A/dm^2 后再继续增加反向脉冲平均电流密度，基质金属表面均产生了明显的裂纹。原因可能是反向脉冲平均电流密度提高到一定程度后再继续增大反向脉冲平均电流密度，对沉积层溶解速度的加快造成了不利于正向沉积过程的连续均匀形核，同时也导致了沉积层内应力的增加、脆性增大而产生裂纹。

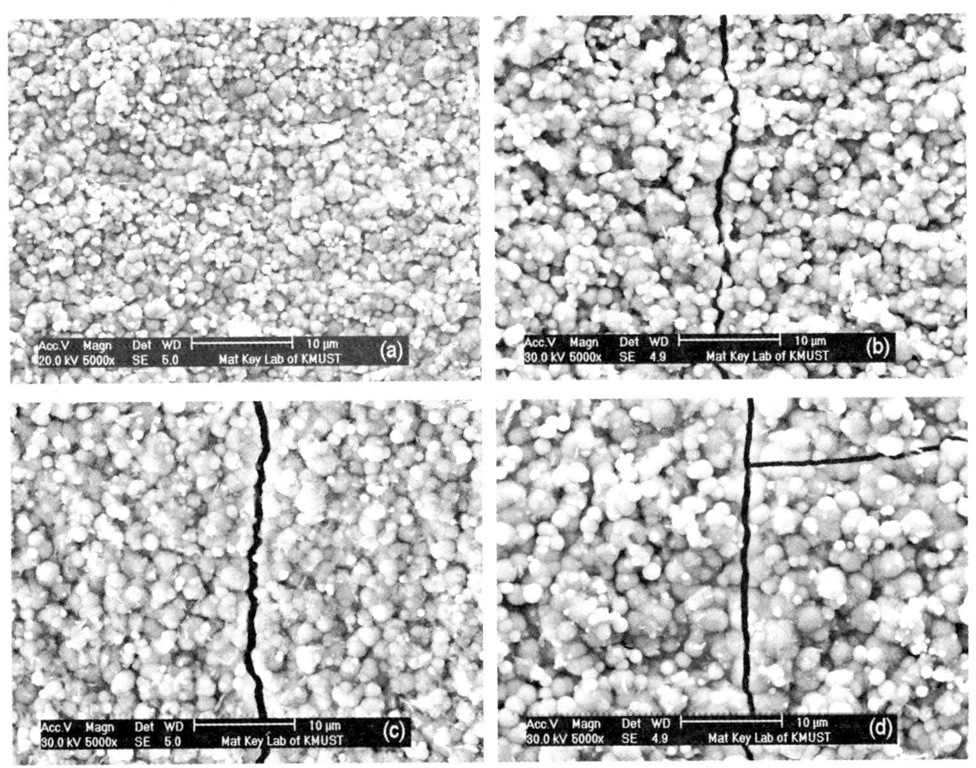

图 4.40　反向脉冲平均电流密度对 Ni-W-P/CeO_2-SiO_2 颗粒增强金属基纳米复合材料表面形貌的影响

4.3　小结

通过研究单脉冲参数对 Ni-W-P/CeO_2-SiO_2 颗粒增强金属基纳米复合材料脉冲电沉积过程的影响，得出如下结论：

(1) 增加单脉冲导通时间，CeO_2 和 SiO_2 纳米颗粒和 W 质量分数增加，P 的质量分数降低；沉积速率和显微硬度增加，基质金属颗粒先得到细化后又开始增加。

(2) 增加单脉冲关断时间，CeO_2 和 n-SiO_2 纳米颗粒和 W 的质量分数降低，P 的质量分数增加；沉积速率和显微硬度降低，基质金属颗粒尺寸明显增加。

(3) 增加单脉冲峰值电流密度，CeO_2 和 SiO_2 纳米颗粒和 W 的质量分数增加，P 的质量分数降低；沉积速率和显微硬度增加，显微组织改善。

(4) 增加单脉冲占空比，CeO_2 和 SiO_2 纳米颗粒和 W 的质量分数增加，P 的质量分数降低；沉积速率和显微硬度均增加，显微组织得到改善，颗粒细化。

通过研究双脉冲参数对 Ni-W-P/CeO_2-SiO_2 颗粒增强金属基纳米复合材料脉冲电沉积过程的影响，得出如下结论：

（1）增加正向脉冲占空比，CeO_2 和 SiO_2 纳米颗粒和 W 的质量分数降低，P 的质量分数增加，正向脉冲占空比对 W 的沉积影响最大；沉积速率和显微硬度均不断降低，基质金属颗粒尺寸也略有增加。

（2）增加反向脉冲占空比，CeO_2 和 SiO_2 纳米颗粒及 W 的质量分数降低，P 的质量分数明显增加；沉积速率提高，显微硬度降低，基质金属颗粒尺寸增加。

（3）增加正向脉冲工作时间，CeO_2 和 SiO_2 纳米颗粒和 P 的质量分数降低，W 的质量分数显著提高；沉积速率增加，显微硬度降低。基质金属颗粒得到细化，但组织缺陷增多。

（4）增加反向脉冲工作时间，CeO_2 和 SiO_2 纳米颗粒和 P 的质量分数增加，W 的质量分数变化不大；沉积速率不断降低，显微硬度不断升高，沉积层的表面平整度也有所提高。

（5）增加正向脉冲平均电流密度，CeO_2 和 SiO_2 纳米颗粒的质量分数降低，W 和 P 的质量分数提高；沉积速率和显微硬度不断提高，基质金属颗粒得到细化，微观组织结构得到改善。

（6）增加反向脉冲平均电流密度，CeO_2 和 SiO_2 纳米颗粒的质量分数降低，W 的质量分数明显提高；沉积速率降低，显微硬度提高；当增加到 1.5A/dm^2 以后，基质金属表面产生了明显的裂纹。

5 脉冲电沉积过程的初期生长行为及沉积机理

本章考察了 Ni-W-P/CeO_2-SiO_2 颗粒增强金属基纳米复合材料脉冲电沉积过程的初期生长行为；从热力学角度，对 Ni、W、P 从水溶液中沉积的可能性和难易程度进行了分析；综合电解液体系、脉冲工艺、纳米颗粒对脉冲复合电沉积过程的影响及脉冲电沉积的生长方式，建立了描述脉冲电沉积制备 Ni-W-P/CeO_2-SiO_2 颗粒增强金属基纳米复合材料的物理生长机理模型，探讨了脉冲复合电沉积的机理。

5.1 脉冲电沉积过程的初期生长行为

Ni-W-P/CeO_2-SiO_2 是一种功能性很强的颗粒增强金属基纳米复合材料，考察电沉积过程的初期生长行为，有助于深入了解复合材料的形成机理。目前已有 Ni-P 合金电沉积过程的初期行为和生长过程的报道，研究发现：基体组织结构对合金材料的均匀性、致密性、结合力、晶粒尺寸和取向均有一定影响[251~255]；但于维平等人[256]在研究非晶碳膜表面电沉积 Ni-P 非晶合金的初期结构时却发现：初期晶态镍的产生与基体无关，指出非晶的形成也同样存在生核过程。此外，Flis J 等人[257]研究了 $PdCl_2$/HCl 活化的 Cu、Mo 表面的初期形核过程，Marton J P[258]和 Judge S[259]等人还研究了活化敏化的玻璃、石英、云母、塑料等非金属材料上化学沉积 Ni-P 合金的初期形核过程，以上研究都提供了一些很有参考价值的结论。

目前，还没有发现关于 Ni-W-P/CeO_2-SiO_2 颗粒增强金属基纳米复合材料直流或脉冲电沉积制备过程初期生长行为方面的研究。为便于清晰地观察脉冲电沉积过程的初期生长行为，先对普通碳钢基体进行了电化学抛光和金相腐蚀处理，之后再进行脉冲电沉积的制备和样品的分析检测。

5.1.1 电化学抛光工艺

电化学抛光工艺为：H_3PO_4：75g，CrO_3：20g，H_2O：5g，温度：70℃，电流密度：50A/dm^2，时间：5min，阴极：铅板，阳极：普通碳钢。普通碳钢经电化学抛光工艺处理后的表面形貌如图 5.1 所示。

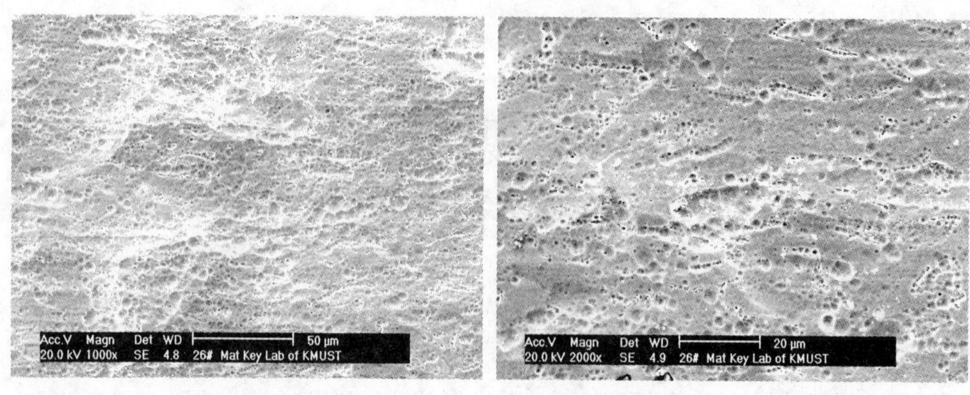

图 5.1　普通碳钢经电化学抛光后的表面形貌

5.1.2　金相腐蚀工艺

金相腐蚀液由 HCl 和 HNO_3 按体积比 3∶1 配制而成，腐蚀液本身发生的化学反应为：$HNO_3 + 3HCl = 2H_2O + Cl_2 + NOCl$。因此，利用腐蚀液中含有的硝酸、氯气和氯化亚硝酰等强氧化剂及高浓度的氯离子，可以对普通碳钢表面进行化学腐蚀，化学腐蚀时间为 1min。普通碳钢经金相腐蚀 1min 后的表面形貌如图 5.2 所示。

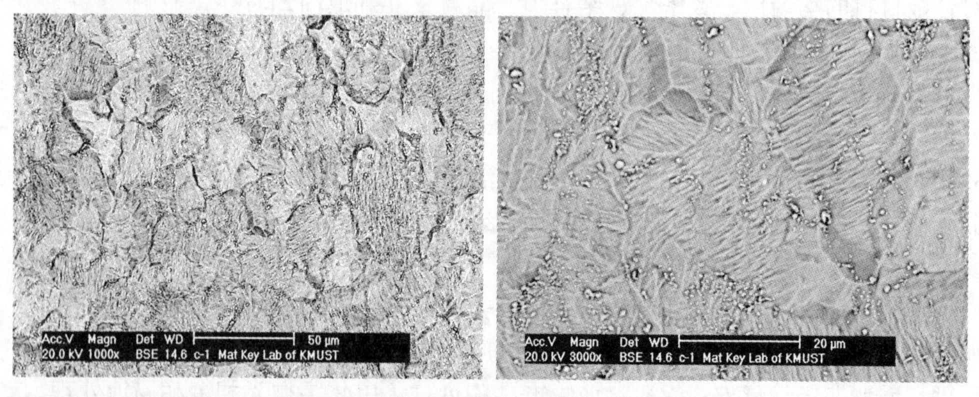

图 5.2　普通碳钢经化学腐蚀后的表面形貌

从图 5.2 可以看出，普通碳钢经金相腐蚀液化学腐蚀 1min 以后，可以清晰地观察到珠光体的金相组织，呈条纹状分布。

5.1.3　不同脉冲电沉积时间下的成分分析

图 5.3 为 Ni-W-P/CeO_2-SiO_2 颗粒增强金属基纳米复合材料在不同脉冲时间

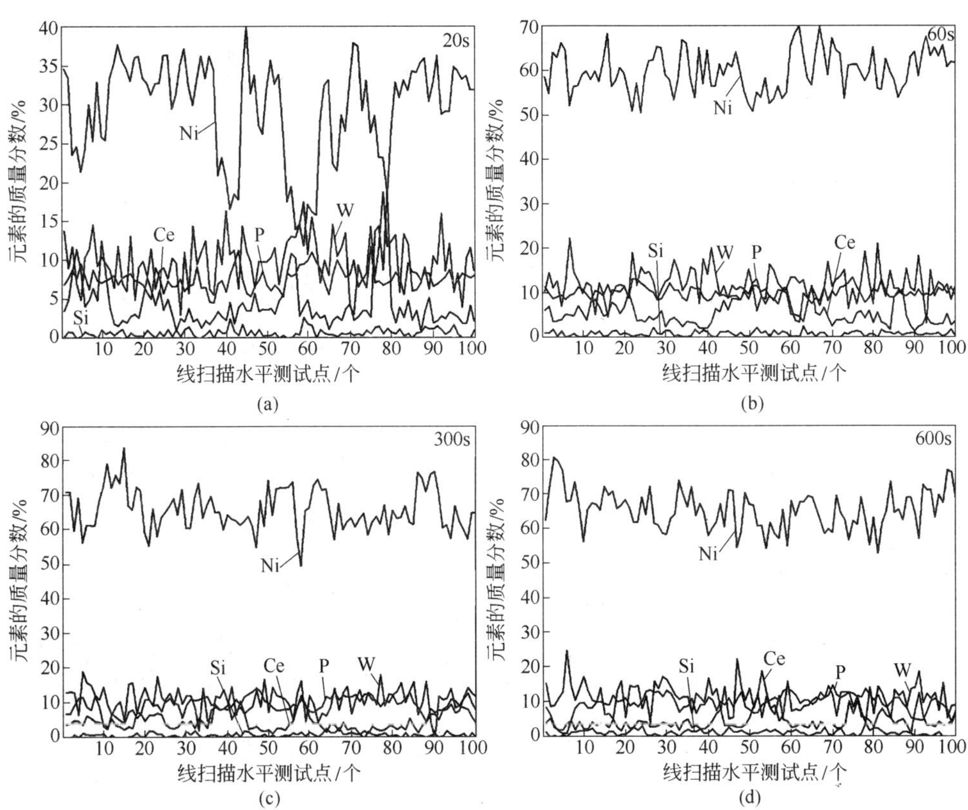

图 5.3 Ni-W-P/CeO_2-SiO_2 颗粒增强金属基纳米复合材料不同脉冲时间下的线扫描能谱分析结果

下的线扫描能谱分析结果。图 5.4 为 Ni-W-P 合金材料在不同脉冲时间下的线扫描能谱分析结果。

根据图 5.3 和图 5.4 的分析测试结果，得出以下结论：

（1）脉冲电沉积 20s 时，在基体表面线扫描的不同位置均呈现出了一定的元素含量，表明在脉冲电沉积初期，普通碳钢表面已很快地电沉积出了一定量的 Ni-W-P 和 Ni-W-P/CeO_2-SiO_2 沉积层，但在基体表面显微组织的不同区域成分起伏非常明显，说明沉积初期并不是均匀形核，而是在某些位置优先沉积；

（2）脉冲电沉积延长到 60s 时，随着电沉积过程的继续和沉积量的增大，成分起伏明显降低，说明脉冲电沉积过程已开始向形核处的周围扩展；

（3）脉冲电沉积超过 300s 时，已开始在基体表面不同区域均匀沉积，基体表面的显微组织已被沉积层所覆盖，其组织特征对后续的脉冲电沉积过程的影响已完全消失，接下来发生的是在基质金属上的形核、沉积和生长。

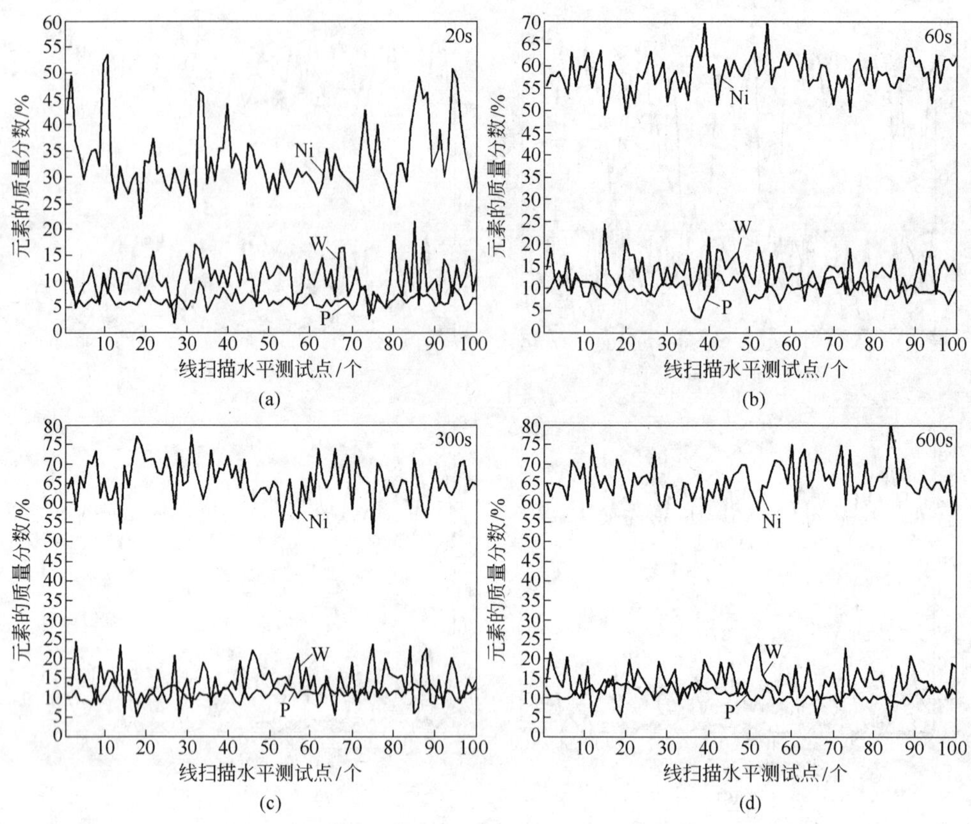

图 5.4 Ni-W-P 合金材料不同脉冲时间下的线扫描能谱分析结果

5.1.4 不同脉冲电沉积时间下的表面形貌

脉冲电沉积初期，Ni-W-P/CeO_2-SiO_2 颗粒增强金属基纳米复合材料和 Ni-W-P 合金都具有明显选择性，会在珠光体表面及珠光体与铁素体晶界处优先沉积。分析其原因，一种可能是珠光体表面 α-Fe 晶界和 Fe_3C 的相界面密度大，界面处能量较高，造成优先形核和沉积。另一种可能是 α-Fe 晶界和 Fe_3C 在一定介质中具有不同的稳定电位，电沉积时，珠光体组织内两相间存在微电微差，产生微电位效应，引起沉积反应[260]。

有关 α-Fe 和 Fe_3C 两相在不同 pH 值下的平衡电位研究表明[261]：在各种 pH 值条件下，Fe_3C 的稳定电位都要比 α-Fe 的稳定电位正 150mV 左右。脉冲电沉积时，珠光体组织内部两相间存在的微电微差会产生微电位效应。高电位的 Fe_3C 相作为阴极优先沉积，沉积过程随后会向四周发展，使附近的 α-Fe 也逐渐发生沉积。因此，造成脉冲电沉积初期的成分起伏较大，而沉积后期的成分起伏明显减小。

图 5.5 为 Ni-W-P/CeO_2-SiO_2 颗粒增强金属基纳米复合材料不同脉冲时间下的表面形貌。图 5.5(a) ~ (e)分别为脉冲电沉积时间 20s、60s、300s、600s 和 3600s 时 5000 × 下的表面形貌，图 5.5（f）为沉积时间为 3600s 时 20000 × 下的表面形貌。

图 5.5 Ni-W-P/CeO_2-SiO_2 颗粒增强金属基纳米复合材料不同脉冲时间下的表面形貌

图 5.6 为 Ni-W-P 合金材料不同脉冲时间下的表面形貌。图 5.6(a) ~ (d)分别为脉冲电沉积时间为 20s、60s、300s、600s 时 5000× 下的表面形貌。

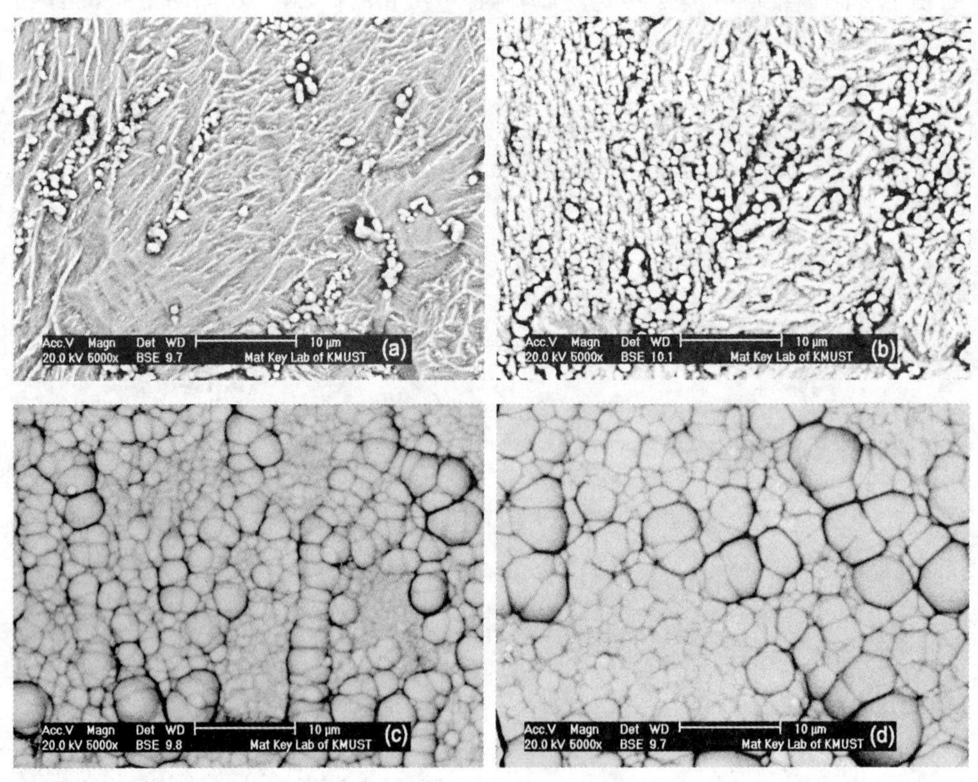

图 5.6 Ni-W-P 合金材料不同脉冲时间下的表面形貌

图 5.5 和图 5.6 表明：脉冲电沉积 Ni-W-P/CeO_2-SiO_2 颗粒增强金属基纳米复合材料或 Ni-W-P 合金初期，在普通碳钢表面的沉积和生长的确具有选择性，应该是按照叠层型的鳞片状二维生长方式进行，优先在 α- Fe 晶界和 Fe_3C 的表面进行沉积，在沉积初期仍能呈现出鳞片状基体组织的珠光体特征。随着时间的延长，由于在 Fe_3C 表面的生长速度快，沉积层凹凸处逐渐平整，直至基体组织特征消失，最后按 Ni-W-P 基质金属生长方式进行形核、沉积和生长。同时还可以看出，在脉冲电沉积金属基复合材料时的基体表面形核点更多，沉积出的显微组织更为连续、均匀和完整。

通过以上分析，可以归纳得出以下结论：

(1) 普通碳钢脉冲电沉积 20s 后，Ni-W-P 基质金属便开始在样品的某些局部位置优先沉积，可以观察到沉积层的存在，但沉积初期具有明显的不均匀性。

(2) 脉冲电沉积时间延长到 60s 后，在 Ni-W-P 合金材料的表面，珠光体组织间的条状间隙已经变得非常小，但 Fe_3C 之间的沟陷仍然存在。同时可看出是沿珠光体组织的方向进行沉积的，呈岛状分布，仍具有不连续性。相比而言，由于复合材料的沉积速度较快，此时珠光体的组织形态已基本被沉积层所覆盖。

（3）脉冲电沉积时间延长到300s时，珠光体中的 Fe_3C 之间的沟陷已经完全被 Ni-W-P 基质金属及 CeO_2 和 SiO_2 纳米颗粒填补，一些浅显的痕迹已消失，说明珠光体组织已完全被沉积层覆盖，基体组织特征已消失，对后续的沉积过程不再产生影响。

（4）脉冲电沉积时间超过600s后，随着沉积过程的延长，沉积层仍在不断增厚，脉冲电沉积已从基体表面的沉积转移到了在 Ni-W-P 基质金属表面上的沉积，已经开始按照基质金属的沉积和生长方式进行。

综合以上研究表明，脉冲电沉积 Ni-W-P/CeO_2-SiO_2 颗粒增强金属基纳米复合材料和 Ni-W-P 合金的初期生长行为均为不连续沉积，均具有明显的选择性。但由于纳米颗粒在阴极表面吸附后也可以作为形核点，有利于促进沉积过程的连续进行。因此，复合材料实现从不连续沉积向连续沉积转变所需要的时间要少于相应的合金材料。

5.2 脉冲电沉积机理

5.2.1 复合电沉积的热力学分析

5.2.1.1 W-H_2O 系 E-pH 图

在25℃下，W-H_2O 系中的反应式及 E-pH 平衡方程式如表 5.1 所示，其 E-pH图如图 5.7 所示[262]。

表 5.1 W-H_2O 系反应式及 E-pH 平衡方程式（25℃）

序 号	反 应 式	E-pH 平衡方程式
1	$WO_2 + 4H^+ + 4e = W + 2H_2O$	$E = -0.119 - 0.0591pH$
2	$W_2O_5 + 2H^+ + 2e = 2WO_2 + H_2O$	$E = -0.030 - 0.0591pH$
3	$2WO_3 + 2H^+ + 2e = W_2O_5 + H_2O$	$E = -0.029 - 0.0591pH$
4	$WO_4^{2-} + 2H^+ = WO_3 + H_2O$	$pH = 7.02 - 1/2lg1/[WO_4^{2-}]$
5	$WO_4^{2-} + 8H^+ + 6e = W + 4H_2O$	$E = 0.049 - 0.010lg1/[WO_4^{2-}] - 0.079pH$
6	$WO_4^{2-} + 4H^+ + 2e = WO_2 + 2H_2O$	$E = 0.385 - 0.0295lg1/[WO_4^{2-}] - 0.116pH$
7	$2WO_4^{2-} + 6H^+ + 2e = W_2O_5 + 3H_2O$	$E = 0.80 - 0.0295lg1/[WO_4^{2-}] - 0.177pH$

在脉冲电沉积制备 Ni-W-P/CeO_2-SiO_2 颗粒增强金属基纳米复合材料或 Ni-W-P 合金材料时，沉积层中的元素钨来自水溶液中的 WO_4^{2-}。但从图 5.7 可以看出，图中（5）线的位置要低于（8）线的位置，因此，要想单独从 $Na_2WO_4 \cdot 2H_2O$ 水溶液中直接沉积出钨是不可能的。

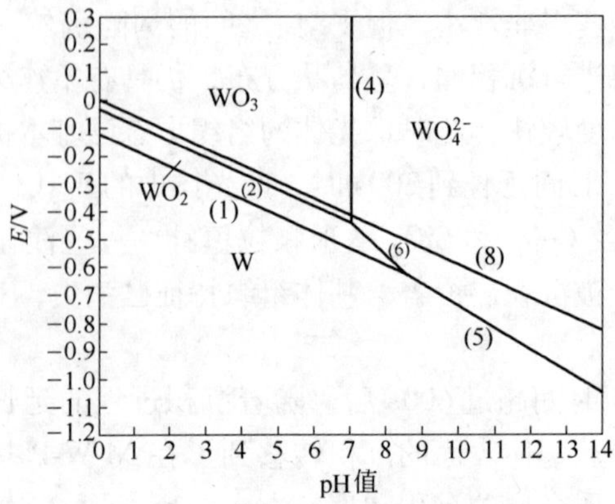

图5.7 W-H_2O系的E-pH图（25℃）

5.2.1.2 P-H_2O系E-pH图

在25℃下，P-H_2O系中的反应式及E-pH平衡方程式如表5.2所示，其E-pH图如图5.8所示[263]。

表5.2 P-H_2O系反应式及E-pH平衡方程式（25℃）

序号	反应式	E-pH平衡方程式
1	$H_3PO_2 = H_2PO_2^- + H^+$	lg［$H_2PO_2^-/H_3PO_2$］ = −1.98 + pH
2	$H_3PO_3 = H_2PO_3^- + H^+$	lg［$H_2PO_3^-/H_3PO_3$］ = −1.80 + pH
3	$H_2PO_3^- = HPO_3^{3-} + H^+$	lg［$HPO_3^{3-}/H_2PO_3^-$］ = −6.13 + pH
4	$H_3PO_4 = H_2PO_4^- + H^+$	lg［$H_2PO_4^-/H_3PO_4$］ = −2.03 + pH
5	$H_2PO_4^- = HPO_4^{2-} + H^+$	lg［$HPO_4^{2-}/H_2PO_4^-$］ = −7.19 + pH
6	$HPO_4^{2-} = PO_4^{3-} + H^+$	lg［PO_4^{3-}/HPO_4^{2-}］ = −12.03 + pH
7	$H_3PO_2 + H_2O = H_3PO_3 + 2H^+ + 2e$	E = −0.499 − 0.0591pH + 0.0295lg［H_3PO_3/H_3PO_2］
8	$H_3PO_2 + H_2O = H_2PO_3^- + 3H^+ + 2e$	E = −0.446 − 0.886pH + 0.0295lg［$H_2PO_3^-/H_3PO_2$］
9	$H_2PO_2^- + H_2O = H_2PO_3^- + 2H^+ + 2e$	E = −0.504 − 0.0591pH + 0.0295lg［$H_2PO_3^-/H_2PO_2^-$］
10	$H_2PO_2^- + H_2O = HPO_3^{2-} + 3H^+ + 2e$	E = −0.323 − 0.0886pH + 0.0295lg［$HPO_3^{2-}/H_2PO_2^-$］
11	$H_3PO_3 + H_2O = H_3PO_4 + 2H^+ + 2e$	E = −0.276 − 0.0591pH + 0.0295lg［H_3PO_4/H_3PO_3］
12	$H_2PO_3^- + H_2O = H_3PO_4 + H^+ + 2e$	E = −0.329 − 0.0295pH + 0.0295lg［$H_3PO_4/H_2PO_3^-$］
13	$H_2PO_3^- + H_2O = H_2PO_4^- + 2H^+ + 2e$	E = −0.260 − 0.0591pH + 0.0295lg［$H_2PO_4^-/H_2PO_3^-$］
14	$HPO_3^{2-} + H_2O = H_2PO_4^- + H^+ + 2e$	E = −0.447 − 0.0295pH + 0.0295lg［$H_2PO_4^-/HPO_3^{2-}$］
15	$HPO_3^{2-} + H_2O = HPO_4^{2-} + 2H^+ + 2e$	E = −0.234 − 0.0591pH + 0.0295lg［HPO_4^{2-}/HPO_3^{2-}］
16	$HPO_3^{2-} + H_2O = PO_4^{3-} + 3H^+ + 2e$	E = 0.121 − 0.0886pH + 0.0295lg［PO_4^{3-}/HPO_3^{2-}］
17	$PH_3 + 3H_2O = H_3PO_3 + 6H^+ + 6e$	E = −0.282 − 0.0591pH + 0.0098lg［H_3PO_3/P_{PH3}］
18	$PH_3 + 3H_2O = H_2PO_3^- + 7H^+ + 6e$	E = −0.265 − 0.0690pH + 0.0098lg［$H_2PO_3^-/P_{PH3}$］
19	$PH_3 + 3H_2O = HPO_3^{2-} + 8H^+ + 6e$	E = −0.205 − 0.0788pH + 0.0098lg［HPO_3^{2-}/P_{PH3}］

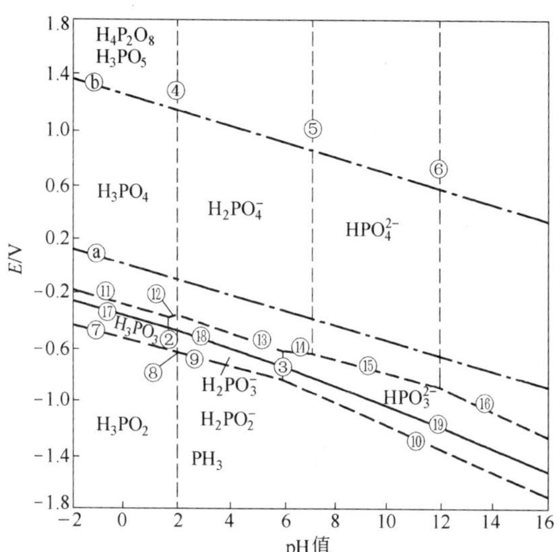

图 5.8 P-H_2O 系的 E-pH 图（25℃）

同样，沉积层中的元素 P 来自水溶液中的 $H_2PO_2^-$。但从反应方程式 $H_2PO_2^- + 2H^+ + e = P + 2H_2O$ 可以看出，当 $H_2PO_2^-$ 的活度为 1 时，根据 E-pH 平衡方程式 $E = -0.391 - 0.1182pH + 0.0591lg[H_2PO_2^-]$，计算出 $E = -0.391 - 0.1182pH$。因此，在 pH 值为 3.0～7.0 的范围内时，$E = -0.7456 \sim -1.2184$，远低于析氢电位。因此，也不可能从 $H_2PO_2^-$ 的水溶液中单独沉积出元素磷。

5.2.1.3 Ni-P-H_2O 系 E-pH 图

为进一步探讨 Ni-P 共沉积机理，在 25℃下，Ni-P-H_2O 系中的反应式及 E-pH 平衡方程式如表 5.3 所示，其 E-pH 图如图 5.9 所示[264,265]。

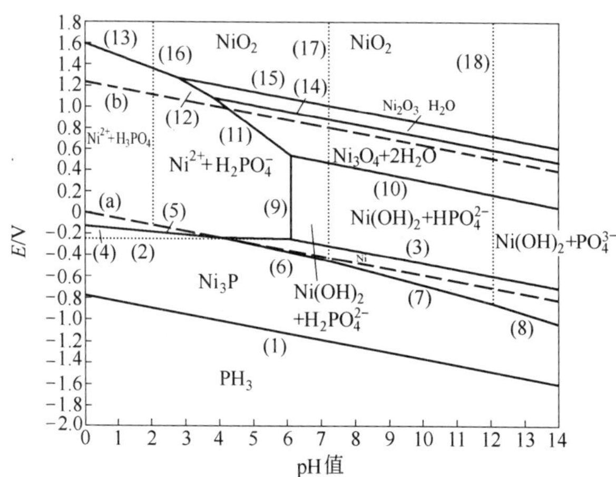

图 5.9 Ni-P-H_2O 系的 E-pH 图（25℃，$a = 1$）

表 5.3 Ni-P-H_2O 系反应式及 *E*-pH 平衡方程式（25℃）

序号	反应式	*E*-pH 平衡方程式
1	$Ni_3P + 3H^+ + 3e = PH_3 + 3Ni$	$E = -0.78 - 0.0591pH - 0.0197lg[PH_3/P]$
2	$3Ni^{2+} + H_3PO_4 + 5H^+ + 11e = Ni_3P + 4H_2O$	$E = -0.123 - 0.0268pH + 0.0054lg([Ni^{2+}]^3 \times [H_3PO_4])$
3	$2H_3PO_4 + 5Ni^{2+} + 10H^+ + 20e = Ni_5P_2 + 8H_2O$	$E = -0.112 - 0.0296pH + 0.00296lg([Ni^{2+}]^5 \times [H_3PO_4])$
4	$H_3PO_4 = H_2PO_4^- + H^+$	$lg[H_2PO_4^-/H_3PO_4] = -2.03 + pH$
5	$H_2PO_4^- + 3Ni^{2+} + 6H^+ + 11e = Ni_3P + 4H_2O$	$E = -0.111 - 0.032pH + 0.0054lg([H_2PO_4^-] \times [Ni^{2+}]^3)$
6	$Ni(OH)_2 + 2H^+ = Ni^{2+} + 2H_2O$	$lg[Ni^{2+}] = 12.18 + 2pH$
7	$H_2PO_4^- = HPO_4^{2-} + H^+$	$lg[HPO_4^{2-}/H_2PO_4^-] = -7.19 + pH$
8	$HPO_4^{2-} = PO_4^{3-} + H^+$	$lg[PO_4^{3-}/HPO_4^{2-}] = -12.03 + pH$
9	$3Ni(OH)_2 + H_2PO_4^- + 12H^+ + 11e = Ni_3P + 10H_2O$	$E = 0.085 + 0.0054lg[H_2PO_4^-] - 0.0645pH$
10	$3Ni(OH)_2 + HPO_4^{2-} + 13H^+ + 11e = Ni_3P + 10H_2O$	$E = 0.123 + 0.0054lg[HPO_4^{2-}] - 0.0702pH$
11	$PO_4^{3-} + 3Ni(OH)_2 + 14H^+ + 11e = Ni_3P + 10H_2O$	$E = 0.188 - 0.0756pH + 0.0054lg[PO_4^{3-}]$
12	$Ni_3O_4 + 8H^+ + 2e = 3Ni^{2+} + 4H_2O$	$E = 1.977 - 0.2364pH - 0.0886lg[Ni^{2+}]^3$
13	$Ni_2O_3 \cdot H_2O + 6H^+ + 2e = 2Ni^{2+} + 4H_2O$	$E = 1.753 - 0.1773pH - 0.0591lg[Ni^{2+}]^2$
14	$NiO_2 + 4H^+ + 2e = Ni^{2+} + 2H_2O$	$E = 1.593 - 0.1182pH - 0.0235lg[Ni^{2+}]$
15	$Ni_3O_4 + 2H_2O + 2H^+ + 2e = 3Ni(OH)_2$	$E = 0.876 - 0.0591pH$
16	$3Ni_2O_3 \cdot H_2O + 2H^+ + 2e = 2Ni_3O_4 + 4H_2O$	$E = 1.305 - 0.0591pH$
17	$2(NiO_2 \cdot 2H_2O) + 2H^+ + 2e = Ni_2O_3 \cdot H_2O + 4H_2O$	$E = 1.434 - 0.0591pH$
18	$Ni^{2+} + 2e = Ni$	$E = -0.250 + 0.0295lg[Ni^{2+}]$
19	$Ni(OH)_2 + 2H^+ + 2e = Ni + 2H_2O$	$E = 0.110 - 0.0591pH$

从 P-H_2O 系 E-pH 图可知，不可能单独从 $H_2PO_2^-$ 的水溶液中沉积出 P。但从图 5.9 可以看出，Ni_3P 的平衡线（4），（5），（6），（7），（8）和 Ni 的平衡线（2），（3）相近，即 Ni_3P 的沉积条件与金属 Ni 相近，因此，P 可能以金属间化合物 Ni_3P 的形态在阴极上沉积。当 pH 值控制在 4.343（平衡线 2 与 5 的交点处）以下时，Ni_3P 的生成比 Ni 的沉积容易，Ni_3P 将优先在阴极上沉积；当 pH 值控制在 4.343 以上时，Ni 更容易沉积，因此，若电位控制在 Ni_3P 的平衡线以下，Ni_3P 与 Ni 将以共沉积形式在阴极上析出，沉积层中的 Ni 可能以 Ni_3P 和 Ni 形式存在。

5.2.1.4 脉冲电沉积过程的热力学分析

在脉冲电沉积制备 Ni-W-P/CeO_2-SiO_2 颗粒增强金属基纳米复合材料或 Ni-W-P 合金材料时，从热力学角度分析，元素 W 和 P 均不能单独从 WO_4^{2-} 和 $H_2PO_2^-$ 水溶液中沉积出来。但元素 P 与 Ni 之间能够形成多种金属间化合物，如 Ni_5P_2、Ni_2P、NiP_2 和 Ni_3P 等。这些金属间化合物都有可能在阴极上沉积。

以上只是对 Ni、W、P 在水溶液中沉积可能性的分析，与实际的脉冲电沉积过程有很大的差别。在本实验研究过程中，采用的是脉冲电沉积方式，在电解液体系中添加了电场，同时向电解液体系中添加了经表面活性剂活化的 CeO_2 和 SiO_2 纳米颗粒，因此，Ni、W、P 的共沉积过程必将发生一定的变化。后续的研究表明，采用双脉冲电沉积法制备出的 Ni-W-P/CeO_2-SiO_2 颗粒增强金属基纳米复合材料，在镀态下并没有发现 Ni_3P 等金属间化合物的存在，而且呈现出了明显的非晶结构，是由大量纳米颗粒和非晶小颗粒共同组成的。

5.2.2 电解液体系对脉冲复合电沉积的影响

电解液体系，如硫酸镍、柠檬酸、次亚磷酸钠和钨酸钠的浓度对脉冲电沉积制备 Ni-W-P/CeO_2-SiO_2 颗粒增强金属基纳米复合材料过程有很大的影响，具体表现为：

（1）较低硫酸镍浓度下，通过诱导共沉积，可以增加 W 的沉积速率；当硫酸镍浓度增加到一定程度时，Ni^{2+} 在阴极的沉积速率又会超过 W 的沉积速率。

（2）柠檬酸是 Ni^{2+} 的主配合剂，适当的浓度有利于增加电解液的稳定性；当柠檬酸浓度很高时，柠檬酸与 W 的配合能力也会增强，使 W 的电极电位变得更负，明显增大了 W 和 P 在阴极表面沉积的难度和速度；过高的柠檬酸浓度会引起电解液中的 H^+ 增多，阴极析 H 反应加快，阻碍 CeO_2 和 SiO_2 纳米颗粒在阴极表面的竞争析出。

（3）电解液中钨酸钠浓度越高，阴极反应电极电位越正，越有利于 W 与 Ni 和 P 的共沉积；铁族元素在阴极表面沉积时具有较高的析氢过电位，增加钨酸钠浓度，沉积速率加快，H 极易在阴极表面放电析出，使 CeO_2 和 SiO_2 纳米颗粒很难稳定地吸附在阴极表面，导致共沉积几率降低。

（4）增加次磷酸钠浓度，相同时间内 Ni 和 P 的沉积速率加快，但同时也造成 H^+ 在阴极上的放电机会增多，阻碍 CeO_2 和 SiO_2 纳米颗粒在阴极上的析出。

5.2.3 脉冲工艺对脉冲复合电沉积的影响

脉冲电沉积所依据的电化学原理主要是利用电流或电压脉冲的张弛增加阴极的活化极化和降低阴极的浓差极化，从而改善沉积层的物理化学性能。脉冲电沉积过程中，当电流导通时，接近阴极的金属离子充分地被沉积；而当电流关断时，阴极周围的放电离子又恢复到初始浓度。这样，周期的连续重复脉冲电流主要用于金属离子的电沉积。如果选用导通时间很短的短脉冲，必将使用非常大的脉冲电流密度，这将使金属离子处在直流电镀实现不了的极高过电位下电沉积，其结果不仅能改善沉积层的物理化学性质，而且还能降低析出电位较负的金属电沉积时析氢副反应所占的比例。而周期反向脉冲的阳极电流部分是一个“退镀”过程，能够将阴极脉冲获得沉积层表面的毛刺溶解除去，改善沉积层厚度的均匀分布，整平作用明显。

在阴极沉积金属基非晶复合材料的过程中，原子束形成的概率与阴极的极化有关，阴极极化越大，阴极过电位越高，则阴极表面吸附原子的浓度越高，原子束形成的概率越大、最后形成的非晶小颗粒尺寸就越小。

5.2.4 纳米颗粒对脉冲复合电沉积的影响

纳米颗粒的表面能比较大，在电解液体系中非常容易发生团聚。在脉冲电沉积制备 Ni-W-P/CeO_2-SiO_2 颗粒增强金属基纳米复合材料过程中，向电解液中添加的 CeO_2 和 SiO_2 纳米颗粒经过了阳离子表面活性剂 CTAB 的活化处理。阳离子表面活性剂的加入使电解液呈弱酸性，纳米颗粒表面会带正电荷，表面正电荷增多，过电位就增大，使纳米颗粒间的静电斥力增大，能够很好地抑制纳米颗粒的团聚，使纳米颗粒分散的均匀程度和沉积提高。但过高浓度的阳离子表面活性剂也会造成电解液中的离子强度过高，压缩双电层，减小纳米颗粒间的静电斥力，又重新使纳米颗粒发生团聚。

在脉冲复合电沉积过程中，当经过活化处理的纳米颗粒浓度增加时，在相同时间内被输送到阴极附近并与阴极发生碰撞形成弱吸附的纳米颗粒数量随之增加，因为纳米颗粒产生强吸附的形成速度及被嵌入阴极的概率与弱吸附的覆盖度成正比，使纳米颗粒的沉积量随电解液中纳米颗粒浓度的增加及弱吸附覆盖度的增大而增加。当纳米颗粒浓度很高时，由于电解液黏度增加、纳米颗粒团聚严重以及因大量纳米颗粒吸附于电极表面，使电极表面提供电化学反应的面积减小，导致真实电流密度增大而引起电极表面析氢量增多等，降低了纳米颗粒在复合沉积层中的沉积量。

在脉冲复合电沉积过程中，CeO_2 和 SiO_2 纳米颗粒在电解液以及复合材料中的分散均匀性的维持以及从电解液内部向阴极表面运动的过程，主要依靠适宜的机械搅拌速度和添加剂的相互作用共同实现。CeO_2 和 SiO_2 纳米颗粒从电解液内部向阴极表面的运动是靠机械搅拌引起的电解液流动进行输送的，机械搅拌速度增加，电解液流动速度增加，加快了纳米颗粒被输送到阴极表面的速度，被嵌入概率增大；但当机械搅拌速度很大时，电解液中的纳米颗粒长期处于剧烈运动状态，使其与阴极表面剧烈碰撞频繁增加，在阴极表面停留时间较短，也会使部分已经在阴极表面吸附的纳米颗粒又重新脱落到电解液中，不利于纳米颗粒与基质金属的共沉积。

5.2.5 双脉冲电沉积机理

通过以上研究和探讨，构建了用于描述双脉冲电沉积制备 Ni-W-P/CeO_2-SiO_2 颗粒增强金属基纳米复合材料的物理生长机理模型，如图 5.10 所示。

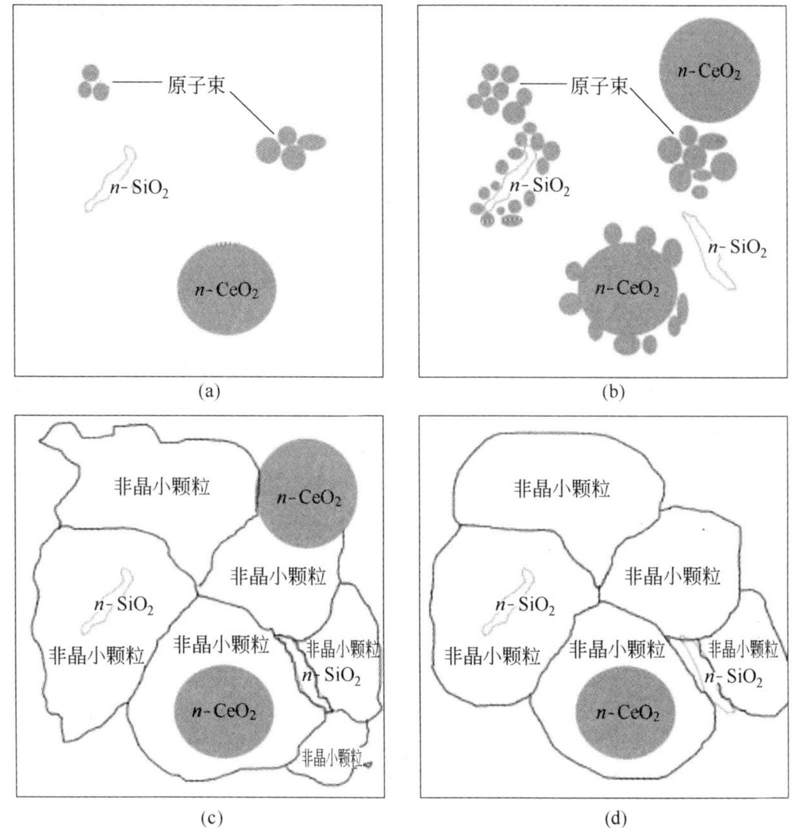

图 5.10 双脉冲电沉积制备 Ni-W-P/CeO_2-SiO_2 颗粒增强金属基纳米复合材料的物理生长机理模型

根据双脉冲电沉积制备 Ni-W-P/CeO_2-SiO_2 颗粒增强金属基纳米复合材料的物理生长机理模型，探讨了双脉冲电沉积的沉积机理：

（1）元素 W 和 P 均不能单独从 WO_4^{2-} 和 $H_2PO_2^-$ 的水溶液中沉积出来。但在硫酸镍、钨酸钠、次磷酸钠和柠檬酸共同组成的电解液体系中，在 Ni^{2+} 的诱导作用下，实现了 W 和 P 的共沉积。因此，Ni-W-P 基质金属的共沉积类型为诱导共沉积。

（2）正向脉冲电流工作时，Ni、W、P 原子在阴极表面的共沉积形成了大量原子束；CeO_2 和 SiO_2 纳米颗粒经阳离子表面活性剂活化处理后，在机械搅拌和电场力的共同作用下，一部分纳米颗粒也作为活性质点在阴极表面富集，同时表面吸附被还原的 Ni、W、P 原子，也形成了以纳米颗粒为核心的原子束；随着正向脉冲的进行，两类原子束在二维生长的同时进一步扩张沿三维方向生长；与直流电沉积相比，脉冲电流具有更高的瞬间电流密度，能够使原子束形成概率提高，避免了少数原子束的持续生长。

（3）反向脉冲电流工作时，原子束的二维或三维生长停止，原子束表面凸起部位的电流密度较高，被优先溶解，使沉积层厚度均匀，平整度提高；同时，消除了浓差极化，补充了阴极附近已消耗掉的金属离子和纳米颗粒的浓度，有利于正向脉冲再次开通后形成新的原子束而成为新的生长点。

（4）随着正、反向脉冲电流的交替进行，Ni、W、P 原子形成的原子束和以 CeO_2，SiO_2 纳米颗粒为核心的原子束持续生长。由于 W、P 原子固溶于 Ni 的晶粒中且含量较大以及纳米颗粒的嵌入，导致 Ni 晶粒内部的原子排列无序，使原子束逐渐生长成非晶小颗粒；同时也有大部分 CeO_2 和 SiO_2 纳米颗粒被嵌入到原子束与原子束之间或非晶小颗粒与非晶小颗粒之间。

（5）当非晶小颗粒长大到一定程度时，相互结合成“小岛”。“小岛”相互接触后，形成“大岛”和网络，进而形成连续的沉积层而覆盖基体。因此，双脉冲电沉积制备的 Ni-W-P/CeO_2-SiO_2 颗粒增强金属基纳米复合材料，是由大量的非晶小颗粒和 CeO_2、SiO_2 纳米颗粒构成的，镀态下呈现出的是非晶态结构。

为了验证对双脉冲电沉积制备 Ni-W-P/CeO_2-SiO_2 颗粒增强金属基纳米复合材料沉积机理分析的可靠性，对双脉冲电沉积 3h 后制备出的复合材料进行了面扫描、镀态下的相结构以及表面形貌的测试，其结果分别如图 5.11 ~ 图 5.13 所示。

通过图 5.11 可以看出，沉积层中均表现出了一定的元素含量。根据图 5.12 的测试结果，采用 MDI Jade 软件对 X 射线衍射采集的数据进行了分析，计算出了 Ni-W-P/CeO_2-SiO_2 颗粒增强金属基纳米复合材料在镀态下的结晶度仅为 3.68%，说明镀态下的复合材料是以非晶态结构为主。由图 5.13 可以看出，一部分嵌入到 Ni-W-P 基质金属中的 CeO_2 和 SiO_2 纳米颗粒质点一部分被包覆在非

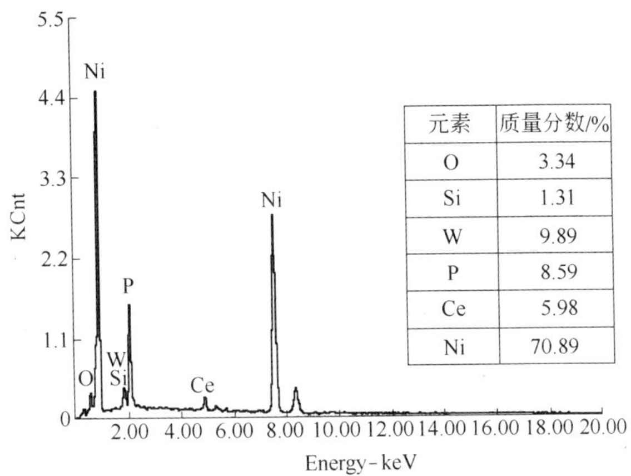

元素	质量分数/%
O	3.34
Si	1.31
W	9.89
P	8.59
Ce	5.98
Ni	70.89

图 5.11 面扫描能谱分析结果

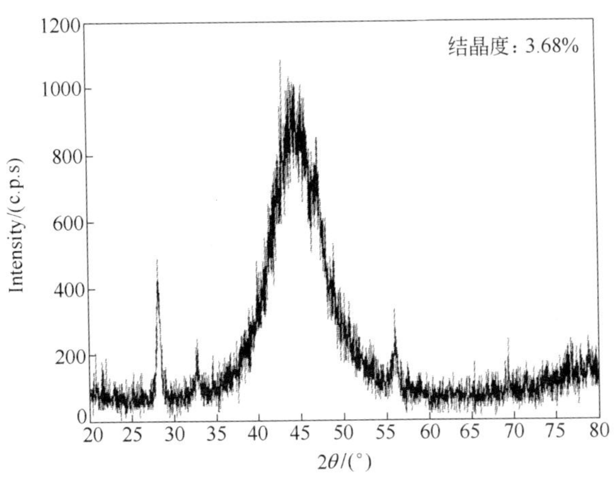

图 5.12 镀态下的 X 射线衍射结果

图 5.13 Ni-W-P/CeO_2-SiO_2 颗粒增强金属基纳米复合材料双脉冲电沉积 3h 下的表面形貌

晶小颗粒内部，也有大量的纳米颗粒被嵌入到非晶小颗粒之间。因此，通过对实际脉冲电沉积过程的成分分析、相结构分析以及表面形貌特征分析，进一步验证了对 Ni-W-P/CeO_2-SiO_2 颗粒增强金属基纳米复合材料双脉冲电沉积机理分析的准确性和可靠性。

5.3　小结

通过考察双脉冲电沉积制备 Ni-W-P/CeO_2-SiO_2 颗粒增强金属基纳米复合材料和 Ni-W-P 合金的初期生长行为，得出以下结论：

（1）通电开始瞬间，脉冲复合电沉积行为具有明显的选择性，只是在一些缺陷、晶界等过电位较小的位置优先沉积形成生长点，成分起伏明显；

（2）CeO_2 和 SiO_2 纳米颗粒在阴极表面吸附后也可以作为形核点，有利于促进沉积过程的连续进行；Ni-W-P/CeO_2-SiO_2 颗粒增强金属基纳米复合材料实现从不连续沉积向连续沉积转变所需要的时间要低于相应的 Ni-W-P 合金材料。

构建了用于描述 Ni-W-P/CeO_2-SiO_2 颗粒增强金属基纳米复合材料双脉冲电沉积过程的物理生长模型，探讨了双脉冲电沉积机理，得出以下结论：

（1）Ni-W-P 基质金属的共沉积类型为诱导共沉积；

（2）正向脉冲电流促进了 Ni、W、P 的原子束以及以 CeO_2 和 SiO_2 纳米颗粒为核心的原子束的形成，并抑制了原子束的生长；

（3）反向脉冲电流在消除浓差极化的同时，也将原子束表面凸起的部位优先溶解，改善了沉积层的厚度均匀分布；

（4）随着 W、P 原子在 Ni 晶粒中的固溶以及纳米颗粒的嵌入，引起 Ni 晶粒内部的原子排列无序，原子束逐渐生长成为非晶小颗粒；

（5）非晶小颗粒与被嵌入到基质金属中的纳米颗粒一起形成了具有非晶结构的 Ni-W-P/CeO_2-SiO_2 颗粒增强金属基纳米复合材料。

6 金属基纳米复合材料的晶化过程及界面结合方式

本章考察了 Ni-W-P/CeO_2-SiO_2 颗粒增强金属基纳米复合材料在不同热处理温度下的晶化过程、结晶度和晶粒尺寸的变化规律；探讨了不同热处理温度下，基体金属与金属基复合材料界面结合处的显微结构、元素 K_α 电子分布以及界面结合方式。

非晶复合材料的热稳定性是影响性能可靠性的一个重要因素。Ni-P 和 Ni-W-P 非晶合金材料在晶化过程中会有多种亚稳定相析出，例如，Ni_2P、$Ni_{12}P_5$、Ni_5P_4，Ni_5P_2和 Ni_7P_3[266~268]。洪波等人[269]的研究表明：Ni-16.8%P 非晶合金材料在热处理温度为 330℃时开始晶化，Ni-27.8%P 非晶合金材料在热处理温度为 360℃时开始晶化。许晓丽等人[270]研究了 W 含量对化学镀 Ni-W-P 合金相结构的影响，结果表明：当电解液中的 $Na_2WO \cdot 2H_2O$ 浓度为 20g/L 时，Ni-W-P 合金材料为非晶结构，30g/L 时为混晶结构，10g/L 和大于 30g/L 时为晶态结构；郭忠诚等人[271]的研究表明：用直流电沉积法制备出的 Ni-W-P/CeO_2-SiC-PTFE 复合材料在镀态下为非晶结构，当热处理温度超过 300℃时部分开始晶化，当热处理温度为 400℃时，则完全晶化。本章通过对脉冲电沉积制备的 Ni-W-P/CeO_2-SiO_2 颗粒增强金属基纳米复合材料和 Ni-W-P 合金材料在不同热处理温度下的 XRD 研究，探讨了晶化过程、结晶度和晶粒尺寸的变化规律。

6.1 晶化过程

6.1.1 相结构分析

当热处理时间控制在 1h 时，Ni-W-P/CeO_2-SiO_2 颗粒增强金属基纳米复合材料在镀态及热处理温度分别为 100～400℃下的 X 射线衍射结果如图 6.1 所示，Ni-W-P 合金材料在镀态及热处理温度分别为 100～400℃下的 X 射线衍射结果如图 6.2 所示。

根据图 6.1 和图 6.2 的测试结果，可以得出以下结论：

（1）镀态下，Ni-W-P/CeO_2-SiO_2 颗粒增强金属基纳米复合材料和 Ni-W-P 合金材料在衍射角 $2\theta=45°$处出现了较为平滑的馒头峰，衍射强度在很宽衍射角度范围内缓慢下降。这是典型的非晶态结构特征。在复合材料的衍射图中，还出现

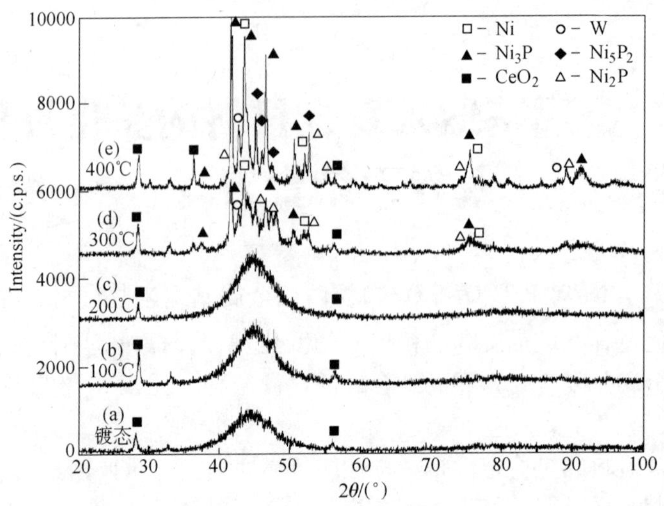

图 6.1　Ni-W-P/CeO_2-SiO_2 复合材料的 X 射线衍射图
（镀态及 100 ~ 400℃热处理）

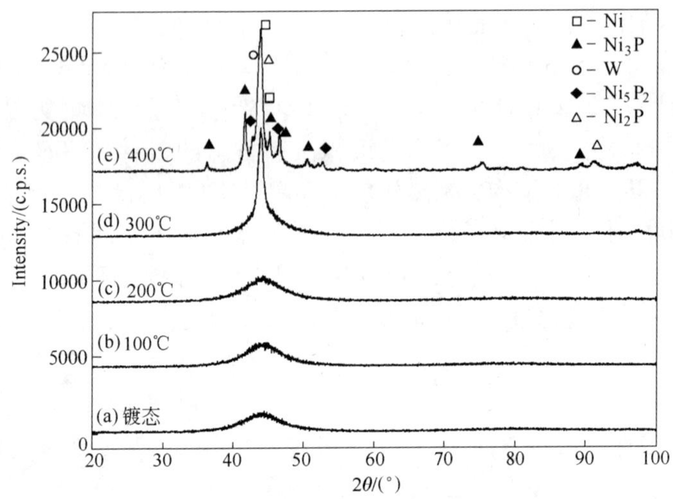

图 6.2　Ni-W-P 合金材料的 X 射线衍射图
（镀态及 100 ~ 400℃热处理）

了 CeO_2 纳米颗粒的特征峰。这又是晶态结构的典型特征，但衍射强度很弱。因此，镀态下两种材料均以非晶态结构为主。

（2）当热处理温度提高到 100℃或 200℃时，沉积层仍基本呈现出镀态下的相结构，但在衍射角为 $2\theta = 45°$ 处的馒头峰已开始逐渐变窄，说明非晶态结构的量在减少，但仍然是以非晶态结构为主。

（3）当热处理温度提高到300℃时，Ni-W-P/CeO_2-SiO_2 颗粒增强金属基纳米复合材料在 $2\theta=45°$ 处的馒头峰开始分化，已有较多 Ni_3P 合金相析出和部分亚稳相 Ni_2P 析出，表明复合材料已开始晶化。说明此时非晶态结构明显减少，为混晶结构。而 Ni-W-P 合金材料在衍射角为 $2\theta=45°$ 处的衍射强度明显增加，其晶化过程更为明显。

（4）当热处理温度提高到400℃时，以上两种材料在衍射角为 $2\theta=45°$ 处的馒头峰均明显分化，均析出了大量的 Ni_3P 合金相、亚稳相 Ni_2P 和 Ni_5P_2，表明此时两种材料绝大部分已转变为晶态结构。

当热处理时间控制在1h时，Ni-W-P/CeO_2-SiO_2 颗粒增强金属基纳米复合材料在热处理温度分别为500～800℃下的X射线衍射结果如图6.3所示，Ni-W-P合金材料在500～800℃下的X射线衍射结果分别如图6.4所示。

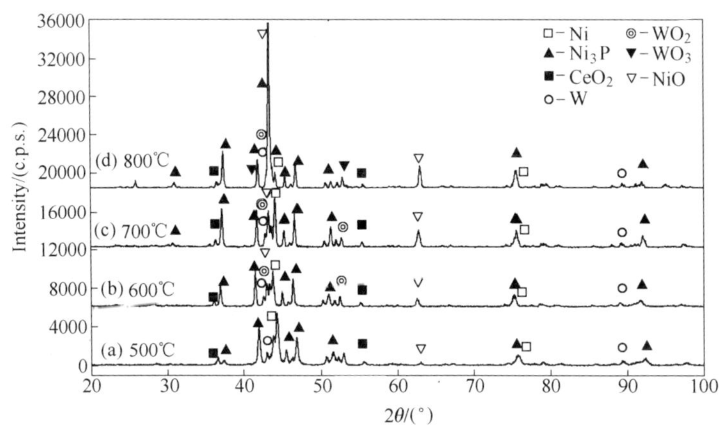

图6.3 Ni-W-P/CeO_2-SiO_2 颗粒增强金属基纳米复合材料在500～800℃下的X射线衍射图

根据图6.3和图6.4的测试结果。可以得出以下结论：

（1）热处理温度提高到500℃时，Ni-W-P/CeO_2-SiO_2 颗粒增强金属基纳米复合材料和 Ni-W-P 合金材料的每条衍射峰强度都有不同程度增强，两种亚稳相 Ni_2P 和 Ni_5P_2 已完全消失，逐步转变 Ni_3P 稳定相，说明晶化过程仍在加强；

（2）热处理温度提高到600℃和700℃时，由于热处理温度的升高，原子扩散及空气氧化加快，在 $2\theta=45°$ 处的衍射峰强度仍在增强，分化出来的其他物相衍射峰也逐渐明显，一部分 Ni 已被氧化为 NiO，一部分 W 被氧化为 WO_2 和 WO_3；

（3）热处理温度提高到800℃时，复合材料和合金材料氧化严重，但合金材料中各物相衍射峰的强度远高于复合材料，说明合金材料中晶粒的长大速度更快，而 CeO_2 和 SiO_2 纳米颗粒的共沉积，在一定程度上有效阻止了晶粒的长大。

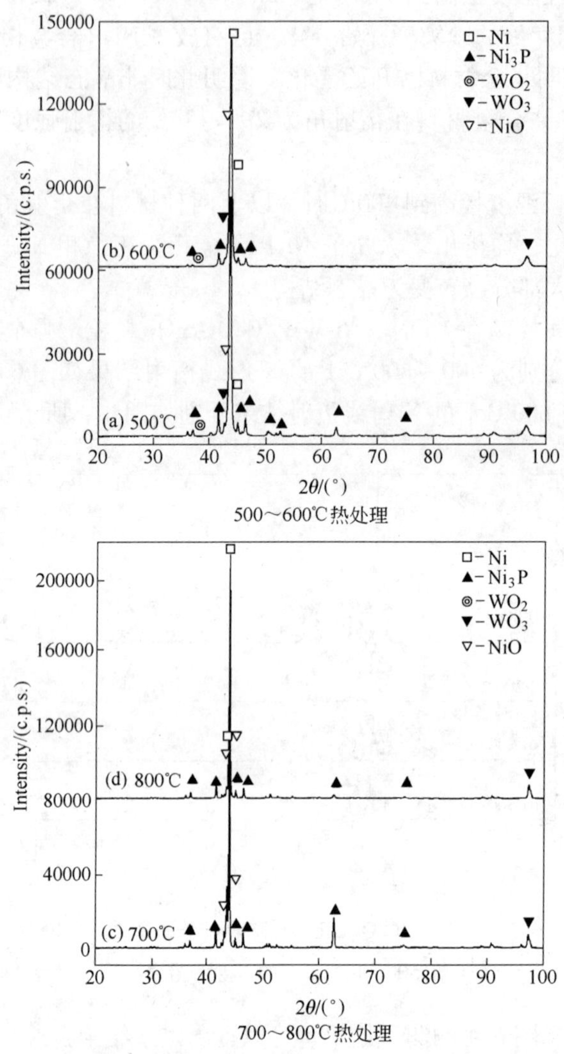

图 6.4 Ni-W-P 合金材料在 500～800℃下的 X 射线衍射图

从晶化过程可以看出，Ni-W-P/CeO_2-SiO_2 颗粒增强金属基纳米复合材料的热稳定性要好于 Ni-W-P 合金材料，主要是由于 CeO_2 和 SiO_2 纳米颗粒的共沉积增加了复合材料晶化过程中原子扩散所需要的激活能，一定程度上阻止了晶化过程。同时，在热处理过程中，CeO_2 和 SiO_2 纳米颗粒的物相结构也没有发生变化，也能提高热稳定性能。

在镀态及热处理温度低于 200℃时，Ni-W-P/CeO_2-SiO_2 颗粒增强金属基纳米复合材料和 Ni-W-P 合金材料均以非晶为主。其实，非晶结构中的 P 原子半径与金属 Ni 相差很大，虽然 P 在 Ni 中的固溶度仅为 0.17%，但仍然会以 Ni 的过饱和固溶体形式存在，因此镀态或较低热处理温度下，结构中不会析出 Ni_2P、Ni_5P_2 和 Ni_3P 合金相。

热处理温度提高到 300℃后，晶化趋势明显。原因是非晶态和短程的微晶都是亚稳态结构，在常温下与平衡晶态之间存在很大自由焓差。当热处理温度升高引起原子的迁移能力增加，便开始向较稳定态转变引起晶化。亚稳相 Ni_2P 在 300℃的热处理时析出并在 400℃时衍射强度增强，亚稳相 Ni_5P_2 在 400℃时析出。当热处理温度提高到 500℃时，亚稳相 Ni_2P 和 Ni_5P_2 均消失而转变为稳定相 Ni_3P。

亚稳相 N_5P_2 和 Ni_2P 与稳定相 Ni_3P 的 Ni/P 原子比从大到小依次表现为Ni_2P→Ni_5P_2→Ni_3P，表明晶化相的稳定性与 P 原子价态或键合方式是密切相关的。其实，P 在非晶材料中存在着成分起伏，热处理温度提高，P 原子的扩散能力逐渐加强，导致部分区域短程排列有序，形成合金相。但形成的部分合金相会处于不稳定状态，因此在晶化初期亚稳相 Ni_2P 和 Ni_5P_2 开始析出，并且随着晶化过程的进行，亚稳相逐步向 P 含量较低的稳定相 Ni_3P 转变。但当热处理温度高于 500℃后，亚稳相 Ni_5P_2 和 Ni_2P 已完全消失，全部转化为稳定的 Ni_3P 合金相。

从前面的能谱分析结果可以看出，Ni-W-P/CeO_2-SiO_2 颗粒增强金属基纳米复合材料中确实沉积出了一定质量分数的 SiO_2 纳米颗粒。但图 5.1 和图 5.3 的测试结果又表明，在 X 射线衍射图中没有检测出 SiO_2 纳米颗粒特征峰的存在。主要原因是：

（1）向 Ni-W-P 基质金属中添加的第二相 SiO_2 纳米颗粒本身为非晶态结构，当其被嵌入到 Ni-W-P 基质金属以后，仍然是以非晶态结构存在。因此，在镀态下无法检测到 SiO_2 纳米颗粒特征峰的存在。

（2）SiO_2 纳米颗粒的热稳定性高，在低于 800℃热处理时，非晶结构不会改变。张广强等人[272]在研究 SiO_2 纳米颗粒在高压高温下的结构转化时结论是：SiO_2 非晶纳米颗粒在 700℃下烧结 2h 时，晶化不明显。因此可以推断出在低于 800℃且热处理时间恒定为 1h 时，被嵌入到 Ni-W-P 基质金属中的 SiO_2 纳米颗粒非晶结构不会发生改变。即使发生微量晶化，也会因在复合材料中含量较少而无法检测出来。

6.1.2 结晶度分析

通过晶化过程分析，脉冲电沉积制备的 Ni-W-P/CeO_2-SiO_2 颗粒增强金属基纳米复合材料和 Ni-W-P 合金材料在热处理过程中，结构都会从非晶态逐步向晶态转变，完全晶化后都变为晶态结构。因此，通过计算结晶度，可以进一步考察不同热处理温度下的结晶程度。

在镀态下，Ni-W-P/CeO_2-SiO_2 颗粒增强金属基纳米复合材料和 Ni-W-P 合金材料的非晶峰和其他衍射峰的拟合曲线及计算出的结晶度如图 6.5 所示。

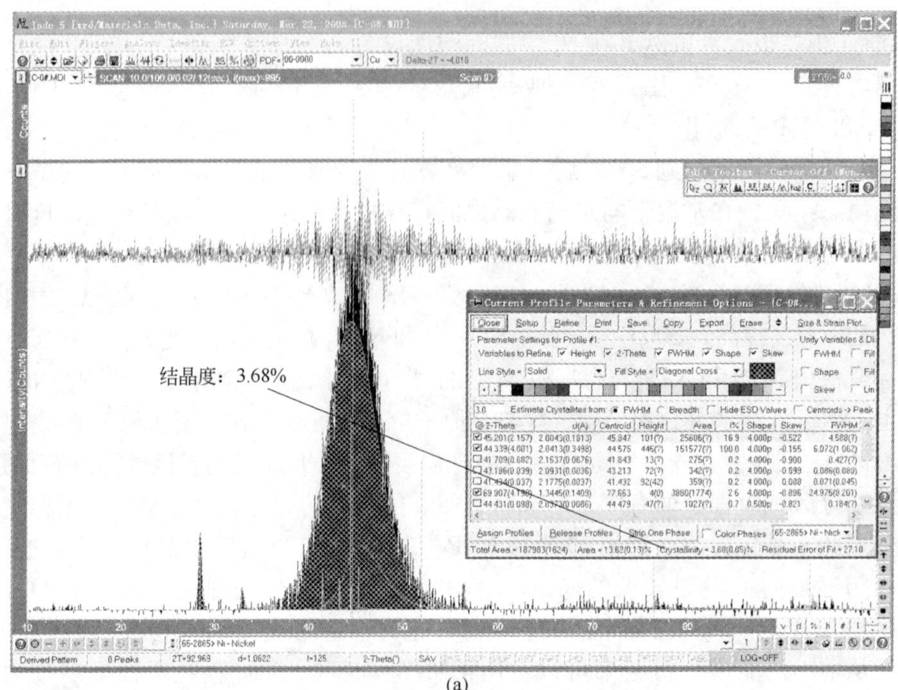

(a)

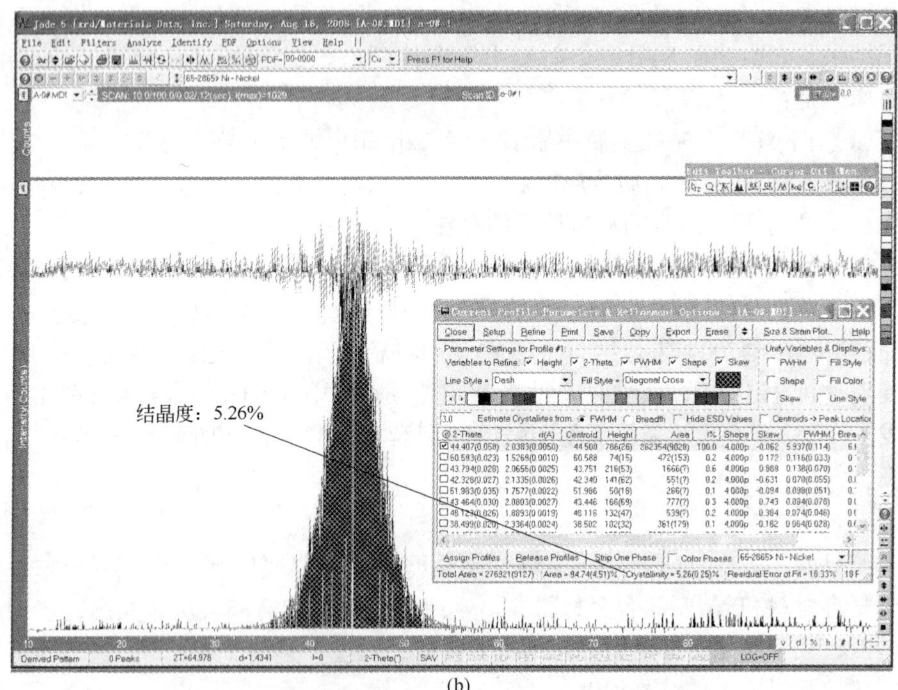

(b)

图 6.5 非晶衍射峰及其他衍射峰的拟合曲线及结晶度（镀态）

（a）Ni-W-P/CeO_2-SiO_2 复合材料；（b）Ni-W-P 合金材料

根据以上计算方法绘制出的 Ni-W-P/CeO_2-SiO_2 颗粒增强金属基纳米复合材料和 Ni-W-P 合金材料在不同热处理温度下的结晶度曲线，如图 6.6 所示。

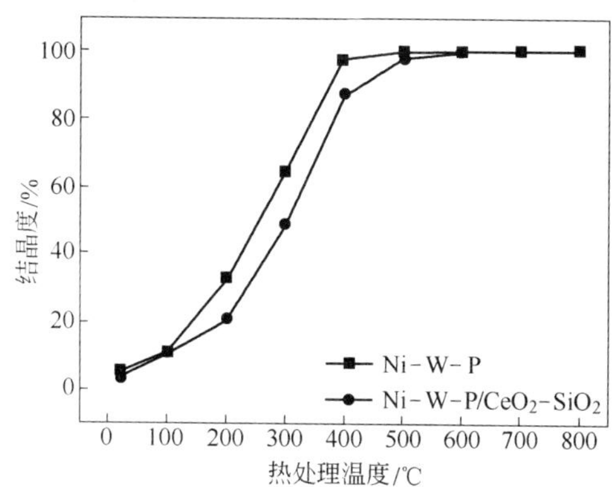

图 6.6 Ni-W-P/CeO_2-SiO_2 颗粒增强金属基纳米复合材料和 Ni-W-P 合金材料的结晶度曲线

通过对 Ni-W-P/CeO_2-SiO_2 颗粒增强金属基纳米复合材料和 Ni-W-P 合金材料在不同热处理温度下的结晶度的比较结果分析，可以得出以下结论：

（1）镀态下，Ni-W-P/CeO_2-SiO_2 颗粒增强金属基纳米复合材料和 Ni-W-P 合金材料的结晶度分别只有 3.68% 和 5.26%，说明两种材料均是以非晶态结构为主，晶态组分非常少。

（2）热处理温度从 100℃ 提高到 200℃ 时，Ni-W-P/CeO_2-SiO_2 颗粒增强金属基纳米复合材料和 Ni-W-P 合金材料的结晶度分别从 10.27% 和 11.01% 提高到了 20.69% 和 32.59%，结晶趋势是比较平缓的。虽然结晶度有所提高，但非晶结构仍是主要组分。

（3）热处理温度提高到 300～400℃ 时，Ni-W-P/CeO_2-SiO_2 颗粒增强金属基纳米复合材料和 Ni-W-P 合金材料的结晶度均有明显的提高，分别从 48.46% 和 64.64% 提高到了 87.50% 和 98.25%。表明该过程是结晶速率最快的阶段，此时非晶态组分含量已非常少。

（4）Ni-W-P/CeO_2-SiO_2 颗粒增强金属基纳米复合材料和 Ni-W-P 合金材料分别在 700℃ 和 500℃ 的热处理温度下完成全部结晶过程。高于以上两个温度后，结晶度均为 100%，不再发生变化。说明在相同热处理时间下，复合材料完成结晶所需的热处理温度要高一些。

热处理温度低于 200℃ 时，Ni-W-P/CeO_2-SiO_2 颗粒增强金属基纳米复合材料和 Ni-W-P 合金材料虽然都有晶化趋势，但晶化过程较缓慢，结晶度增加幅度较小。主要是因为基质金属中的 Ni 基原子要从非晶态排列达到晶态长程有序排列，必须获得足够驱动力，在热处理温度较低时所能提供的能量是有限的。

热处理温度提高到300~400℃时，是结晶速率最快的阶段。在该温度区间，伴随着大量的Ni_3P、Ni_2P、Ni_5P_2等合金相析出。这些析出相是由P原子与Ni原子达到析出相的原子配比后，在小范围内短程排列有序而形核并长大的。由于析出相均呈现出晶态结构，因此该阶段的结晶速率较大，在宏观上表现为结晶度的显著提高上。

Ni-W-P/CeO_2-SiO_2颗粒增强金属基纳米复合材料完成结晶过程时所需要的热处理温度高于Ni-W-P合金材料，主要是因为复合材料的基质金属中镶嵌着大量均匀弥散分布的CeO_2和SiO_2第二相颗粒，这些颗粒都不会发生分解或相变，均是以本身状态存在，能够有效地阻止结晶过程的进行或析出相的不断长大。

通过对结晶度的分析，进一步验证了对晶化过程分析的准确性和可靠性。

6.1.3 晶粒尺寸分析

通过对不同热处理温度下晶化过程和结晶度的计算结果表明：在400℃×1h热处理时，Ni-W-P/CeO_2-SiO_2颗粒增强金属基纳米复合材料的结晶度为87.5%，Ni-W-P合金材料的结晶度为98.25%。之后再继续提升热处理温度，衍射图中能够再拟合出的非晶峰已非常少，结晶度基本达到100%，这时便可以计算平均晶粒尺寸和各个晶面上的晶粒尺寸。

6.1.3.1 平均晶粒尺寸的计算

在热处理条件控制在400℃×1h时，Ni-W-P/CeO_2-SiO_2颗粒增强金属基纳米复合材料中基质金属Ni在（111）晶面、（220）晶面、（311）晶面和（222）晶面的衍射峰拟合曲线、不同晶面的Ni晶粒的大小以及平均晶粒的大小如图6.7所示。

根据以上方法，在400~700℃的热处理温度下，计算得到的Ni-W-P/CeO_2-SiO_2颗粒增强金属基纳米复合材料和Ni-W-P合金材料中Ni晶粒的平均晶粒尺寸如图6.8所示。

图6.8表明，提高热处理温度，Ni晶粒的平均晶粒尺寸均有不同程度增加，Ni-W-P合金材料中Ni晶粒的平均晶粒尺寸增长幅度较大，而Ni-W-P/CeO_2-SiO_2颗粒增强金属基纳米复合材料中Ni晶粒的平均晶粒尺寸增加幅度较小。在相同热处理温度下，复合材料中Ni晶粒的平均晶粒尺寸均明显小于合金材料，说明当CeO_2和SiO_2纳米颗粒在Ni-W-P基质中均匀沉积后，在热处理过程中能够有效阻碍基质金属晶粒的长大。

6.1.3.2 不同衍射晶面晶粒尺寸的计算

在Ni-W-P/CeO_2-SiO_2颗粒增强金属基纳米复合材料中，Ni是主要组分，质量分数在70%以上。因此，根据以上计算方法，在热处理温度分别为400~

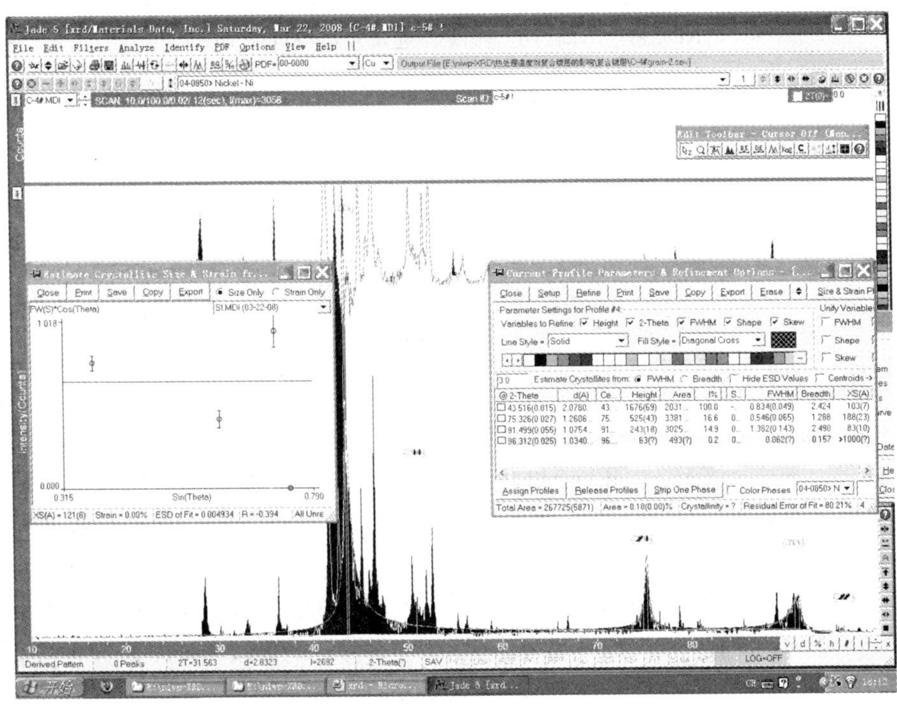

图 6.7 Ni-W-P/CeO_2-SiO_2 颗粒增强金属基纳米复合材料中 Ni 晶粒在不同衍射晶面的衍射峰拟合曲线、晶粒尺寸和平均晶粒尺寸

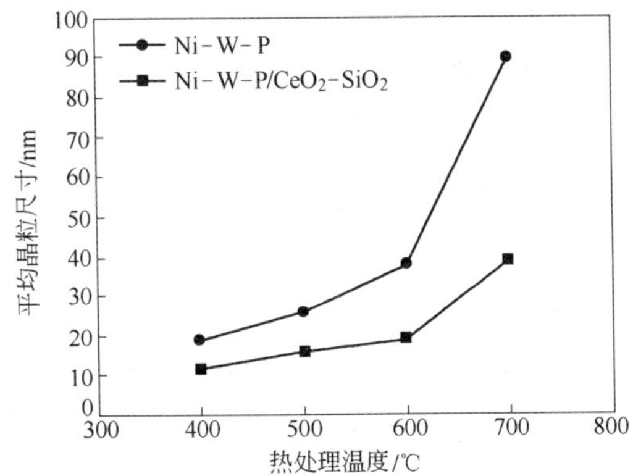

图 6.8 Ni-W-P/CeO_2-SiO_2 颗粒增强金属基纳米复合材料和 Ni-W-P 合金材料中 Ni 晶粒的平均晶粒尺寸示意图

700℃时，分别计算了 Ni 晶粒在（111）、（220）、（311）和（222）衍射晶面的晶粒尺寸，结果如表 6.1 所示。

表 6.1 Ni-W-P/CeO_2-SiO_2 颗粒增强金属基纳米复合材料中 Ni 晶粒在不同衍射晶面的晶粒尺寸（400℃ ×1h）

热处理温度/℃	晶粒尺寸/nm			
	(111)	(220)	(311)	(222)
400	10.3	18.8	8.8	*
500	15.6	19.6	12.2	18.3
600	17.0	20.1	23.7	21.1
700	72.7	23.2	52.0	43.1

*—因非晶结构存在，该值无法计算。

从表 6.1 可以看出，热处理温度从 400℃ 提高到 700℃ 期间，Ni 晶粒在（111）、（220）、（311）和（222）四个不同的衍射晶面上均有所长大。但在 400℃热处理 1h 时，在（222）晶面上的晶粒尺寸无法计算出，即晶粒尺寸大于 100nm。在该热处理条件下，计算出的结晶度为 87.5%，说明 Ni-W-P/CeO_2-SiO_2 复合材料中仍存在少量的非晶结构，对（222）晶面进行峰形拟合时的结果是非晶峰，因此通过 MDI Jade 软件已无法确定出（222）晶面的实际晶粒大小。这也表明在（222）上 Ni 原子排列不规则，结晶不好。

当热处理温度为 500℃时，Ni 晶粒在（111）和（311）方向长大得比较快；在 600℃进行热处理，Ni 晶粒在（311）晶面方向长大的较快；在 700℃进行热处理时，除（220）晶面外，晶粒在其他三个晶面即（111）晶面、（311）晶面和（222）晶面上的生长速度都比较快。因此，从生长速率的角度分析，在热处理温度从 500℃提高到 700℃时，基质金属 Ni 晶粒在（111）和（311）晶面方向的生长速率最快，而在（220）晶面方向的生长速率最慢。

6.2 界面显微结构、元素分布及界面结合方式

6.2.1 界面显微结构分析

在普通碳钢表面预镀 Ni 后，再通过双脉冲电沉积制备了 Ni-W-P/CeO_2-SiO_2 颗粒增强金属基纳米复合材料。从截面上观察，会发现形成了两个界面，即基体与预镀 Ni 间形成第一个界面，预镀 Ni 和 Ni-W-P/CeO_2-SiO_2 颗粒增强金属基纳米复合材料间形成第二个界面。

基体与预镀 Ni 层及 Ni-W-P/CeO_2-SiO_2 颗粒增强金属基纳米复合材料的界面处的显微组织如图 6.9 所示。图 6.9（a）为镀态下的界面显微组织，图 6.9（b）、（c）和（d）分别为 200℃ ×2h、400℃ ×2h 和 600℃ ×2h 下的界面显微组织。

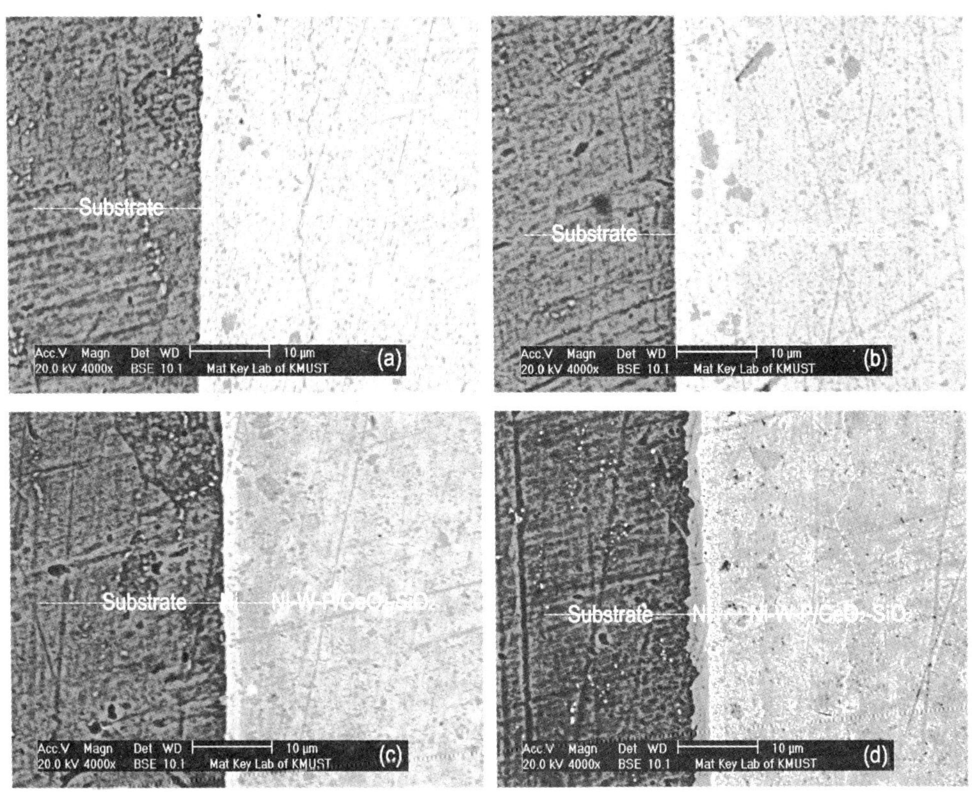

图 6.9 基体与预镀 Ni 层及 Ni-W-P/CeO_2-SiO_2 颗粒增强金属基纳米复合材料界面处的显微组织

从图 6.9 可以看出，在镀态下或热处理过程中，在界面一和界面二附近区域没有出现空洞、缝隙以及微裂纹等界面结合缺陷存在，两个界面之间的结合是紧密的，没有明显的界面层。此外，随着热处理温度的升高，两个界面之间由比较平直的结合状态逐渐转变为有部分锯齿的形状，说明热处理过程促进了界面的复合，而且界面之间的复合并不是单纯的附着关系，可能有部分的互溶现象，形成紧密牢固的冶金结合。

Kerans R J 等人[273]将界面区域分为突变型界面、化合物型界面和扩散型界面三种类型。当界面间没有化学反应和元素扩散时，形成的是突变型界面；在界面附近处理有相互反应形成化合物时，形成的是化合物界面；当界面间有一定的溶解度时，形成的是扩散界面。从界面结合强度的角度来说，突变型界面最差，化合物界面和扩散界面最好。那么，本研究内容的界面究竟属于哪种类型，只通过界面显微结构分析无法确定，需经后续观察界面元素分布情况来确定本研究的界面结合状态。

6.2.2 界面元素分布及界面结合方式

对应于图 6.9 中标注出的四个测试位置，对基体→预镀 Ni→Ni-W-P/CeO_2-SiO_2 颗粒增强金属基纳米复合材料之间形成的界面进行了元素线扫描测试，结果如图 6.10 所示。

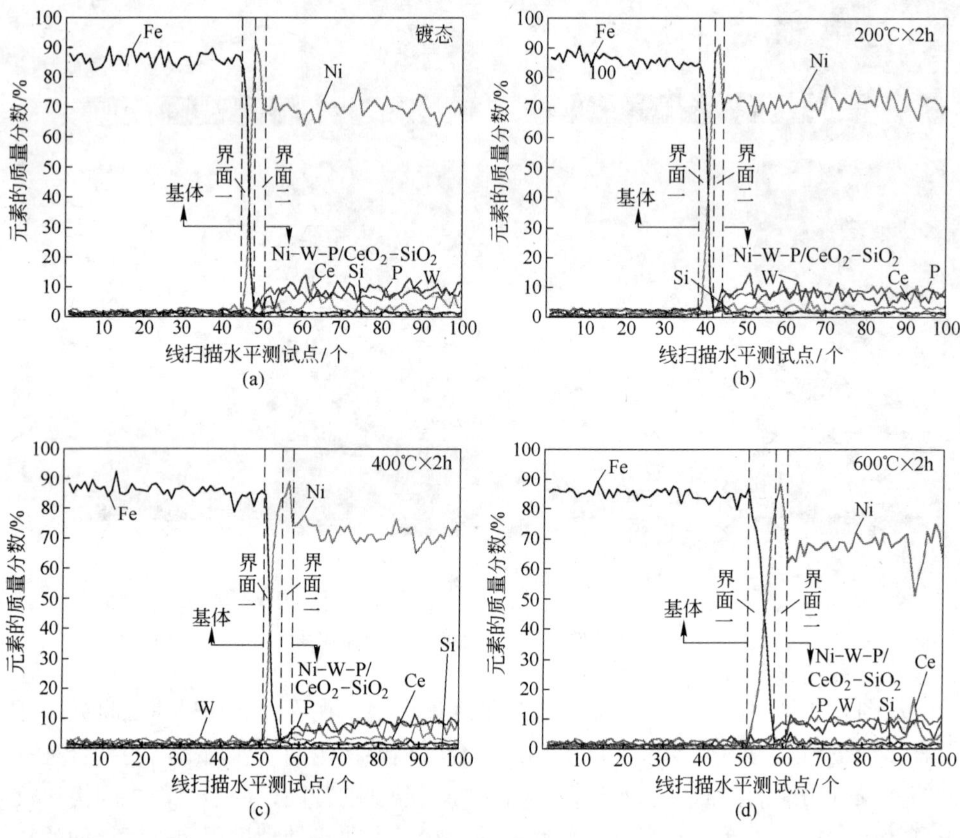

图 6.10 基体与预镀 Ni 及 Ni-W-P/CeO_2-SiO_2 颗粒增强金属基纳米复合材料界面的线扫描元素分布

根据图 6.10 的测试结果，可以得出以下结论：

（1）镀态下，在基体与预镀 Ni 层的界面附近，Fe 和 Ni 之间出现了明显元素浓度突变，Fe 含量骤然下降，Ni 含量则骤然上升；在预镀 Ni 层和复合材料的界面附近，Ni 含量逐渐下降，此时元素 W 和 P 开始出现，而且其含量有所提高。

（2）热处理温度从 200℃提高到 400℃及 600℃时，随着热处理温度的升高，在两个界面的附近，元素浓度突变明显减弱，在 Fe 和 Ni 及 Ni 和 W、P 元素之间都存在一个质量分数逐渐变化的过渡区域，且热处理温度越高，过渡区域范围也越宽。

在镀态下，基体与预镀 N 层之间没有出现空洞、缝隙及微裂纹等界面结合缺陷存在，说明通过预镀 Ni 处理，很好地消除了普通碳钢基体与预镀 Ni 之间的缝隙，在一定程度上提高了沉积层与基体的结合强度。但两者间的界面结合处却出现了明显的 Fe 和 Ni 元素浓度突变，仍不能说明金属 Ni 就能很好地按照基体的晶格外延生长。因此，在镀态下形成的金属键也可能不是非常牢固的。

热处理温度升高，Fe 和 Ni 元素间出现了一个浓度逐渐变化的过渡区域，说明基体 Fe 原子和预镀层的 Ni 原子发生了相互的扩散。从 Fe-Ni 二元合金相图看，两种元素在一定的温度（300℃）以上时就具有一定的固溶度，能够相互形成固溶体。因此，随着热处理温度的升高，Fe 原子和 Ni 原子会发生相互扩散，形成少量的置换固溶体。但 Fe 和 Ni 原子并不是发生简单的换位机制，而是 Kirkendall 效应[274]。因此，当热处理温度提高到 600℃时，在普通碳钢基体与预镀 Ni 的结合界面处形成不规则的结合状态。这种结合状态的存在能够形成扩散型界面，进而改善基体与预镀 Ni 层间的结合强度。

同样，随着热处理温度的升高，Ni-P 之间也可能形成大量的金属间化合物。形成这些化合物时，复合材料中的 P 原子一部分与 Ni 原子发生反应，晶化形成金属间化合物；还有少量的 P 原子发生扩散与预镀 Ni 中的 Ni 原子形成稳定的化合物，在预镀 Ni 与复合材料之间的界面形成部分化合物型界面。这些化合物不但能够改善界面的结合状态，同时也能够作为硬质质点进而提高界面的结合强度。

6.2.3 界面元素 K_{α} 电子分布图

对于在镀态下获得的基体→预镀 Ni→Ni-W-P/CeO_2-SiO_2 颗粒增强金属基纳米复合材料形成的界面进行了元素 K_{α} 电子分布的测试，结果如图 6.11 所示。

从图 6.11 可以看出，Ni、W、P、Ce 和 Si 等元素在 Ni-W-P/CeO_2-SiO_2 颗粒增强金属基纳米复合材料中的分布非常均匀，不存在偏析。从 Ni-P 相图可以看出，Ni 和 P 原子能够形成大量的不稳定的化合物。因此，在镀态下，P 原子可能是以 Ni-P 化合物为基的固溶体形式存在于基质金属中。这样的固溶体也能促进界面的结合，进而提高 Ni-W-P/CeO_2-SiO_2 颗粒增强金属基纳米复合材料的综合性能。

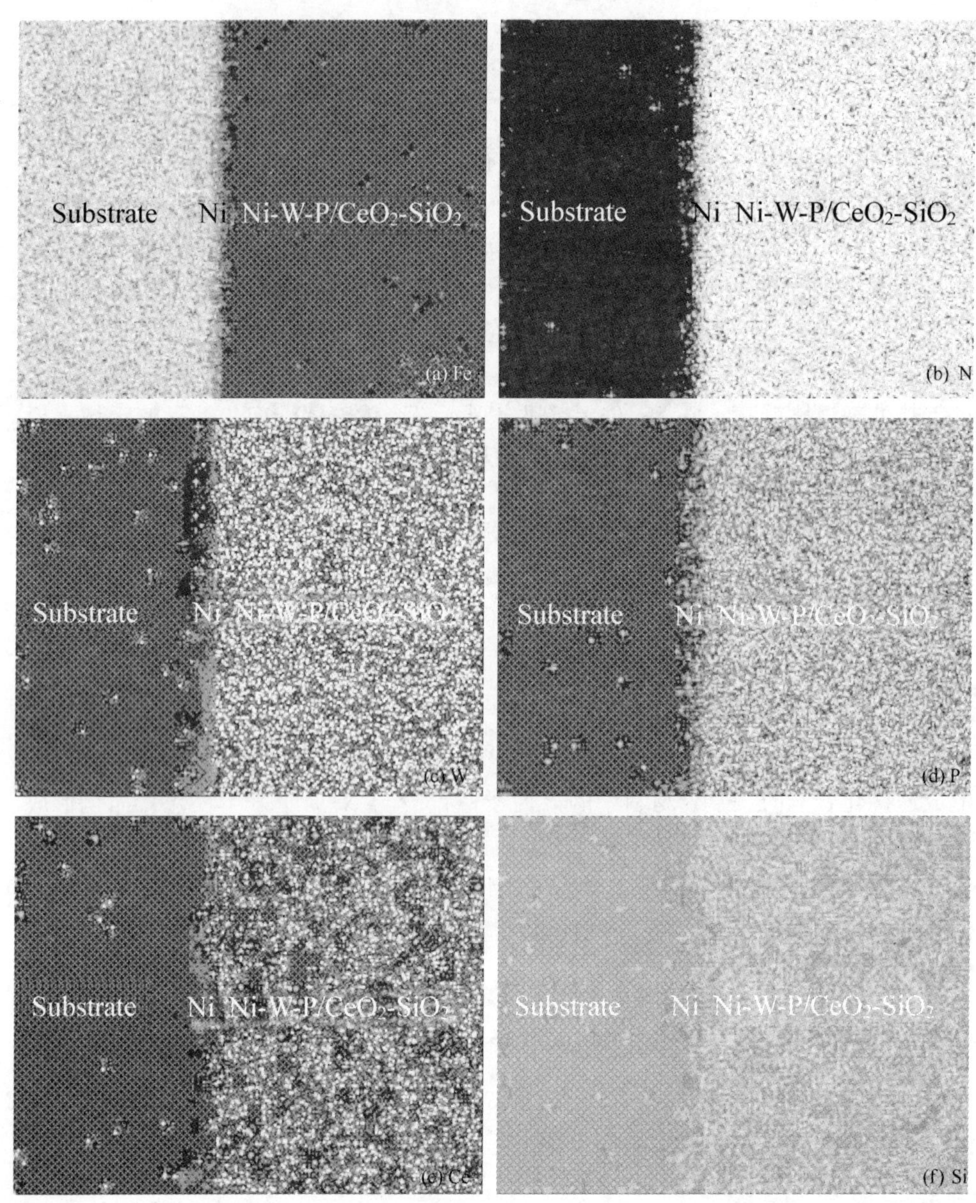

图 6.11　基体与预镀 Ni 及 Ni-W-P/CeO_2-SiO_2 颗粒增强金属基纳米复合材料截面的元素 K_α 电子分布

6.3　小结

通过对 Ni-W-P/CeO_2-SiO_2 颗粒增强金属基纳米复合材料及 Ni-W-P 合金材料的晶化过程、结晶度和晶粒度计算的研究，得出以下结论：

（1）镀态下及热处理温度低于200℃时，复合材料和合金均以非晶态为主；300℃时非晶态明显减少，为混晶结构；400℃时析出大量 Ni_3P 合金相和 Ni_2P、Ni_5P_2 亚稳相，大部分已变为晶态；500℃时亚稳相 Ni_2P 和 Ni_5P_2 消失，变为 Ni_3P，晶化过程仍在加强；晶化过程中，CeO_2 和 SiO_2 纳米颗粒的物相结构没有发生改变。

（2）热处理温度低于200℃时，提高热处理温度，结晶度有所提高，但增加幅度较小；热处理温度提高到300～400℃之间时，结晶速度增加，结晶度明显提高；复合材料和合金材料分别在700℃和500℃的热处理温度下完成。

（3）提高热处理温度，Ni晶粒在（111）、（220）、（311）和（222）四个晶面上的平均晶粒尺寸增加，合金材料中Ni的平均晶粒尺寸增长幅度较大，复合材料中Ni的平均晶粒尺寸增加幅度较小。同一热处理温度下，复合材料中Ni晶粒的平均晶粒尺寸明显小于合金材料中Ni晶粒的平均晶粒尺寸。

（4）热处理温度升高，Ni晶粒在（111）、（220）、（311）和（222）四个晶面上均有不同程度的长大。从生长速率的角度分析，热处理温度从500℃提高到700℃时，基质金属Ni晶粒在（111）和（311）晶面方向的生长速率最快，在（220）晶面方向的生长速率最慢。

通过对Ni-W-P/CeO_2-SiO_2 颗粒增强金属基纳米复合材料的界面显微结构与元素分布分析，得出以下结论：

（1）界面结合区域没有空洞、缝隙及微裂纹等界面结合缺陷存在。热处理温度促进了界面的复合，界面间有部分互熔现象，形成紧密牢固的冶金结合。

（2）镀态下，在基体与预镀Ni层的界面附近，出现元素浓度突变现象，界面结合不牢固；热处理温度提高到400℃或600℃时，界面附近的元素浓度突变明显减弱，元素浓度梯度的过渡区域出现，形成扩散型界面或化合物型界面，提高了界面结合强度。

（3）镀态下，Ni、W、P、Ce和Si等在Ni-W-P/CeO_2-SiO_2 颗粒增强金属基纳米复合材料的分布非常均匀，没有偏析。

7 金属基纳米复合材料的显微硬度及磨损性能

本章考察了脉冲电沉积法制备的 Ni-W-P/CeO_2-SiO_2 颗粒增强金属基纳米复合材料和 Ni-W-P 合金材料在不同热处理温度和时间条件下的显微硬度和磨损性能，获得了显微硬度和磨损率与热处理温度和时间的变化曲线，探讨了引起显微硬度和磨损性能变化的原因。

7.1 显微硬度分析

Ni-W-P/CeO_2-SiO_2 颗粒增强金属基纳米复合材料和 Ni-W-P 合金材料在相同热处理时间、不同热处理温度下的显微硬度比较结果如图 7.1 所示。

Ni-W-P/CeO_2-SiO_2 颗粒增强金属基纳米复合材料和 Ni-W-P 合金材料在相同热处理温度、不同热处理时间下的显微硬度的比较结果如图 7.2 所示。

Ni-W-P/CeO_2-SiO_2 颗粒增强金属基纳米复合材料和 Ni-W-P 合金材料在不同热处理温度和时间条件下的显微硬度的比较结果如图 7.3 所示。

在制备工艺条件下，通过测试得出 Ni-W-P/CeO_2-SiO_2 颗粒增强金属基纳米复合材料和 Ni-W-P 合金材料在镀态下的显微硬度分别为 706HV 和 613HV。

根据图 7.1、图 7.2 和图 7.3 的研究结果，得出以下结论：

（1）相同热处理时间和温度下，Ni-W-P/CeO_2-SiO_2 颗粒增强金属基纳米复合材料的显微硬度均高于 Ni-W-P 合金材料的显微硬度；

（2）相同热处理时间下，Ni-W-P/CeO_2-SiO_2 颗粒增强金属基纳米复合材料和 Ni-W-P 合金材料的显微硬度均随热处理温度的升高先上升后下降，在 400℃ 热处理时达到最高值；

（3）相同热处理温度下，Ni-W-P/CeO_2-SiO_2 颗粒增强金属基纳米复合材料和 Ni-W-P 合金材料的显微硬度均随热处理时间的升高而提高，在热处理时间为 3h 时达到最高值；

（4）热处理温度控制在 400℃，热处理时间控制在 3h 时，Ni-W-P/CeO_2-SiO_2 颗粒增强金属基纳米复合材料和 Ni-W-P 合金材料的显微硬度最高，分别达到 1169HV 和 1011HV。

在镀态下，Ni-W-P/CeO_2-SiO_2 颗粒增强金属基纳米复合材料和 Ni-W-P 合金材料的显微硬度均较高，而复合材料的显微硬度又明显高于相同制备工艺条件

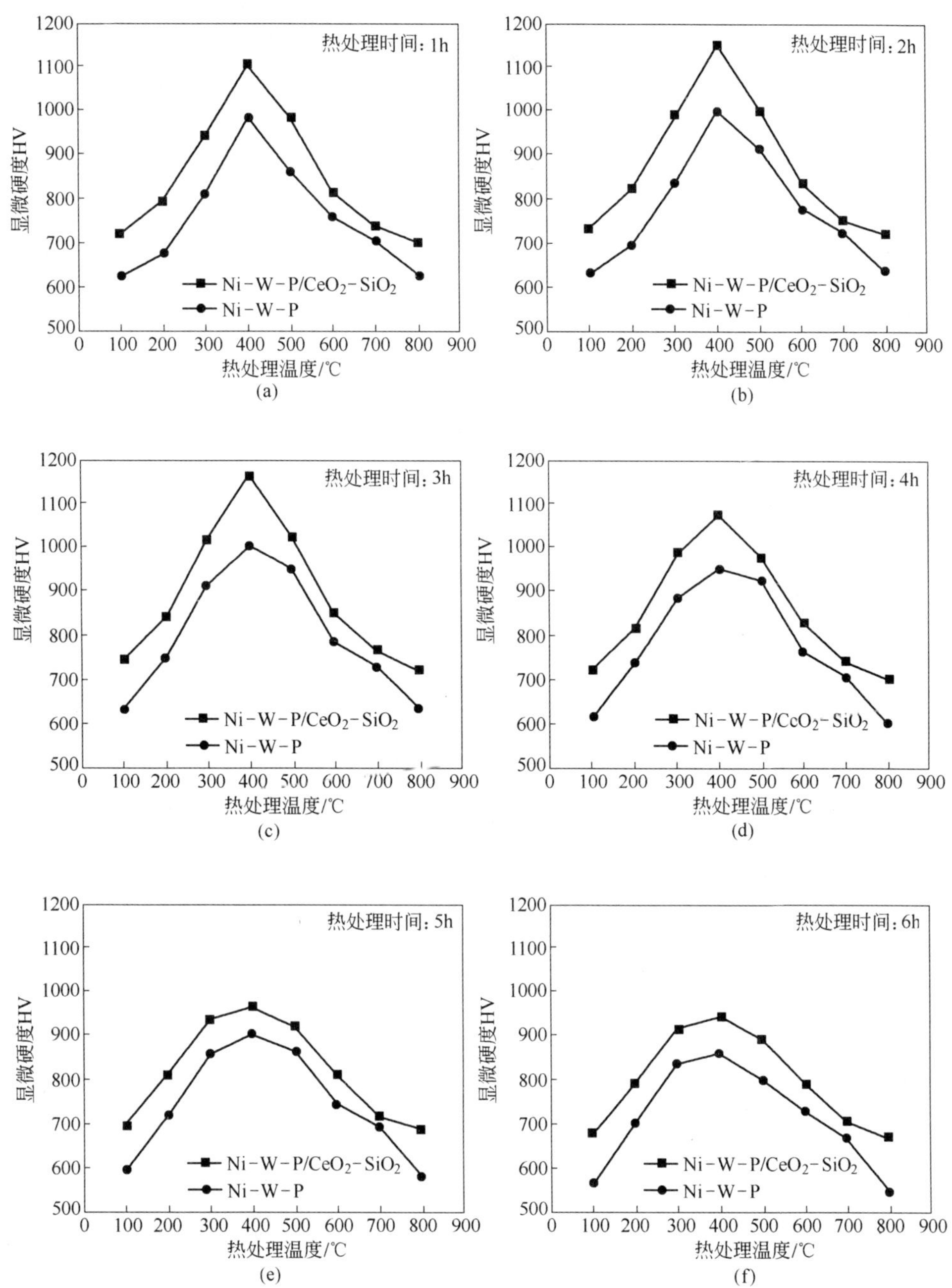

图 7.1 Ni-W-P/CeO_2-SiO_2 颗粒增强金属基纳米复合材料和 Ni-W-P 合金材料在相同热处理时间、不同热处理温度下的显微硬度

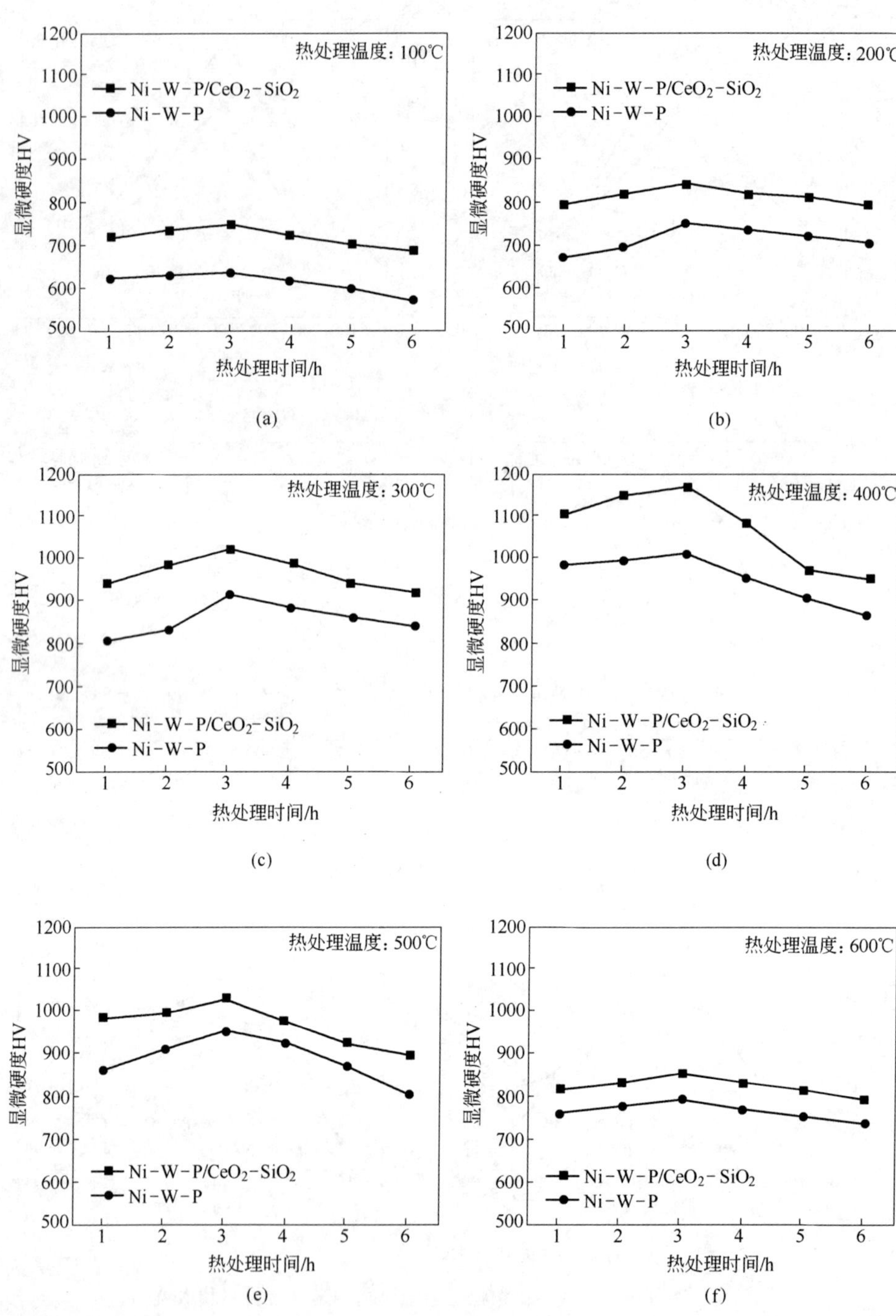
热处理温度：100℃
Ni-W-P/CeO2-SiO2
Ni-W-P
显微硬度HV
热处理时间/h
(a)
热处理温度：200℃
Ni-W-P/CeO2-SiO2
Ni-W-P
显微硬度HV
热处理时间/h
(b)
热处理温度：300℃
Ni-W-P/CeO2-SiO2
Ni-W-P
显微硬度HV
热处理时间/h
(c)
热处理温度：400℃
Ni-W-P/CeO2-SiO2
Ni-W-P
显微硬度HV
热处理时间/h
(d)
热处理温度：500℃
Ni-W-P/CeO2-SiO2
Ni-W-P
显微硬度HV
热处理时间/h
(e)
热处理温度：600℃
Ni-W-P/CeO2-SiO2
Ni-W-P
显微硬度HV
热处理时间/h
(f)

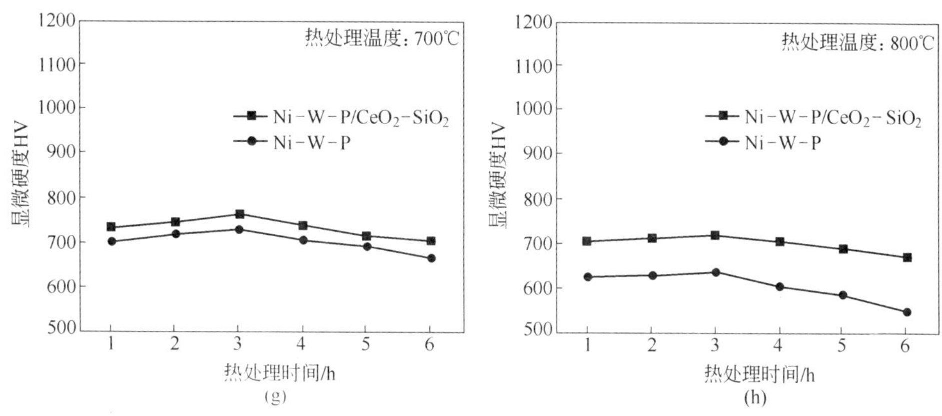

图 7.2 Ni-W-P/CeO_2-SiO_2 颗粒增强金属基纳米复合材料和 Ni-W-P 合金材料在相同热处理温度、不同热处理时间下的显微硬度

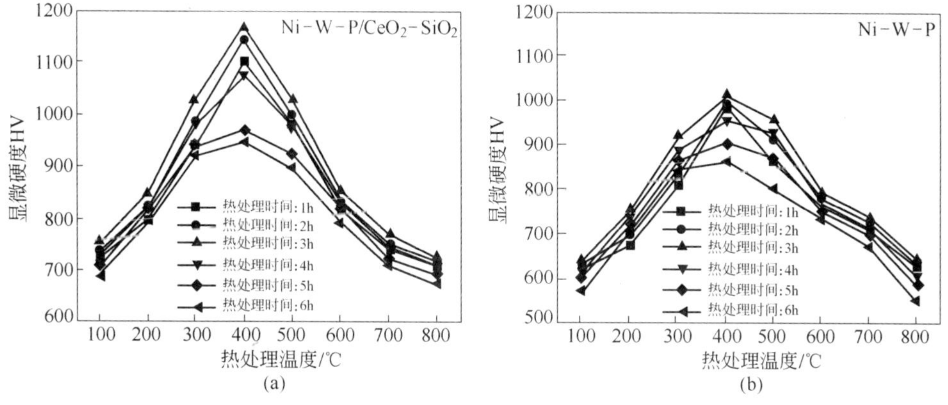

图 7.3 Ni-W-P/CeO_2-SiO_2 颗粒增强金属基纳米复合材料和 Ni-W-P 合金材料在不同热处理温度和时间条件下的显微硬度

下的合金材料的显微硬度。分析其原因，主要体现在：

（1）脉冲电流能有效提高电沉积过程的阴极极化。阴极极化值越大，所需的形核功越小，形核几率就越大，而晶核的生长相对地受到限制，使沉积出的非晶小颗粒尺寸减小。同时，脉冲间隔的存在打断了晶体生长过程，改变了晶体生长方向，也使非晶小颗粒不易长大[275,276]，非晶小颗粒细化效果明显，引起显微硬度提高。

（2）与合金材料相比，CeO_2 和 SiO_2 纳米颗粒的共沉积也会增加形核点，较好地阻止基质金属颗粒的长大，进一步细化非晶小颗粒，引起显微硬度提高。

（3）纳米颗粒均匀弥散分布在基质金属中，也能够提高显微硬度。根据奥罗万（Orowan）机制[277]，当移动着的位错与不可变形的颗粒相遇时，将受到颗粒阻挡，位错只能通过第二相粒子的方式绕过。位错在绕过第二相质点后留下位错环，绕过的位错越多，质点周围的位错环越多，相当于质点间距减小，半径增大，位错难以通过，强化作用增强。这种颗粒的强化作用与颗粒间距呈反比关系。随着材料中固体颗粒质量百分含量的增高，颗粒间的间距变小，强化作用增大，引起显微硬度提高。

Ni-W-P/CeO_2-SiO_2 颗粒增强金属基纳米复合材料和 Ni-W-P 合金材料的显微硬度，均会随着热处理温度的升高或热处理时间的延长而先增加后降低，主要与复合材料和合金材料在热处理过程中发生的组织结构变化有着密切的关系，具体体现在：

（1）热处理温度低于 200℃时或热处理时间低于 2h 时，Ni-W-P/CeO_2-SiO_2 颗粒增强金属基纳米复合材料和 Ni-W-P 合金材料的显微硬度增加幅度较小。主要是因为热处理温度较低或热处理时间较短时，两种材料的组织结构并未发生明显变化，非晶态仍然是物相的主要组分，其晶体结构并未发生明显变化，故显微硬度变化不大。

（2）热处理温度提高到 400℃以及热处理时间为 3h 时，Ni-W-P/CeO_2-SiO_2 颗粒增强金属基纳米复合材料和 Ni-W-P 合金材料的显微硬度急剧增加。主要是因为在该处理条件下，两种材料的晶格畸变加重，从非晶态中析出了大量细小的 Ni_3P 合金相，已变成了镍的过饱和固溶体。而 Ni_3P 是一种金属间化合物，具有很高的硬度，它的存在产生了沉淀硬化效应，使两种材料的显微硬度达到了最大值。

（3）当热处理温度从 400℃提高到 800℃时或热处理时间从 3h 延长到 6h 时，两种材料的显微硬度又开始降低。主要原因为：

1）热处理温度或热处理时间进一步增加后，虽然析出的 Ni_3P 粒子数量仍在增多，但引起 Ni 固溶体颗粒长大。非晶小颗粒的长大和回复效应占优势，内应力降低，Ni_3P 金属化合物对硬度贡献较小，不足以继续提高显微硬度值；

2）热处理温度高于 400℃时，复合材料结晶度已超过 87.5%。通过对晶粒尺寸计算表明：热处理温度升高，基质金属 Ni 的平均晶粒尺寸增加。金属或合金的显微硬度和晶粒尺寸一般满足霍尔-佩奇（Hall-Petch）公式[278]，即：

$$H = H_0 + kd^{-1/2} \tag{7.1}$$

式中，H 为显微硬度的测量值、本征值及与材料有关的参数；H_0 为显微硬度本征值；k 为与材料有关的参数；d 为晶粒平均直径。

从式 7-1 可以看出，显微硬度与晶粒的平均直径成反比例关系。热处理温度升高后，导致纳米复合材料中 Ni 晶粒的平均尺寸增加，也会引起显微硬度的降低。

7.2 磨损性能分析

当热处理时间控制在2h时，热处理温度对脉冲电沉积法制备的Ni-W-P/CeO_2-SiO_2颗粒增强金属基纳米复合材料和Ni-W-P合金材料以及与直流电沉积法制备的Ni-W-P/CeO_2-SiC和Ni-W-P/CeO_2-SiC-PTFE颗粒增强金属基复合材料磨损率的影响如图7.4所示。当热处理温度控制在400℃时，热处理时间对以上四种复合材料磨损率的影响如图7.5所示。

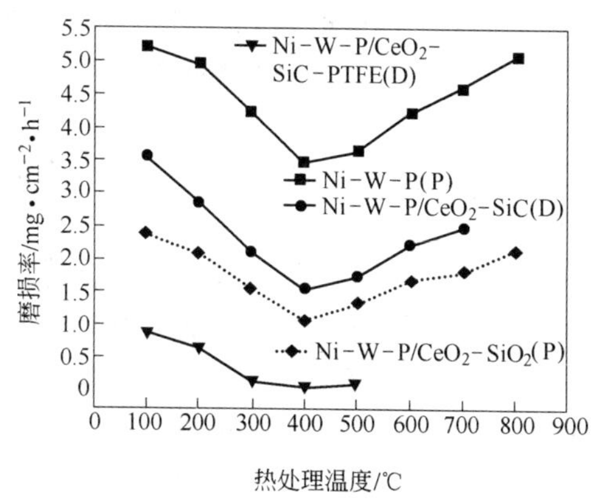

图7.4 热处理温度对复合材料及合金磨损率的影响

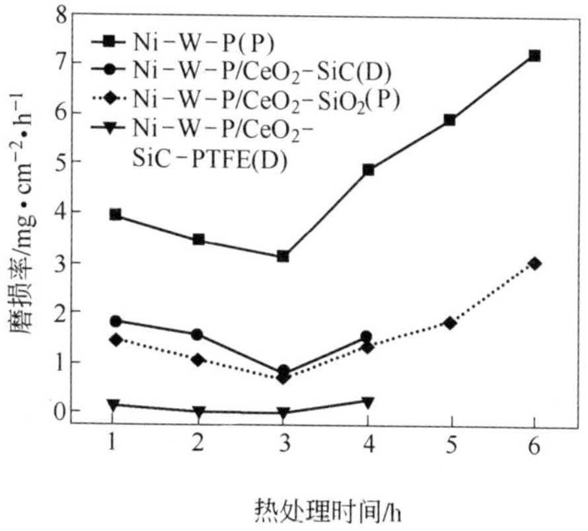

图7.5 热处理时间对复合材料及合金磨损率的影响

镀态下，脉冲电沉积制备的Ni-W-P/CeO_2-SiO_2颗粒增强金属基纳米复合材料和Ni-W-P合金材料的磨损率分别为2.89mg/(cm^2·h)和5.68mg/(cm^2·h)。根据图7.4和图7.5的测试结果，可以得出以下结论：

（1）热处理时间控制在2h时，脉冲电沉积法制备的Ni-W-P/CeO_2-SiO_2颗粒增强金属基纳米复合材料和Ni-W-P合金材料的磨损率均随热处理温度的增加先降低后增加，在热处理温度为400℃时，磨损率达到最低值，分别为1.06mg/(cm^2·h)和3.47mg/(cm^2·h)；

（2）热处理温度控制在400℃时，脉冲电沉积法制备的Ni-W-P/CeO_2-SiO_2颗粒增强金属基纳米复合材料和Ni-W-P合金材料的磨损率均随热处理时间的增加先降低后增加，在热处理时间为3h时，磨损率达到最低值，分别为0.69mg/(cm^2·h)和3.18mg/(cm^2·h)；

（3）热处理温度和时间相同时，脉冲电沉积制备的Ni-W-P/CeO_2-SiO_2颗粒增强金属基纳米复合材料的磨损率明显低于Ni-W-P合金材料，也低于直流电沉积制备的Ni-W-P/CeO_2-SiC颗粒增强金属基复合材料，但高于直流电沉积制备的

Ni-W-P/CeO_2-SiC-PTFE 颗粒增强金属基复合材料；

（4）Ni-W-P/CeO_2-SiO_2 颗粒增强金属基纳米复合材料和 Ni-W-P 合金材料经过适当的热处理后，其磨损率显著降低，耐磨损性能明显提高。

分析以上原因，同样可以从热处理过程引起复合材料或合金材料组织结构的变化进行解释，具体表现为：

（1）热处理温度或热处理时间较短时，适当增加热处理温度或延长热处理时间，P 原子扩散和迁移速度加快，引起晶格畸变，弹性能与位错交互作用，位错运动阻力增加，使磨损体积减小，磨损率减少；

（2）热处理温度和热处理时间分别提高到 400℃和 3h 时，固溶体脱溶分解，在结构中析出了较多的 Ni_3P 硬质合金相，且均匀弥散分布在 Ni-W-P 基质金属中，增加了基质金属的塑变抗力，使得纳米复合材料或复合材料得以强化，耐磨性最好；

（3）热处理温度和热处理时间分别超过 400℃和 3h 以后，Ni_3P 又开始聚集粗化，晶粒长大，畸变消失，材料软化，磨损量上升；

（4）与脉冲电沉积制备的 Ni-W-P/CeO_2-SiO_2 颗粒增强金属基纳米复合材料相比，直流电沉积制备的 Ni-W-P/CeO_2-SiC-PTFE 颗粒增强金属基复合材料虽然基质金属颗粒较大，致密性也不高，但磨损率却较低。原因是在 Ni-W-P 基质金属中嵌入了 PTFE 固体润滑剂，在一定负荷下会发生变形，能够对复合材料起到紧密的结合和支撑作用，减少了复合材料的摩擦系数，明显降低了磨损率。

7.3　小结

通过对不同热处理温度和热处理时间条件下的显微硬度研究，得出以下结论：

（1）在相同的热处理时间和温度条件下，Ni-W-P/CeO_2-SiO_2 颗粒增强金属基纳米复合材料的显微硬度均高于 Ni-W-P 合金材料的显微硬度；

（2）Ni-W-P/CeO_2-SiO_2 颗粒增强金属基纳米复合材料和 Ni-W-P 合金材料显微硬度均随热处理温度或热处理时间的增加先上升后下降，在 400℃下热处理 3h 时，显微硬度最高，分别达到 1169HV 和 1011HV。

通过对不同热处理温度和热处理时间条件下的磨损率研究，得出以下结论：

（1）脉冲电沉积制备的 Ni-W-P/CeO_2-SiO_2 颗粒增强金属基纳米复合材料和 Ni-W-P 合金材料的磨损率均随热处理温度或热处理时间的增加先降低后增加，在 400℃时 3h 时，磨损率最低，分别为 3.18mg/(cm^2·h)和 0.69m g/(cm^2·h)；

（2）热处理温度和时间相同时，脉冲电沉积制备的 Ni-W-P/CeO_2-SiO_2 颗粒增强金属基纳米复合材料的磨损率明显低于 Ni-W-P 合金材料，也低于直流电沉积制备的 Ni-W-P/CeO_2-SiC 颗粒增强金属基复合材料，但高于直流电沉积制备的 Ni-W-P/CeO_2-SiC-PTFE 颗粒增强金属基复合材料。

8 金属基纳米复合材料高温氧化和化学腐蚀行为及机理

本章考察了脉冲电沉积法制备的纯 Ni、Ni-P、Ni-W-P 合金材料以及 Ni-W-P/CeO_2、Ni-W-P/SiO_2、Ni-W-P/CeO_2-SiO_2 颗粒增强金属基纳米复合材料高温氧化过程的动力学特征，通过非线性回归和线性回归，分别获得了氧化增重率与氧化温度和氧化时间之间的氧化动力学方程，对氧化后的表面形貌特征和氧化机理进行了分析；考察了 Ni-W-P/CeO_2-SiO_2、Ni-W-P/CeO_2、Ni-W-P/SiO_2 颗粒增强金属基纳米复合材料和 Ni-W-P 合金材料在 HCl 和 NaCl 腐蚀介质中的化学腐蚀行为，分别获得了腐蚀速率与腐蚀时间之间的腐蚀规律曲线，对腐蚀后的形貌特征和腐蚀机理进行了探讨。

8.1 氧化过程的动力学特征

8.1.1 氧化增重率与氧化温度的动力学特征曲线

纯 Ni、Ni-P、Ni-W-P 合金材料及 Ni-W-P/CeO_2、Ni-W-P/SiO_2 和 Ni-W-P/CeO_2-SiO_2 颗粒增强金属基纳米复合材料在氧化时间为 2h 时，氧化增重率与氧化温度之间的氧化动力学特征曲线如图 8.1 所示。

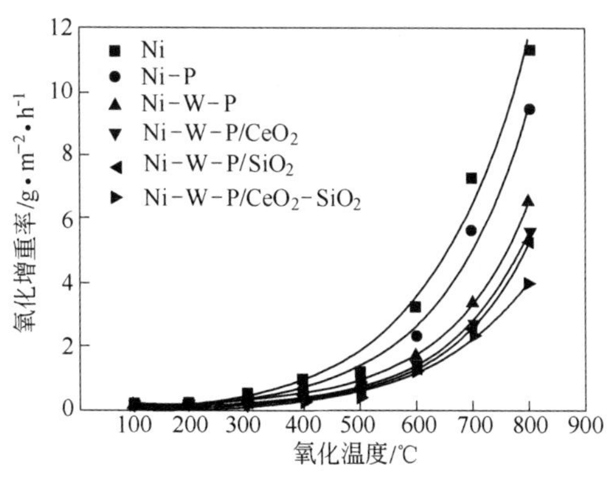

图 8.1 氧化增重率与氧化温度之间的氧化动力学特征曲线

从图 8.1 可以看出，六种材料的氧化增重率均随氧化温度的升高而增加，当氧化温度低于 400℃时，氧化增重率变化不大；但当氧化温度高于 400℃以后，氧化增重率的增加幅度则较为明显。在同一氧化温度下，纯 Ni 材料的氧化动力学曲线位置最高，Ni-W-P/CeO_2-SiO_2 颗粒增强金属基纳米复合材料的氧化动力学曲线位置最低，氧化动力学曲线从高到低依次表现为：Ni→Ni-P→Ni-W-P→Ni-W-P/CeO_2→Ni-W-P/SiO_2→Ni-W-P/CeO_2-SiO_2。以上规律说明：升高氧化温度，六种材料的氧化程度都有不同程度的增加，Ni 和 Ni-P 合金两种材料的氧化程度最大，Ni-W-P/CeO_2-SiO_2 颗粒增强金属基纳米复合材料的氧化程度最小，表明其抗高温氧化性最好。

根据氧化动力学曲线形态，以 $\Delta w = A + Be^{T/C}$（Δw 为氧化增重率，T 为氧化温度，A、B、C 为常数）为数学模型，对氧化增重率与氧化温度之间的氧化动力学特征曲线进行了非线性拟合，得到了以上六种材料的氧化动力学方程及回归系数 R 如表 8.1 所示。

表 8.1 氧化增重率与氧化温度之间的氧化动力学方程及回归系数

材料类型	氧化动力学方程，$\Delta w = A + Be^{T/C}$	回归系数 R	氧化温度范围/℃
Ni	$\Delta w_1 = -0.17854 + 0.11639e^{T/173.23989}$	0.98567	$100 \leqslant T \leqslant 800$
Ni-P	$\Delta w_2 = 0.02702 + 0.05607e^{T/155.65952}$	0.99127	$100 \leqslant T \leqslant 800$
Ni-W-P	$\Delta w_3 = 0.15694 + 0.02573e^{T/144.94201}$	0.99808	$100 \leqslant T \leqslant 800$
Ni-W-P/CeO_2	$\Delta w_4 = 0.09641 + 0.01922e^{T/141.40207}$	0.99797	$100 \leqslant T \leqslant 800$
Ni-W-P/SiO_2	$\Delta w_5 = 0.05415 + 0.01884e^{T/142.21058}$	0.99788	$100 \leqslant T \leqslant 800$
Ni-W-P/CeO_2-SiO_2	$\Delta w_6 = -0.04876 + 0.03398e^{T/166.27753}$	0.99350	$100 \leqslant T \leqslant 800$

从表中六个氧化动力学方程可以看出，均近似地符合 $\Delta w = A + Be^{T/C}$ 的规律，说明以上六种材料在高温氧化过程中，氧化增重率与氧化温度之间存在一定的指数关系，即随着氧化温度的不断升高，氧化增重率按指数增长的方式逐渐递增。

8.1.2 氧化增重率与氧化时间的动力学特征曲线

纯 Ni、Ni-P、Ni-W-P 合金材料以及 Ni-W-P/CeO_2、Ni-W-P/SiO_2 和 Ni-W-P/CeO_2-SiO_2 颗粒增强金属基纳米复合材料在氧化温度为 300℃时，氧化增重率与氧化时间之间的氧化动力学特征曲线如图 8.2 所示。

从图 8.2 可以看出，六种材料的氧化增重率均随氧化时间的延长而直线增加，纯 Ni 材料的氧化动力学曲线位置最高，Ni-W-P/CeO_2-SiO_2 颗粒增强金属基纳米复合材料的氧化动力学曲线位置最低。

根据氧化动力学曲线形态，以 $\Delta w = A + Bt$（Δw 为氧化增重率，t 为氧化

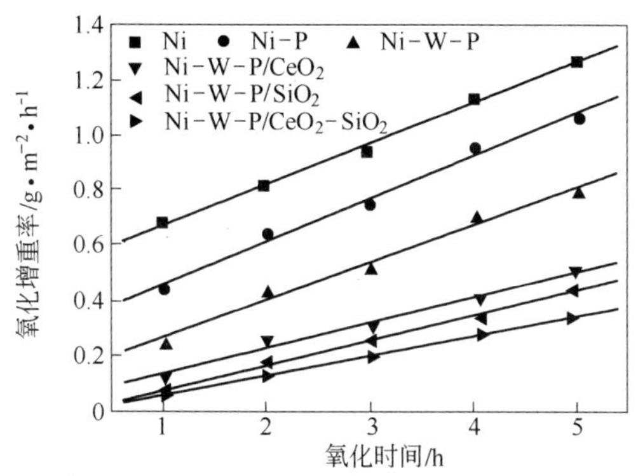

图 8.2 氧化增重率与氧化时间的恒温氧化动力学特征曲线（300℃）

时间，*h*，*A*、*B* 为常数）为数学模型，对氧化增重率与氧化时间之间的氧化动力学特征曲线进行了线性拟合，得到以上六种材料氧化动力学方程及回归系数 *R* 如表 8.2 所示。

表 8.2 氧化增重率与氧化时间之间的氧化动力学方程及回归系数

材料类型	氧化动力学方程，$\Delta w = A + Bt$	回归系数 *R*	氧化时间范围/h
Ni	$\Delta w_1 = 0.52541 + 0.14679t$	0.99703	$1 \leqslant t \leqslant 5$
Ni-P	$\Delta w_2 = 0.30202 + 0.15472t$	0.99646	$1 \leqslant t \leqslant 5$
Ni-W-P	$\Delta w_3 = 0.13507 + 0.13359t$	0.99512	$1 \leqslant t \leqslant 5$
Ni-W-P/CeO_2	$\Delta w_4 = 0.04355 + 0.09217t$	0.99488	$1 \leqslant t \leqslant 5$
Ni-W-P/SiO_2	$\Delta w_5 = -0.01615 + 0.09007t$	0.99678	$1 \leqslant t \leqslant 5$
Ni-W-P/CeO_2-SiO_2	$\Delta w_6 = -0.01084 + 0.07004t$	0.99818	$1 \leqslant t \leqslant 5$

从表中六个氧化动力学方程可以看出，均近似符合直线 $y = A + Bt$ 的规律，说明六种材料在高温氧化过程中，氧化增重率与氧化时间之间存在一定的线性关系，即随着氧化时间的不断延长，氧化增重率按直线递增的方式逐渐增加。

8.1.3 氧化形貌特征分析

在不同的氧化温度下，Ni-W-P/CeO_2-SiO_2 颗粒增强金属基纳米复合材料的表面形貌如图 8.3 所示，Ni-W-P 合金材料的表面形貌特征如图 8.4 所示。

图 8.3 和图 8.4 表明，随着氧化温度的升高，氧化程度在加剧，Ni-W-P/CeO_2-SiO_2 颗粒增强金属基纳米复合材料和 Ni-W-P 合金材料的基质金属颗粒均

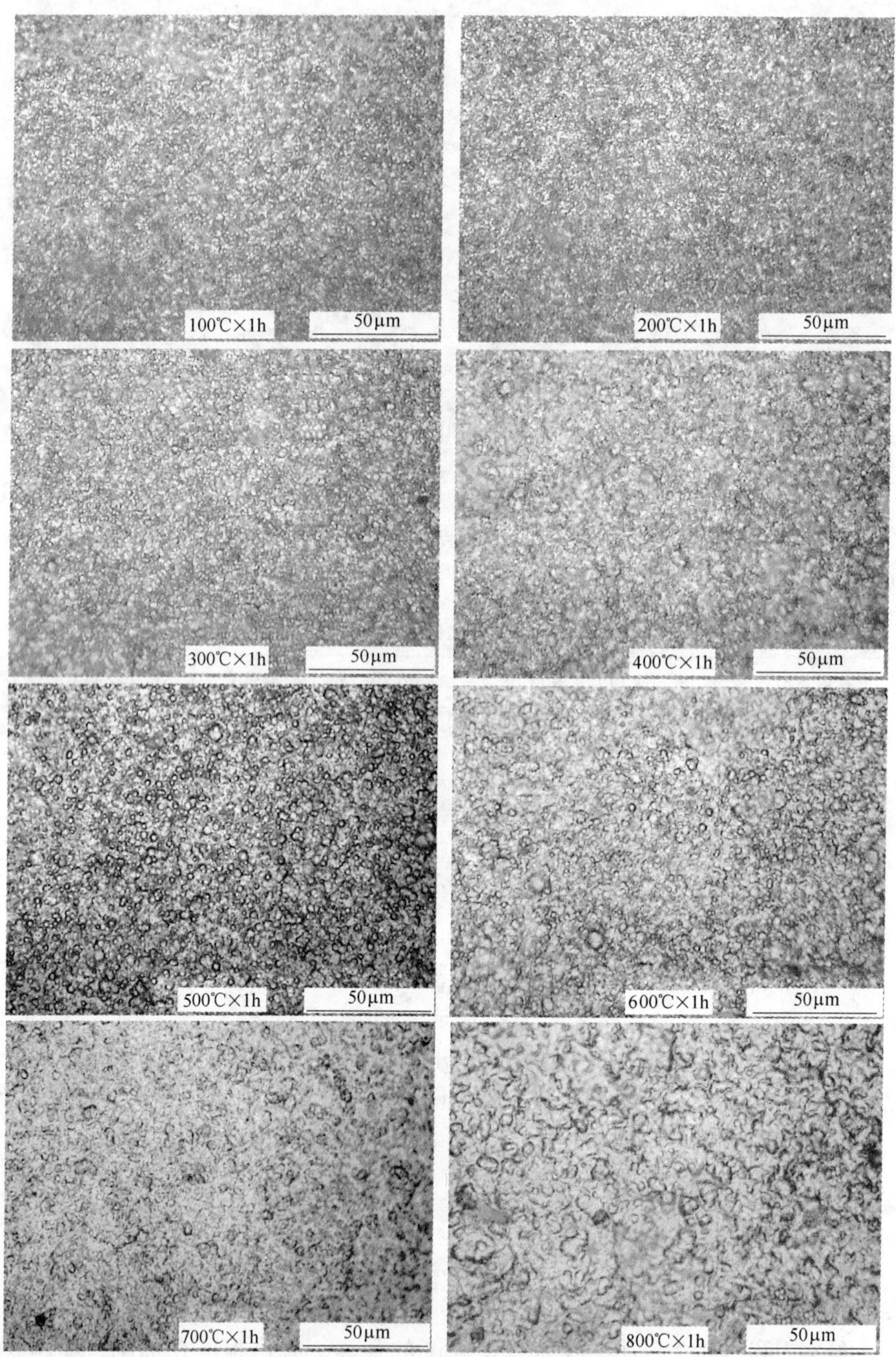

图 8.3　Ni-W-P/CeO_2-SiO_2 颗粒增强金属基纳米复合材料在不同氧化温度下的表面形貌

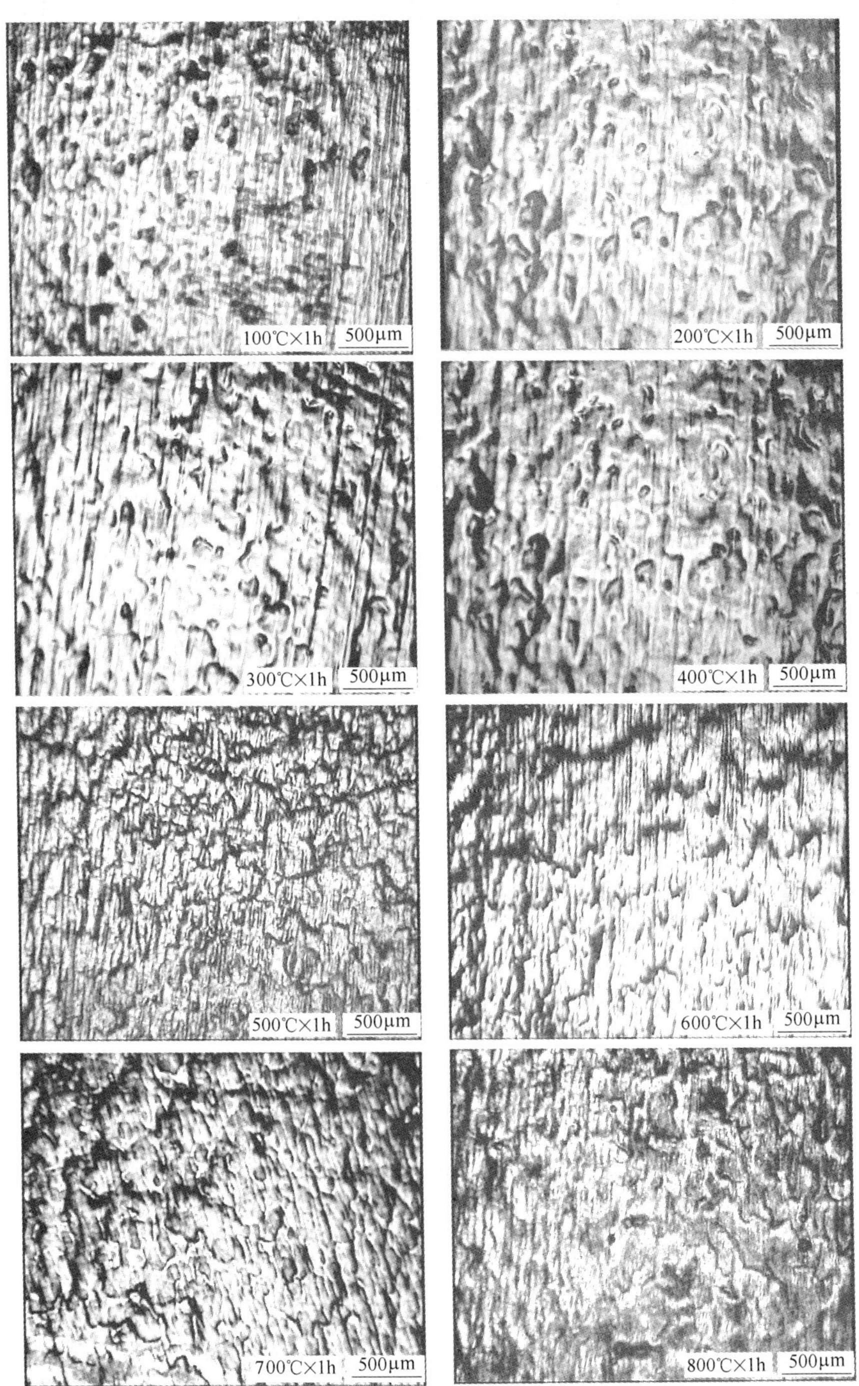

图 8.4 Ni-W-P 合金材料在不同氧化温度下的表面形貌

呈现出长大趋势，表面平整度下降。氧化温度低于400℃时，复合材料基质金属非晶小颗粒长大不明显；氧化温度提高到800℃时，两种材料的基质金属小颗粒均有明显长大，但复合材料表面的氧化膜比较完整、连续和致密，没有产生明显的裂纹，也没有与基体剥离而脱落。而合金材料在高温氧化时表面大量的氧化膜已变得疏松，连续性和致密性均较差，生成的氧化物颗粒也较大，有一部分已变为柱状体，甚至产生了微裂纹和针孔。

8.1.4 氧化机理探讨

根据以上分析表明，Ni-W-P/CeO_2-SiO_2 颗粒增强金属基纳米复合材料的抗高温氧化性能要明显好于 Ni-W-P 合金材料。分析其原因，主要体现在：

Ni-W-P 合金材料中的 P 原子是固溶于 Ni 的晶体中，镀态下形成的是 Ni 的过饱和固溶体。氧化温度升高，原子扩散在加剧，Ni-P 之间会析出大量化合物。这些化合物一部分弥散分布在材料内部，也有一部分会偏聚在局部区域。在局部区域偏聚的这部分化合物导致合金材料内部的 Ni 晶粒长大速度加快、氧化严重，同时，在组织结构内部也会产生大量的缺陷，进一步加剧了合金材料的氧化。

CeO_2 和 SiO_2 纳米颗粒的脉冲共沉积，为脉冲电沉积过程提供了大量的形核点，在一定程度上很好地抑制了已形成的非晶小颗粒的连续长大。因此，Ni-W-P/CeO_2-SiO_2 颗粒增强金属基纳米复合材料的组织结构更为致密连续，有效阻止了氧化过程从膜层表面向膜层内部进行氧化。当 CeO_2 和 SiO_2 纳米颗粒嵌入到 Ni、W、P 原子束或非晶小颗粒之间后，一部分均匀分布在晶界缺陷处，另一部分被 Ni-W-P 基质金属包覆。在氧化过程中，嵌入到基质金属中的固体颗粒能起到钉扎作用，有效抑制 Ni 晶粒的长大和化合物的偏聚，同时会产生连锁反应，促使析出的 NiP 化合物也将发挥出类似于 CeO_2 和 SiO_2 纳米固体颗粒的作用。此外，CeO_2 和 SiO_2 纳米颗粒热稳定性高，800℃以下时不会发生结构和形状上的改变，还能起到机械屏蔽作用，降低复合材料的高温氧化速度，缓解氧化过程。

8.2 腐蚀过程的动力学特征研究

8.2.1 腐蚀速率分析

8.2.1.1 不同浓度 NaCl 腐蚀介质中的腐蚀速率

Ni-W-P/CeO_2-SiO_2、Ni-W-P/SiO_2、Ni-W-P/CeO_2 颗粒增强金属基纳米复合材料及 Ni-W-P 合金材料在不同浓度 NaCl 腐蚀介质中、不同腐蚀时间下的腐蚀速率如图 8.5 所示，在同一浓度 NaCl 腐蚀介质中、不同腐蚀时间下的腐蚀速率如图 8.6 所示。

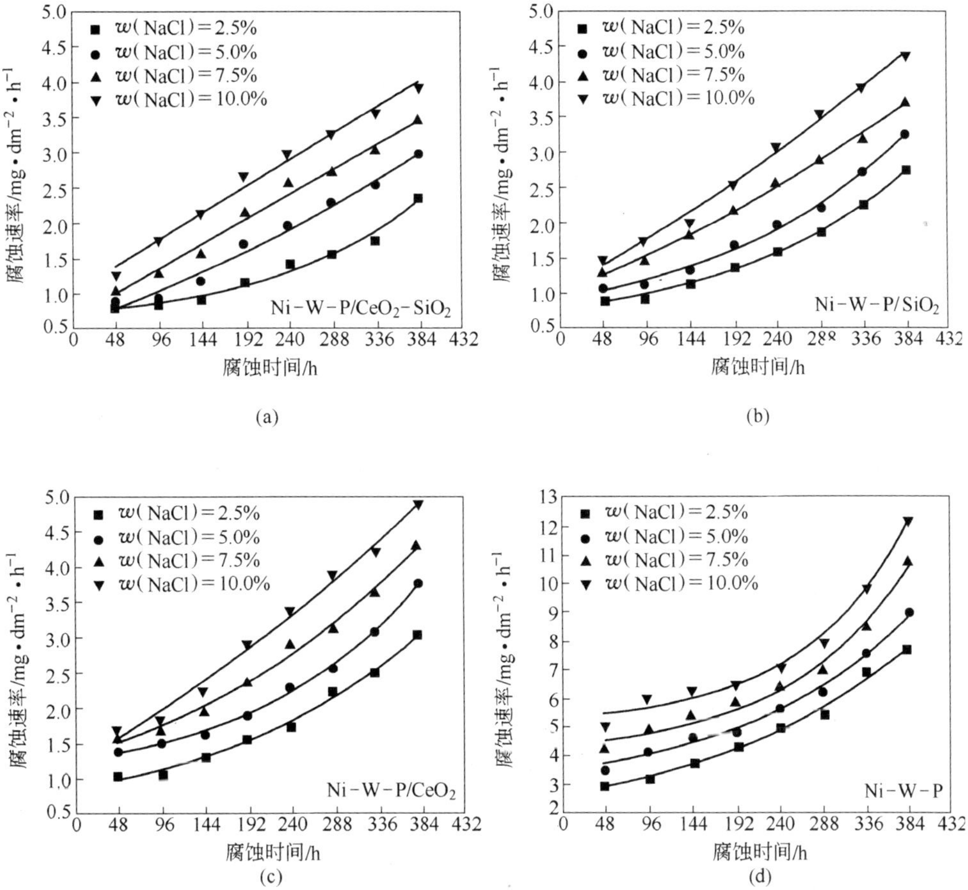

(a)

(b)

(c)

(d)

图 8.5 复合材料及合金材料在不同浓度 NaCl 腐蚀介质中的腐蚀速率比较

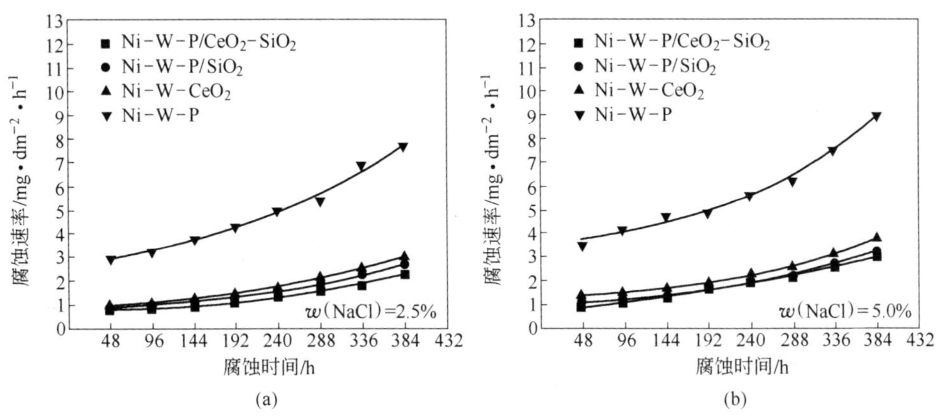

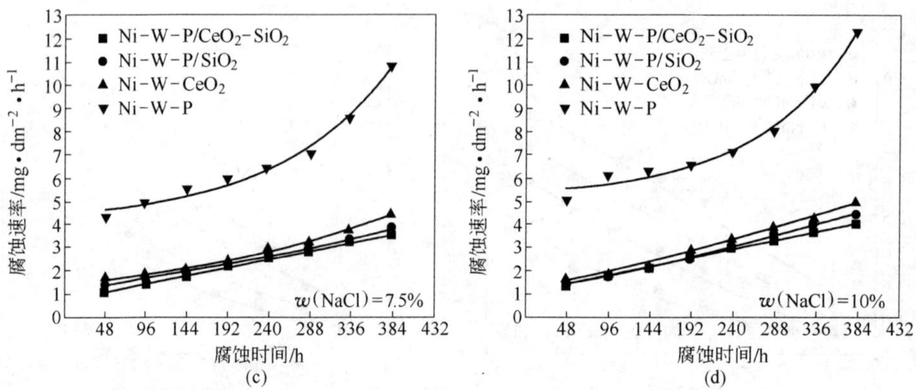

图 8.6 复合材料及合金材料在同一浓度 NaCl 腐蚀介质的腐蚀速率比较

8.2.1.2 不同浓度 HCl 腐蚀介质中的腐蚀速率

Ni-W-P/CeO_2-SiO_2、Ni-W-P/SiO_2、Ni-W-P/CeO_2 颗粒增强金属基纳米复合材料和 Ni-W-P 合金材料在不同浓度 HCl 腐蚀介质中、不同腐蚀时间下的腐蚀速率如图 8.7 所示，在同一浓度 HCl 腐蚀介质中、不同腐蚀时间下的腐蚀速率如图 8.8 所示。

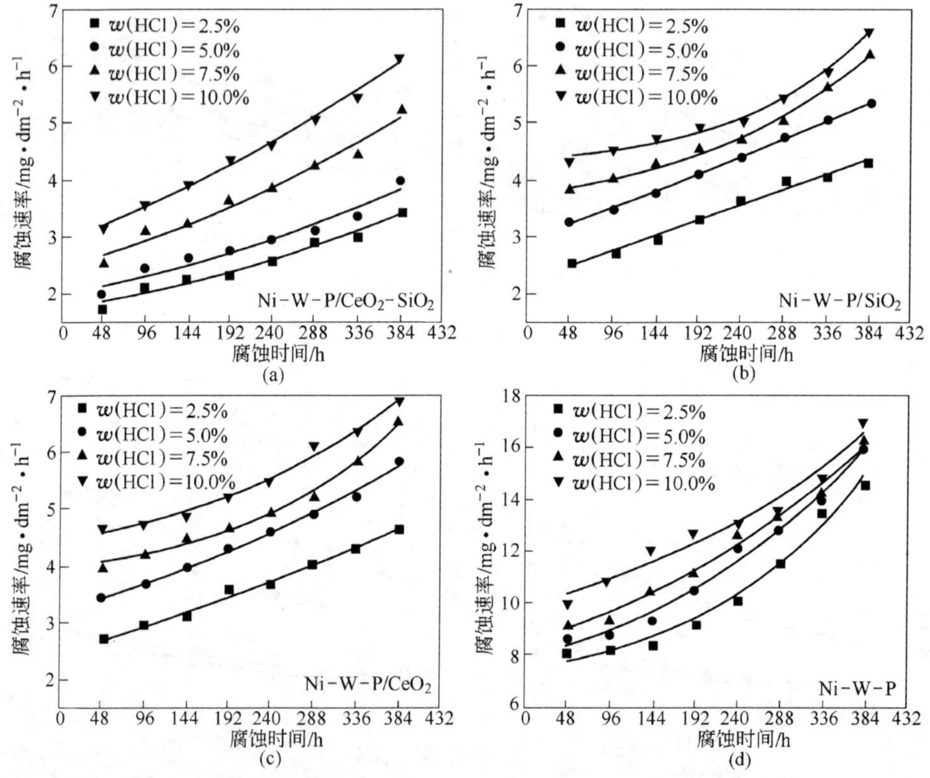

图 8.7 复合材料及合金材料在不同浓度 HCl 腐蚀介质中的腐蚀速率比较

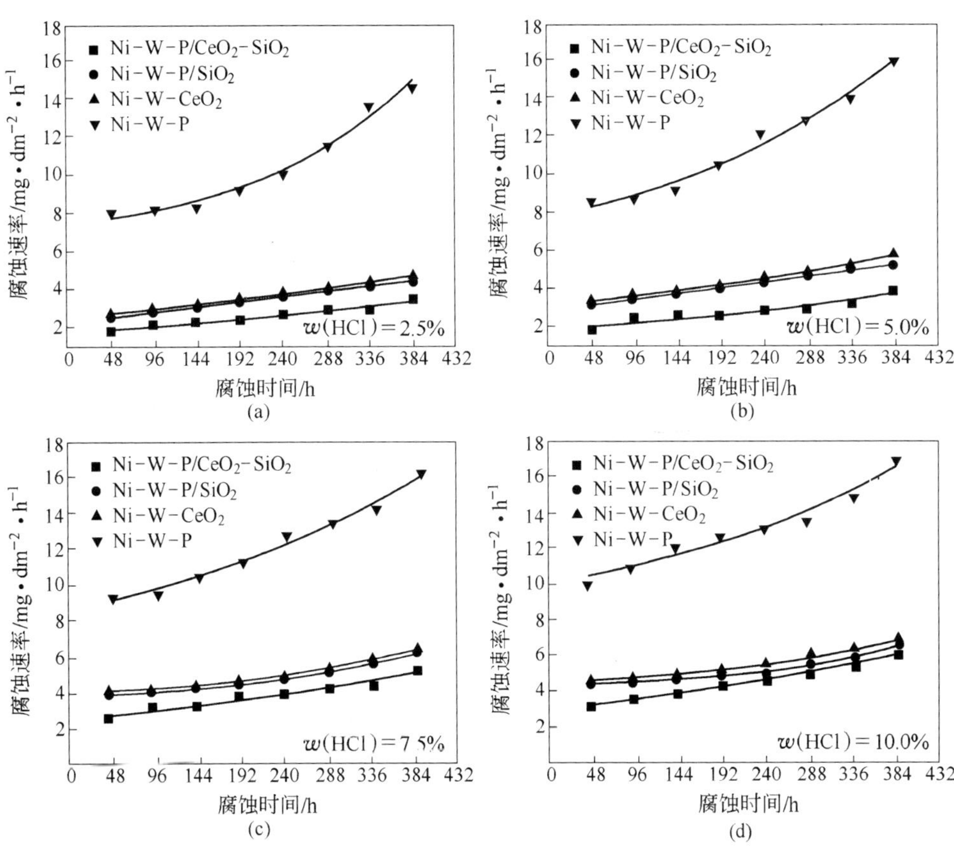

图 8.8 复合材料及合金材料在同一浓度 HCl 腐蚀介质中的腐蚀速率比较

根据图 8.5、图 8.6、图 8.7 和图 8.8 的测试结果，得出以下结论：

（1）在不同浓度的 NaCl 和 HCl 腐蚀介质中，Ni-W-P/CeO_2-SiO_2、Ni-W-P/SiO_2、Ni-W-P/CeO_2 颗粒增强金属基纳米复合材料和 Ni-W-P 合金材料的腐蚀速率都表现了相同的腐蚀规律，即在不同腐蚀时间下，腐蚀溶液浓度增加，腐蚀速率增加。腐蚀速率从高到低依次表现为：$v_{10.0\%\,NaCl,HCl} > v_{7.5\%\,NaCl,HCl} > v_{5.0\%\,NaCl,HCl} > v_{2.5\%\,NaCl,HCl}$。

（2）在同一浓度的 NaCl 和 HCl 腐蚀介质中，Ni-W-P/CeO_2-SiO_2、Ni-W-P/SiO_2、Ni-W-P/CeO_2 颗粒增强金属基纳米复合材料和 Ni-W-P 合金材料的腐蚀速率也表现出了相同的腐蚀规律，腐蚀速率从低到高依次表现为：$v_{Ni\text{-}W\text{-}P/CeO_2\text{-}SiO_2} < v_{Ni\text{-}W\text{-}P/SiO_2} < v_{Ni\text{-}W\text{-}P/CeO_2} < v_{Ni\text{-}W\text{-}P}$。

（3）Ni-W-P/CeO_2-SiO_2 颗粒增强金属基纳米复合材料在 HCl 中的耐腐蚀性能好于同等条件下制备的其他颗粒增强金属基纳米复合材料和 316L 不锈钢。

316L不锈钢在质量分数分别为5%和10%的HCl中腐蚀96h的腐蚀速率分别为10.49mg/(dm^2·h)和16.64mg/(dm^2·h)[279]。Ni-W-P/CeO_2-SiO_2、Ni-W-P/SiO_2、Ni-W-P/CeO_2颗粒增强金属基纳米复合材料的腐蚀速率在质量分数为5%盐酸中腐蚀96h的腐蚀速率分别为2.106mg/(dm^2·h)、2.735mg/(dm^2·h)和2.934mg/(dm^2·h)。在质量分数为10.0%盐酸中腐蚀96h的腐蚀速率分别为2.458mg/(dm^2·h)、3.487mg/(dm^2·h)和3.657mg/(dm^2·h)，均明显低于316L不锈钢的腐蚀速率。即使是腐蚀速率较高的Ni-W-P合金材料，在质量分数为5.0%和10.0%的HCl中腐蚀96h的腐蚀速率也仅为8.156mg/(dm^2·h)和8.768mg/(dm^2·h)，也同样低于316L不锈钢在相同腐蚀环境中的腐蚀速率。

以上比较可以看出，Ni-W-P/CeO_2-SiO_2、Ni-W-P/SiO_2、Ni-W-P/CeO_2颗粒增强金属基纳米复合材料和Ni-W-P合金材料在质量分数为5.0%和10.0%的盐酸中腐蚀96h后的腐蚀速率低于316L不锈钢，说明在以上两种腐蚀溶液中的耐腐蚀性能好于316L不锈钢。主要是因为在一定范围的酸性环境中，金属Ni能保持钝性并能生成一系列亚稳态氧化物，使含Ni较多的复合材料或合金材料都表现出了比316L不锈钢更好的耐腐蚀性能。

8.2.2 腐蚀形貌特征分析

脉冲电沉积法制备的Ni-W-P合金材料在不同浓度的NaCl腐蚀介质中，腐蚀192h和384h后的表面形貌特征分别如图8.9所示。在不同浓度的HCl腐蚀介质中，腐蚀192h和384h后的表面形貌特征分别如图8.10所示。

Ni-W-P/CeO_2-SiO_2颗粒增强金属基纳米复合材料在不同浓度的NaCl腐蚀介质中，腐蚀192h和384h后的表面形貌特征分别如图8.11所示。在不同浓度HCl的腐蚀介质中，腐蚀192h和384h后的表面形貌特征分别如图8.12所示。

脉冲电沉积法制备的Ni-W-P/CeO_2-SiO_2颗粒增强金属基纳米复合材料和Ni-W-P合金材料属于阴极性保护镀层，只能对基体金属起机械保护作用。当合金材料或纳米复合材料表面有缺陷（如针孔、缺陷或机械损伤等）存在而露出基体金属时，有水蒸气在表面缺陷处凝结或有腐蚀介质存在的条件下，由于Ni的标准电极电位比Fe正，故Ni-W-P基质金属与基体金属之间便会形成腐蚀微电池（腐蚀电偶），使基体金属中作为阳极溶解，造成不同程度的腐蚀。在含有Cl^-的腐蚀介质中，发生的腐蚀表现在两个方面，一方面是Cl^-直接参加了金属的阳极溶解过程，阳极溶解服从公式[280]：

$$i_a = k \cdot [X^-]^r \cdot \exp(\beta \cdot nF/RT) \cdot \eta_a \tag{8.1}$$

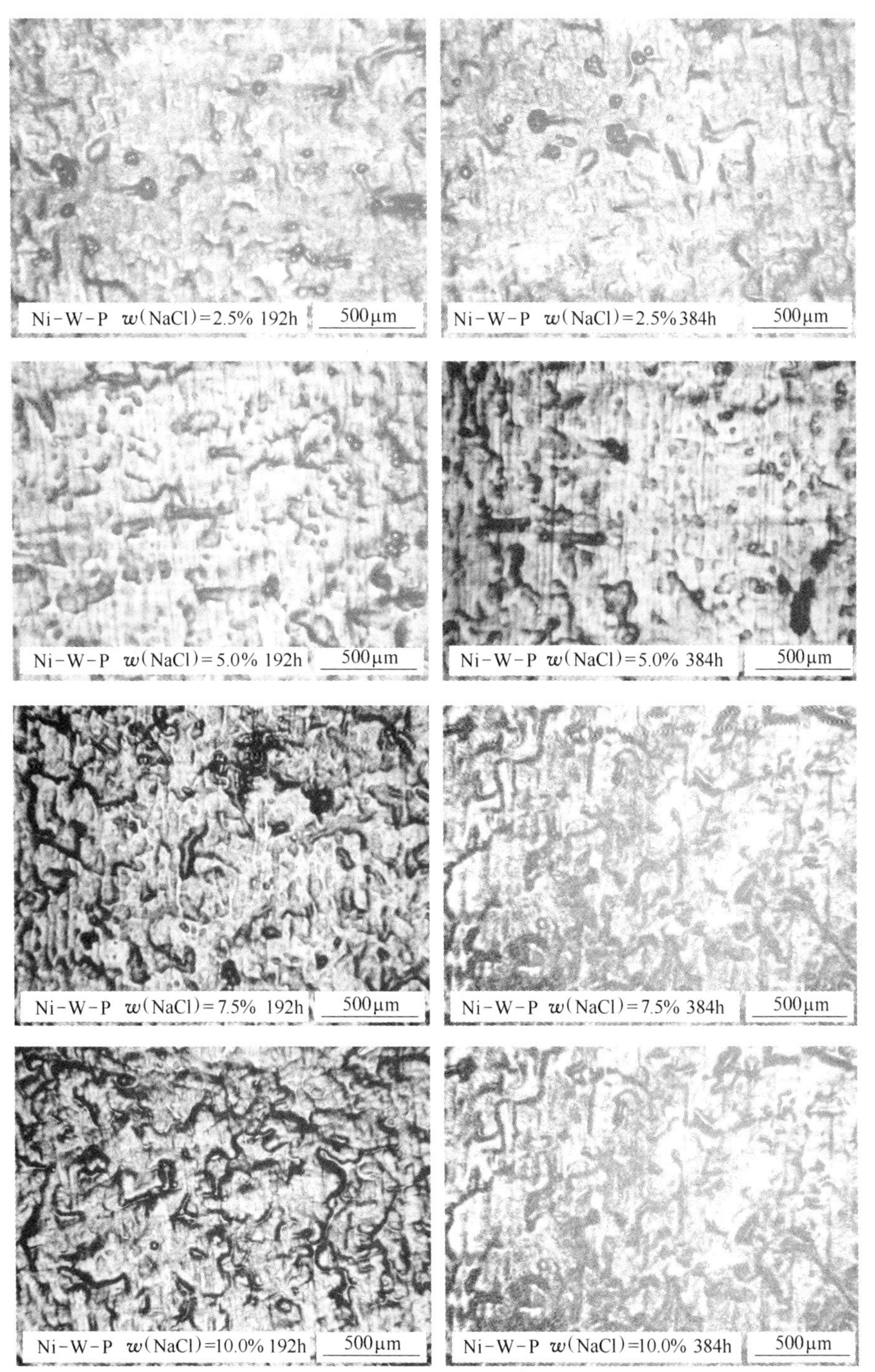

图 8.9 Ni-W-P 合金材料在不同浓度 NaCl 中腐蚀 192h 和 384h 后的表面形貌

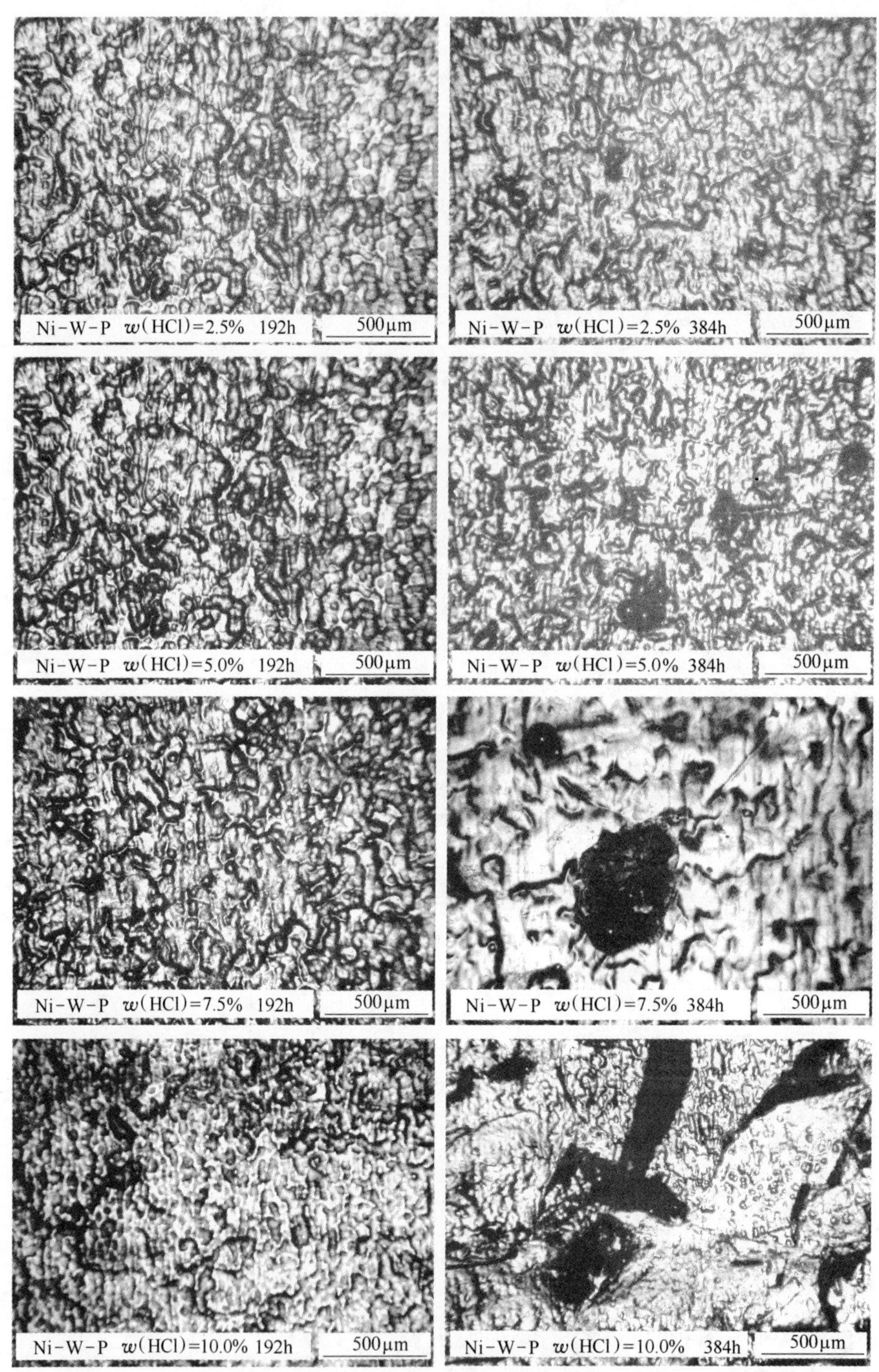

图 8.10 Ni-W-P 合金材料在不同浓度 HCl 中腐蚀 192h 和 384h 后的表面形貌

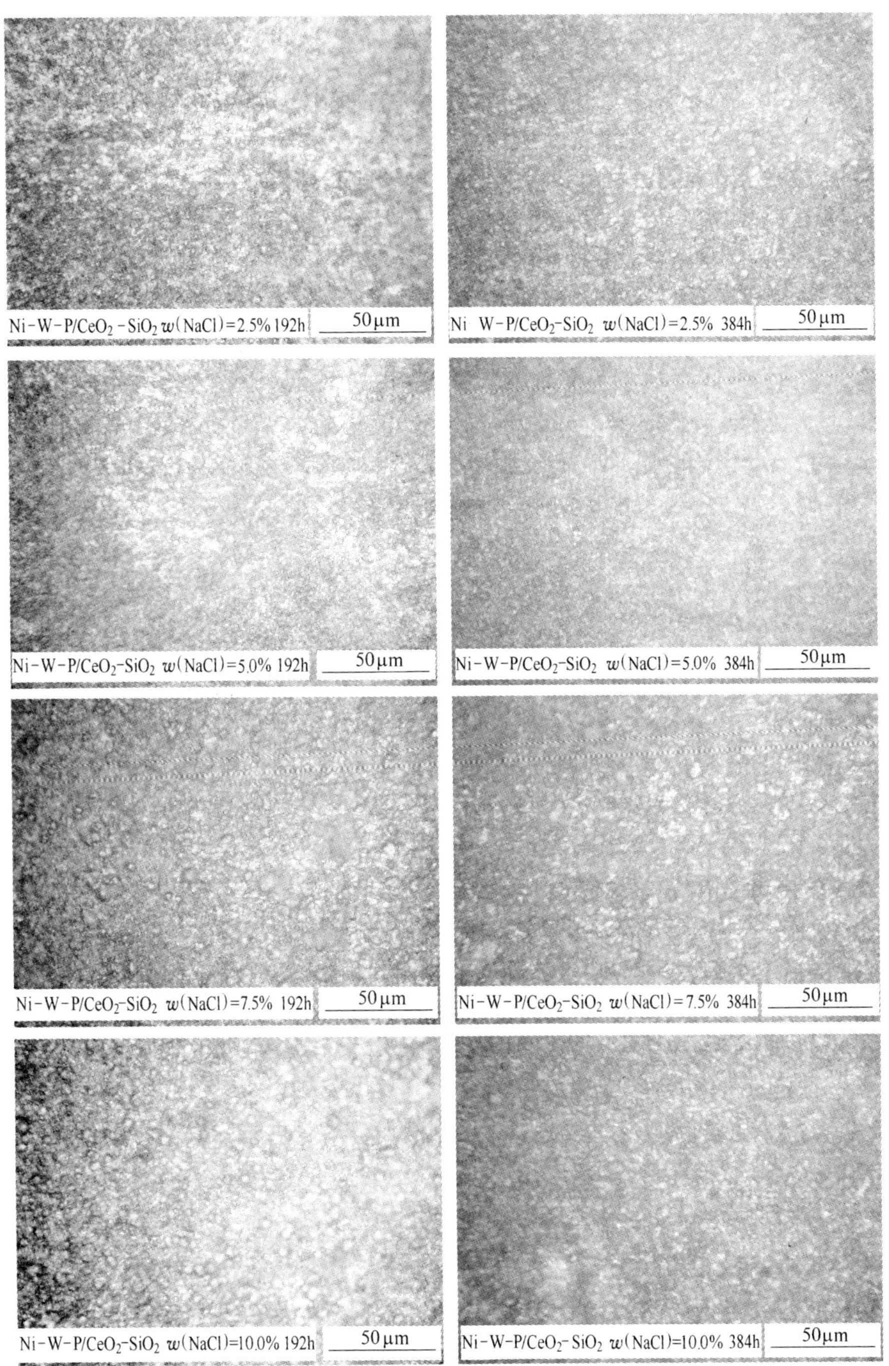

图 8.11 Ni-W-P/CeO_2-SiO_2 颗粒增强金属基纳米复合材料在不同浓度 NaCl 中腐蚀 192h 和 384h 的表面形貌

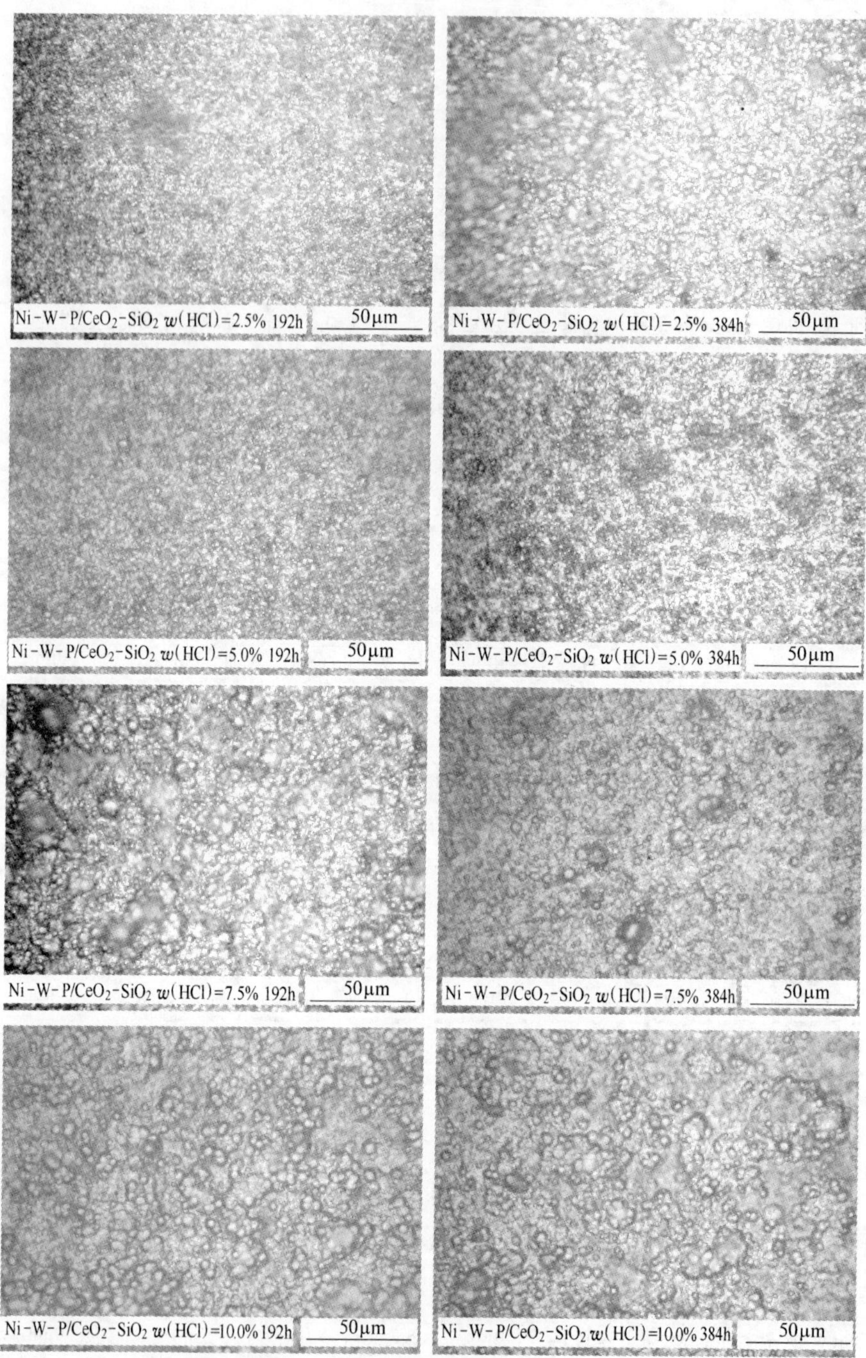

图 8.12 Ni-W-P/CeO_2-SiO_2 颗粒增强金属基纳米复合材料
在不同浓度 HCl 中腐蚀 192h 和 384h 的表面形貌

式中，i_a 为以电流密度表示的阳极反应速度；η_a 为电化学极化过电位；β 为塔菲尔常数或塔菲尔直线斜率；$[X^-]$ 为 Cl^- 浓度；r 为常数，值介于 1 ~3 之间；F 为法拉第常数；T 为热力学温度；R 为理想气体常数，314J/(K · mol)；n 为电池反应中涉及的电子转移数。

从式 8-1 可以看出：Cl^- 的作用是以一定的反应级数参加了电极反应，对金属的阳极溶解具有活化作用，随着 Cl^- 浓度的增加，阳极溶解速度增大。另一方面，Cl^- 也能破坏钝化膜，使试样发生点蚀、缝隙腐蚀或晶间腐蚀等。因此，随着腐蚀溶液中 Cl^- 浓度的增加，在一定程度上，加快了金属的腐蚀。

从图 7.9 和图 7.10 可以看出，Ni-W-P 合金材料在 NaCl 和 HCl 腐蚀介质中的腐蚀主要为缝隙腐蚀和点腐蚀。随着腐蚀介质浓度的增加和腐蚀时间的增长，产生的腐蚀坑和腐蚀缝隙越来越严重，腐蚀面积也越来越大。

从图 8.11 和图 8.12 可以看出，Ni-W-P/CeO_2-SiO_2 颗粒增强金属基纳米复合材料在 NaCl 和 HCl 腐蚀介质中的腐蚀主要是非晶小颗粒之间的界面腐蚀，基本没有发现点腐蚀和缝隙腐蚀。一方面是因为包状非晶小颗粒的边沿和凸出的部位等都是较容易发生腐蚀的地方，腐蚀沿包状非晶小颗粒的边界向深处发展，结果是随着腐蚀介质浓度的增加和腐蚀时间的增长，使非晶小颗粒的界变得越来越明显；另一方面，颗粒增强金属基纳米复合材料的组织结构致密、缺陷少，使点腐蚀和缝隙腐蚀不容易发生。

在相同的腐蚀介质浓度和腐蚀时间条件下，Ni-W-P 合金材料的腐蚀更为严重，而 Ni-W-P/CeO_2-SiO_2 颗粒增强金属基纳米复合材料的腐蚀相对较轻，说明该复合材料在 NaCl 和 HCl 腐蚀溶液中的耐腐蚀性能明显好于 Ni-W-P 合金材料。

8.2.3 耐腐蚀性能分析

以上分析表明，Ni-W-P/CeO_2-SiO_2 颗粒增强金属基纳米复合材料在 NaCl 和 HCl 腐蚀溶液中的耐腐蚀性能明显好于 Ni-W-P 合金材料，主要原因为：

（1）从对表面显微组织的分析可以看出，Ni-W-P 合金材料的组织结构粗大，基质金属颗粒尺寸较大，表面缺陷较多，致密性差，腐蚀过程极易发生并向深处方向发展。由于 CeO_2 和 SiO_2 纳米颗粒的脉冲共沉积，使 Ni-W-P 基质金属颗粒变为非晶小颗粒，组织结构致密，提高了耐腐蚀性能。

（2）在 Ni-W-P/CeO_2-SiO_2 颗粒增强金属基纳米复合材料中，CeO_2 和 SiO_2 纳米颗粒是均匀镶嵌在非晶小颗粒的内部或界面处，填充了非晶小颗粒间的孔隙。材料表面孔隙尺寸的减小使腐蚀离子难以穿透复合材料的微孔，也有效提高了其抗点腐蚀和缝隙腐蚀的能力。同时，因为 CeO_2 和 SiO_2 纳米颗粒在 Ni-W-P 基质金属中的弥散分布，也能够分散复合材料中的局部腐蚀微电池，使真实腐蚀电流密度降低，耐蚀性提高。

（3）在 Ni-W-P 基质金属中嵌入的 CeO_2 和 SiO_2 固体颗粒本身的化学活性很低，可以耐受酸、碱和盐的腐蚀。当大量的纳米颗粒覆盖于非晶小颗粒的表面或界面之间时，较好地把腐蚀介质和非晶小颗粒隔开，减少了阳极在腐蚀溶液中的暴露面积，进一步减轻了腐蚀介质的腐蚀。同时，由于纳米颗粒作为增强相在基质金属中的均匀镶嵌，也阻止了腐蚀坑的增大。因此，即使发生点腐蚀，腐蚀后的点蚀坑也会很小。

8.2.4 腐蚀机理探讨

8.2.4.1 点腐蚀机理探讨

点腐蚀又称点蚀，是腐蚀集中于金属表面的很小范围内，并深入到金属内部的一种呈蚀孔状的腐蚀形态。Ni-W-P 合金材料在含有 Cl^- 的腐蚀介质中发生了不同程度的点蚀。在腐蚀介质浓度较低或腐蚀时间较短时，点蚀程度较轻。随着腐蚀介质浓度的增加和腐蚀时间的增长，点腐蚀程度越来越严重，特别是在 HCl 腐蚀介质中。实际上，点腐蚀过程一般要经历蚀孔成核和蚀孔生长两个阶段。点腐蚀孔内腐蚀的自催化过程机理示意图如图 8.13 所示。

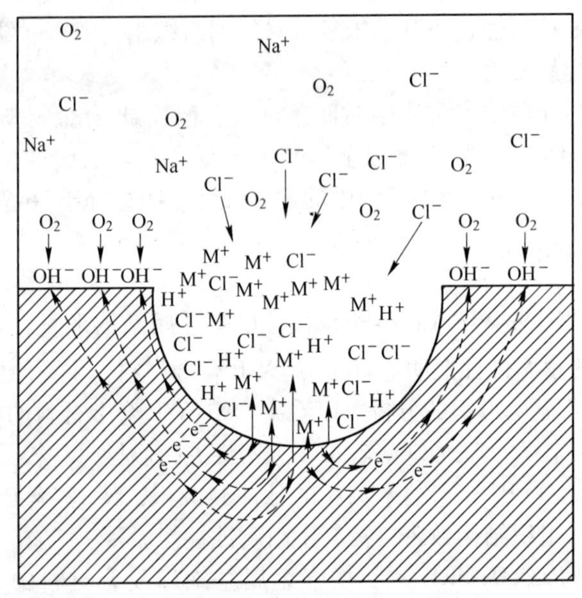

图 8.13 点腐蚀孔内腐蚀的自催化过程机理示意图[281]

（1）蚀孔形核阶段：在腐蚀的初始阶段，微孔的发生是因为腐蚀性阴离子（Cl^-）半径小，在金属表面的钝化膜上吸附后穿透能力强，会穿过微孔进入钝化膜内，产生强烈的感应离子导电，在某些位置上能够维持较高的电流密度，使阳离子杂乱移动而活跃起来，当膜-溶液界面的电场达到临界值时，点腐蚀开始发生。

(2) 蚀孔生长阶段：在点蚀孔形成后，随着腐蚀溶液浓度的增加及腐蚀时间的增长，孔蚀便开始生长。在含有 Cl^- 的腐蚀溶液中，蚀孔内的金属发生溶解，即 $M \longrightarrow M^{n+} + ne^-$，阴极发生析氧反应，造成蚀孔内的氧浓度下降，而蚀孔外的富氧则形成孔内外的“供氧差异电池”。蚀孔内的金属离子不断增加，为保持电中性，蚀孔外的 Cl^- 离子向孔内不断迁移，使孔内的 Cl^- 浓度不断升高。同时，孔内金属的溶解造成金属离子浓度升高并发生水解，即 $M^{n+} + nH_2O \longrightarrow M(OH)_n + nH^+$，使蚀孔内的 H^+ 浓度不断升高。这种情况下，蚀孔内的金属始终处于 HCl 的腐蚀介质中，即处于活化溶解状态。而蚀孔外的溶液仍然是富氧，介质维持中性，表面膜维持钝态，从而构成了活化（孔内）-钝化（孔外）的腐蚀电池，促使蚀孔内的金属不断溶解，蚀孔外的表面发生氧化还原，促使点腐蚀以自催化的过程进行，从而促进了腐蚀破坏的迅速发展。

8.2.4.2　缝隙腐蚀机理探讨

缝隙腐蚀是金属表面由于存在异物或结构上的原因而形成缝隙，在有腐蚀介质存在时，使缝内溶液中与腐蚀有关的物质迁移发生困难，引起的缝隙内金属的腐蚀。这种腐蚀在含有 Cl^- 的腐蚀溶液中最容易发生，也是一种局部腐蚀形态，常常发生在溶液停滞的缝隙中或屏蔽的表面内。Ni-W-P 合金材料在含有 Cl^- 的腐蚀溶液中静泡后，均发生了不同程度的缝隙腐蚀。同理，在腐蚀溶液浓度较低或腐蚀时间较短时，缝隙腐蚀程度较轻，随着腐蚀溶液浓度的增加和腐蚀时间的增长，缝隙腐蚀程度越来越严重。缝隙腐蚀的初期阶段和后期阶段的示意图如图 8.14 所示。

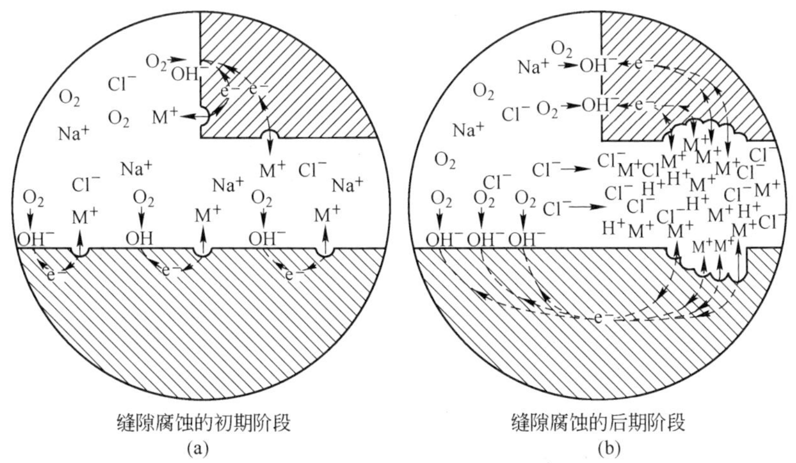

缝隙腐蚀的初期阶段
(a)

缝隙腐蚀的后期阶段
(b)

图 8.14　缝隙腐蚀的自催化过程示意图[282]

缝隙腐蚀在腐蚀的初始阶段（图 8. 14a），缝隙的内外表面发生金属的溶解和阴极 O 的还原反应，即阳极：$M \longrightarrow M^{n+} + ne^-$，阴极：$O_2 + 2H_2O + 4e^- \longrightarrow 4OH^-$。经历一段时间后，缝隙内的氧消耗完而得不到补充时，由于缝隙内缺氧，缝外富氧，便形成了“供氧差异电池”。金属在缝隙内继续溶解，导致金属阳离子过剩，为保持平衡，缝隙外即溶液中的 Cl^- 迁移到缝隙内，而阴极过剩转移到缝隙外（图 8. 14b）。同时，缝隙内已形成的金属盐类如 $NiCl_2$ 和 $FeCl_2$ 水解，即 $M^{n+} + nH_2O \longrightarrow M(OH)_n + nH^+$，造成缝内的 pH 值下降，促使缝内的金属溶解速度继续增加，相应缝外邻近表面的阴极过程（即 O 的还原速度）也在增加，使外部表面得到阴极保护，但加速了缝隙内金属的腐蚀，形成了缝隙腐蚀发展的自催化过程。

8. 2. 4. 3 界面腐蚀机理探讨

晶间腐蚀是一种沿着或紧挨着金属的晶粒边界而发生的腐蚀行为。Ni-W-P/CeO_2-SiO_2 颗粒增强金属基纳米复合材料在 NaCl 和 HCl 腐蚀溶液中静泡后的腐蚀不是晶间腐蚀，而是界面腐蚀。主要原因是其基质金属为非晶小颗粒，不存在晶界，因此发生腐蚀的部位是非晶小颗粒之间的界面。

Ni-W-P/CeO_2-SiO_2 颗粒增强金属基纳米复合材料非晶小颗粒之间也存在界面，由于该界面的物理化学状态与非晶小颗粒本身不同，在含有 Cl^- 的腐蚀溶液中，由于微电池的作用引起了界面腐蚀，当界面的溶解电流密度远大于非晶小颗粒本身的溶解电流密度时，便产生界面腐蚀。腐蚀过程是先从表面开始，再沿界面向内发展。从 Ni-W-P/CeO_2-SiO_2 颗粒增强金属基纳米复合材料在腐蚀溶液中静泡 384h 后的腐蚀形貌可以看出，虽然发生了界面腐蚀，但腐蚀并不是非常严重，腐蚀后的表面仍完整、连续、致密，颗粒并没有失去结合力，显示出了较好的耐腐蚀性能。

8. 3 小结

通过对纯 Ni 材料、Ni-P、Ni-W-P 合金材料及 Ni-W-P/CeO_2、Ni-W-P/SiO_2、Ni-W-P/CeO_2-SiO_2 颗粒增强金属基纳米复合材料的氧化行为研究，得出以下结论：

（1）提高氧化温度或延长氧化时间，纯 Ni 材料、Ni-P、Ni-W-P 合金材料以及 Ni-W-P/CeO_2、Ni-W-P/SiO_2、Ni-W-P/CeO_2-SiO_2 颗粒增强金属基纳米复合材料的氧化增重率均有不同程度的增加，Ni 和 Ni-P 合金两种材料的氧化程度最大，而 Ni-W-P/CeO_2-SiO_2 颗粒增强金属基纳米复合材料氧化程度最小。

（2）氧化时间 1h 时，Ni-W-P/CeO_2-SiO_2 颗粒增强金属基纳米复合材料氧化增重率与氧化温度的氧化动力学特征符合氧化动力学方程 $\Delta w = -0.04876 + 0.03398e^{T/166.27753}$ 的递增规律；氧化温度 300℃时，氧化增重率与氧化时间的氧化动力学曲线符合氧化动力学方程 $\Delta w = -0.01084 + 0.07004t$ 的递增规律。

（3）氧化过程中，CeO_2 和 SiO_2 纳米颗粒在 Ni-W-P 基质金属中的嵌入起到了钉扎和机械屏蔽作用，提高了高温氧化性能。当氧化温度低于 400℃时，Ni-W-P/CeO_2-SiO_2 颗粒增强金属基纳米复合材料的基质金属非晶小颗粒长大不明显。当氧化温度提高到 800℃时，表面的氧化膜仍连续致密，没有裂纹、剥离和脱落。

通过对 Ni-W-P 合金材料和 Ni-W-P/CeO_2、Ni-W-P/SiO_2、Ni-W-P/CeO_2-SiO_2 颗粒增强金属基纳米复合材料的腐蚀行为研究，得出以下结论：

（1）在 NaCl 和 HCl 腐蚀介质中，相同腐蚀时间下，随着腐蚀介质浓度的增加，Ni-W-P/CeO_2-SiO_2、Ni-W-P/SiO_2、Ni-W-P/CeO_2 和 Ni-W-P 的腐蚀速率增加。腐蚀速率表现为：$v_{10.0\%\,NaCl,HCl} > v_{7.5\%\,NaCl,HCl} > v_{5.0\%\,NaCl,HCl} > v_{2.5\%\,NaCl,HCl}$。

（2）在 NaCl 和 HCl 腐蚀介质中，在腐蚀介质浓度和腐蚀时间相同时，Ni-W-P/CeO_2-SiO_2、Ni-W-P/SiO_2、Ni-W-P/CeO_2 的腐蚀速率明显低于 Ni-W-P。腐蚀速率表现为：$v_{Ni\text{-}W\text{-}P/CeO_2\text{-}SiO_2} < v_{Ni\text{-}W\text{-}P/SiO_2} < v_{Ni\text{-}W\text{-}P/CeO_2} < v_{Ni\text{-}W\text{-}P}$。

（3）在 5.0% 和 10.0% HCl 腐蚀介质中，Ni-W-P/CeO_2-SiO_2、Ni-W-P/SiO_2、Ni-W-P/CeO_2 和 Ni-W-P 腐蚀 96h 后的腐蚀速率明显低于 316L 不锈钢。

（4）在不同浓度的 NaCl 和 HCl 腐蚀介质中，Ni-W-P 合金的腐蚀机理主要为缝隙腐蚀和点腐蚀，Ni-W-P/CeO_2-SiO_2 颗粒增强金属基纳米复合材料的腐蚀机理主要是沿着或紧挨着非晶小颗粒边界发生的界面腐蚀。

9 金属基纳米复合材料性能比较及应用前景分析

本章对比了不同电沉积方式下制备的 Ni-W-P/CeO_2-SiO_2 颗粒增强金属基纳米复合材料的性能，采用双脉冲电沉积制备的 Ni-W-P/CeO_2-SiO_2 颗粒增强金属基纳米复合材料与硬铬技术的经济技术指标，以及与其他不同颗粒增强金属基复合材料性能之间的比较。最后，分析了颗粒增强金属基纳米复合材料的应用前景。

9.1 金属基纳米复合材料的性能比较

9.1.1 电沉积方式对金属基纳米复合材料性能的影响

直流、单脉冲和双脉冲电沉积制备 Ni-W-P/CeO_2-SiO_2 颗粒增强金属基纳米复合材料的电解液组成均为：$NiSO_4 \cdot 6H_2O$：70g/L，$Na_2WO_4 \cdot 2H_2O$：100g/L，$NaH_2PO_2 \cdot H_2O$：6g/L，$H_3C_6H_5O_7 \cdot H_2O$：120g/L，CTAB：6mg/L，SiO_2（平均粒径：30nm）：20g/L，CeO_2（平均粒径：30nm）：10g/L；工艺条件均为：pH 值：5.5，T：60℃，机械搅拌速度：1000r/min，超声功率：400W，超声分散时间：30min。不同电沉积方式下获得的 Ni-W-P/CeO_2-SiO_2 颗粒增强金属基纳米复合材料的性能比较如表 9.1 所示。

表 9.1 不同电沉积方式下获得的 Ni-W-P/CeO_2-SiO_2 颗粒增强金属基纳米复合材料的性能比较

电沉积方式	沉积速率/$\mu m \cdot h^{-1}$	显微硬度 HV	结合力④
Ni-W-P/CeO_2-$SiO_2$①	29.64	576	一般
Ni-W-P/CeO_2-$SiO_2$②	56.24	671	良好
Ni-W-P/CeO_2-$SiO_2$③	45.12	706	优

①直流电沉积：电流密度：8A/dm^2；

②单脉冲电沉积：单脉冲频率：1000Hz，单脉冲占空比：50%，单脉冲峰值电流密度：40A/dm^2；

③双脉冲电沉积：正向脉冲占空比：10%，反向脉冲占空比：30%，正向脉冲工作时间：300ms，反向脉冲工作时间：40ms，正向平均脉冲电流密度：15A/dm^2，反向平均脉冲电流密度：1.5A/dm^2。

④结合力测试采用如下三种方式进行，ⅰ.夹钳反复弯曲 180°三次；ⅱ.锉刀在试样边角沿 45°斜面反复锉削 10 次；ⅲ.热震试验法，将镀件在 300℃条件下保温 30min，取出后在冷水中急冷，反复 5 次。在以上实验条件下，观察试样表面的纳米复合材料与基体的脱离情况。

从表9.1可以看出，脉冲电沉积制备 Ni-W-P/CeO_2-SiO_2 颗粒增强金属基纳米复合材料的沉积速率和显微硬度明显高于直流电沉积，单脉冲的沉积速率最高，双脉冲的显微硬度最高；脉冲电沉积制备 Ni-W-P/CeO_2-SiO_2 颗粒增强金属基纳米复合材料与基体之间的结合力明显优于直流电沉积，双脉冲的结合力最好。

采用脉冲电沉积时，由于为瞬时脉冲，电流密度较大，所以会引起电极电位随时间的变化也较大，导致电流反应速率增大，沉积速率并没有降低而是得到了明显的提高。与双脉冲电沉积相比，由于单脉冲电沉积时沉积层没有反向的溶解过程，所以沉积速率最高；采用双脉冲制备 Ni-W-P/CeO_2-SiO_2 颗粒增强金属基纳米复合材料的组织结构更为致密，基质金属颗粒尺寸更小，显微硬度明显提高。不同电沉积方式下制备 Ni-W-P/CeO_2-SiO_2 颗粒增强金属基纳米复合材料的表面形貌如图9.1所示。

图9.1 不同电沉积方式制备的 Ni-W-P/CeO_2-SiO_2 颗粒增强金属基纳米复合材料的表面形貌

(a) 直流电沉积；(b) 单脉冲电沉积；(c) 双脉冲电沉积

9.1.2 脉冲电沉积金属基纳米复合材料与硬铬技术的比较

电镀硬铬技术在电镀工业中占有重要的地位，是世界上三大镀种之一。硬铬沉积层具有良好的硬度、耐磨性和化学稳定性，是目前机械、石油、汽车和航空航天等国民经济领域应用最广泛的一种功能性镀层材料。

传统镀硬铬为六价铬电镀，存在许多不足之处：（1）阴极电流效率低，一般只有12%~15%，导致沉积效率低和能耗高；（2）镀液分散和覆盖能力差；（3）工艺对温度控制要求高，电流密度须根据温度选定；（4）六价铬是致癌物质，对人体健康危害大；（5）生产过程会带出铬酸，原材料浪费严重，同时形成铬雾多，环境污染严重。

由于含铬废水、废气、废渣等存在二次污染的潜在危险，基于对环境保护和人体健康意识的提高，电镀工作者也一直在探索无铬电镀技术。到目前为止，采用三价铬取代六价铬的电镀工艺已在国外实现了产业化，但只能用于装饰性镀铬，在功能性镀硬铬技术方面的研究仍没有取得实质性的突破。其他的代铬镀层多是以金属 Ni 为基体，比如全光亮化学镀 Ni-P 合金、电镀 Ni-W-P 合金等。本技术制备的 CeO_2 和 SiO_2 纳米颗粒增强 Ni-W-P 基复合材料也是一种理想的代铬镀层，而且其性能指标明显优于化学镀 Ni-P 合金、电镀 Ni-W-P 合金和硬铬技术。脉冲电沉积制备 Ni-W-P/CeO_2-SiO_2 颗粒增强金属基纳米复合材料与六价硬铬技术经济指标的比较如表 9.2 所示。

表 9.2 脉冲电沉积 Ni-W-P/CeO_2-SiO_2 颗粒增强金属基纳米复合材料与电镀硬铬技术经济指标对比

材料类型	硬度 HV	磨损率 /$mg \cdot cm^{-2} \cdot h^{-1}$	耐蚀性	均镀能力	结合力	环境污染	废水处理	能耗程度
Ni-W-P/CeO_2-$SiO_2$①	1100~1200	0.69	好	好	好	小	容易	低
硬 铬	800~900	23.8	好	差	差	严重	困难	高

①双脉冲电沉积并辅助热处理（400℃ ×3h）。

表 9.2 表明：脉冲电沉积制备的 Ni-W-P/CeO_2-SiO_2 颗粒增强金属基纳米复合材料无论在工艺实施、使用性能、能量消耗方面，还是在对环境污染以及废水治理等方面，均优于六价硬铬电镀技术。

9.1.3 金属基复合材料之间的性能对比

双脉冲电沉积制备的 Ni-W-P/CeO_2-SiO_2 颗粒增强金属基纳米复合材料与其他颗粒增强金属基复合材料的显微硬度和磨损率的比较如表 9.3 所示。

表 9.3 不同颗粒增强金属基复合材料之间显微硬度和磨损率的比较

复合材料类型	显微硬度 HV		磨损率/$mg \cdot cm^{-2} \cdot h^{-1}$	
	镀 态	热处理	镀 态	热处理
Ni-W-P/CeO_2-$SiO_2$①	706	1169*	2.89	0.69*
Ni-W-P①	613	1011*	5.68	3.18*
Ni-W-P/CeO_2-SiC②	620~650	1300~1400**	1.05	0.56**
Ni-W-P/SiC②	550~700	1200~1350**	2.93	1.55**
Ni-P/SiC②（日本专利）	550~650	1150~1200**	6.83	3.43**
Ni-W/SiC②（美国专利）	800~900	1500~1700**	17.6	6.42**
Ni/SiC②	450~550	—	22.5	—

注：*400℃×3h；**400℃×1h；没有标注为镀态；

①双脉冲电沉积；

②直流电沉积；Ni-W-P/CeO_2-SiO_2 和 Ni-W-P 的显微硬度和磨损率数据来源于本书第 7 章；Ni-W-P/CeO_2-SiC、Ni-W-P/SiC、Ni-P/SiC、Ni-W/SiC 和 Ni/SiC 的显微硬度和磨损率数据[283]。

从表 9.3 可以看出，采用双脉冲电沉积法制备的 Ni-W-P/CeO_2-SiO_2 颗粒增强金属基纳米复合材料与 Ni-W-P 合金材料相比，镀态及 400℃×3h 热处理下的显微硬度分别提高了 15.2% 和 15.6%，镀态及 400℃×3h 热处理下的磨损率分别降低了 49.1% 和 78.3%；与日本专利技术制备的 Ni-P/SiC 复合材料相比，在显微硬度相差不大的情况下，镀态和热处理下的磨损率分别降低了 57.7% 和 79.9%；与美国专利技术制备的 Ni-W/SiC 复合材料相比，虽然镀态及热处理下的显微硬度有所降低，但镀态及热处理下的磨损率却分别提高了 83.6% 和 89.3%。

双脉冲电沉积制备的 Ni-W-P/CeO_2-SiO_2 颗粒增强金属基纳米复合材料与其他颗粒增强金属基复合材料之间的腐蚀速率的比较如表 9.4 所示。

从表 9.4 可以看出，采用双脉冲电沉积法制备的 CeO_2 和 SiO_2 纳米颗粒同时增强 Ni-W-P 基复合材料在质量分数分别为 5% 和 10% 的 HCl 腐蚀溶液中的腐蚀速率低于单独采用 CeO_2 或 SiO_2 纳米颗粒增强 Ni-W-P 基复合材料，也低于没有掺杂 CeO_2 或 SiO_2 纳米颗粒时制备的 Ni-W-P 合金材料和 316L 不锈钢，更明显低于采用直流电沉积法制备的 Ni-W-P/CeO_2-SiC、Ni-W-P/CeO_2-SiC-MoS_2 和 Ni-W-P/CeO_2-SiC-PTFE 等颗粒增强金属基复合材料。说明采用双脉冲电沉积制备的 Ni-W-P/CeO_2-SiO_2 颗粒增强金属基纳米复合材料，在 HCl 腐蚀介质中的耐腐蚀性明显好于以上用来比较的材料。

表 9.4 不同颗粒增强金属基复合材料之间的腐蚀速率的比较

复合材料类型	在 HCl 中静泡 96h 的腐蚀速率/$mg \cdot dm^{-2} \cdot h^{-1}$	
	w(HCl)=5%	w(HCl)=10%
Ni-W-P/CeO_2-$SiO_2$①	2.106	2.458
Ni-W-P/$SiO_2$①	2.735	3.487
Ni-W-P/$CeO_2$①	2.934	3.657
Ni-W-P①	8.156	8.768
Ni-W-P/CeO_2-SiC②	2.980	4.700

续表 9.4

复合材料类型	在 HCl 中静泡 96h 的腐蚀速率/$mg \cdot dm^{-2} \cdot h^{-1}$	
	$w(HCl)=5\%$	$w(HCl)=10\%$
Ni-W-P/CeO_2-SiC②*	7.050	2.630
Ni-W-P-SiC②	—	13.74
Ni-W-P-SiC②*	—	11.23
Ni-W-P/CeO_2-SiC-$MoS_2$②	—	87.25
Ni-W-P/CeO_2-SiC-$MoS_2$②*	—	43.90
Ni-W-P/CeO_2-SiC-PTFE②	—	25.61
Ni-W-P/CeO_2-SiC-PTFE②*	—	30.28
316L stainless steel	10.49	16.64

注：*热处理条件 400℃×1h；没有标注为镀态；
①双脉冲电沉积；
②直流电沉积；Ni-W-P/CeO_2-SiO_2、Ni-W-P/SiO_2、Ni-W-P/CeO_2 和 Ni-W-P 在 HCl 中的腐蚀速率数据来源于本书第 8 章；Ni-W-P/CeO_2-SiC 和 316L 不锈钢的腐蚀数据[279]；Ni-W-P/CeO_2-SiC-MoS_2 和 Ni-W-P/CeO_2-SiC-PTFE 的腐蚀数据[284]。

以上提及的 Ni-W-P/CeO_2-SiC、Ni-W-P/SiC、Ni-P/SiC、Ni-W/SiC、Ni/SiC、Ni-W-P/CeO_2-SiC、Ni-W-P/CeO_2-SiC-MoS_2 和 Ni-W-P/CeO_2-SiC-PTFE 等颗粒增强金属基复合材料均为采用直流电沉积制备，添加的固体颗粒均为微米级。在直流复合电沉积过程中，基质金属极易在个别晶体学方向上优先生长，形成织构，导致组织结构不致密，基质金属颗粒尺寸较粗大。同时，由于直流电沉积法制备的复合材料内应力较高，沉积层表面极易产生微裂纹，界面结合处也经常会存在空洞等界面结合缺陷存在。这是直流电沉积普遍存在的问题。以上因素的存在，导致采用直流电沉积制备的颗粒增强金属基复合材料虽然能够获得较高的显微硬度，但往往其耐磨损性能、耐腐蚀性能和抗高温氧化性能都不是很理想。特别是在腐蚀性的介质中，往往都会因表面缺陷的存在，使金属表面很快就会发生局部腐蚀而引起失效。

9.2 金属基纳米复合材料的应用前景分析

采用双脉冲复合电沉积制备出的 Ni-W-P/CeO_2-SiO_2 颗粒增强金属基纳米复合材料，在恶劣环境中具有优异的耐蚀性，在高温下具有良好的抗高温氧化性，同时也表现出较高的显微硬度和优异的耐磨损性能，是一种理想的功能性金属基复合材料。

材料的腐蚀是材料与环境发生化学或电化学反应而被破坏的现象，会给人类带来巨大的经济损失和社会危害。世界各国每年因腐蚀而造成的经济损失十分巨大。据统计，全世界每年因腐蚀而失效的金属大约相当于金属年产量的 1/4 ~ 1/3。1995 年，我国全年的腐蚀损失约为 1500 亿，1998 年则超过 2500 亿，腐蚀造成的损失约为洪水、火灾、飓风和地震等自然灾害综合损失的 6 倍。腐蚀使材料破坏、能源消耗、设备失效，引起物料污染、产品质量下降、环境恶化、装置泄漏，甚至引起重大安全事故。因此，腐蚀的防护是非常重要的研究和攻坚领域。冶金、化工、烟草和机械等工业领域的设备及零部件在使用过程中往往会因相互间运动产生机械磨损，也会因使用温度过高发生氧化，还会因接触高温熔体及气、水和化学介质发生腐蚀，而这些使设备及零部件发生破坏和失效的因素在大多数情况下是从金属表面首先发生破坏而引起失效的，这就提出了一个新的研究领域——表面工程和表面再制造工程。

表面工程和表面再制造工程在修复设备关键零部件、替代进口配件、提高设备维修质量、扩大维修范围以及技术改造和维修方面均发挥出了重要作用。零件的磨损、腐蚀和疲劳现象发生在表面，通过表面的修复、强化，而不必整体改变材料，使材料“物尽其用”，能显著地节约材料。未来的制造与维修工程将是考虑设备和零部件的设计制造和运行的全过程，先进的制造技术将统筹考虑整个设备寿命周期内的维修策略，而维修技术也将渗透到产品的制造工艺中。在再制造中将大量采用各种维修技术，把因损坏、磨损或腐蚀等而失效的可维修的设备和零部件翻新如初，从而大量节省因购置新品、库存备件和管理以及停机等所造成的对能源、原材料和经费的浪费，并将极大减少对环境的污染及对废物的处理。再制造是把旧部件取出，进行检验、翻新，然后再次使用，是降低成本、节能、节材、改善环保的有效措施。

现代工业技术的快速发展，要求设备零部件能够在高温、高压、高速、高度自动化和较为恶劣的工况下长期稳定运转，失效后并不是简单废弃，而是通过表面选择性强化或修饰后仍可继续使用，有效提高其循环利用次数，降低生产成本。因此，脉冲电沉积技术制备的高硬度、耐腐蚀、耐高温及耐磨损的 Ni-W-P/CeO_2-SiO_2 颗粒增强金属基纳米复合材料，将在未来的表面工程和表面再制造工程中担当重要的角色。

以冶金、化工、烟草和机械制造等行业机械零件及产品为例，对冶金、磷化工等工业领域易磨损、易腐蚀的设备及零部件而言，在其设备及零部件表面脉冲复合电沉积 Ni-W-P/CeO_2-SiO_2 颗粒增强金属基纳米复合材料后，能够很好地改善工作状况下的机械磨损、化学腐蚀和高温氧化等问题；对烟草、机械制造等设备及零部件而言，如推刀螺母、凹槽、刮板、烙铁、鼓轮，在其表面进行脉冲复合电沉积 Ni-W-P/CeO_2-SiO_2 颗粒增强金属基纳米复合材料后，其表面显微硬度明显提高，耐磨性得到明显改善，能够提高使用寿命。此外，随着国防建设的需要，脉冲复合电沉积 Ni-W-P/CeO_2-SiO_2 颗粒增强金属基纳米复合材料的技术在航天航空器、舰船等领域也具有广阔的市场应用前景。

9.3 小结

本章比较了 Ni-W-P/CeO_2-SiO_2 颗粒增强金属基纳米复合材料与其他金属基复合材料及硬铬技术的性能指标，分析了颗粒增强金属基纳米复合材料的应用前景。

参 考 文 献

[1] 王鸿建. 电镀工艺学[M]. 哈尔滨：哈尔滨工业大学出版社，1995：154 ~ 164.

[2] 王军丽. 脉冲电沉积 RE-Ni-W-B 系多功能复合镀层工艺及性能研究 [D]. 昆明理工大学硕士学位论文. 2003. 12：18 ~ 19.

[3] 郭忠诚，朱晓云，杨显万. 电沉积 RE-Ni-W-P-SiC-PTFE 复合镀层的耐蚀性研究[J]. 电镀与涂饰，2005，24(9)：1 ~ 5.

[4] Sapu G N, Ramesh K R, Thiruchelvam T. Validity of adsorption mechanism for electrodeposited zinc composites[J]. Bulletin of Electrochemistry, 2001, 17(9): 405 ~ 408.

[5] 郭忠诚，邓伦浩，杨显万. 电沉积 RE-Ni-W-P-SiC-PTFE 复合材料的耐磨性研究[J]. 材料保护，2001，34(1)：4 ~ 5.

[6] Musiani M. Electrodeposition of composites: an expanding subject in electrochemical materials science[J]. Electrochimica Acta, 2000, 45(20): 3397 ~ 3402.

[7] Hirato T, Fransaer J, Celis J P. Electrolytic codeposition of silica particles with aluminum from $AlCl_3$ dmethylsulfone electrolytes [J]. Journal of Electrochemical Society, 2001, 148(4): 280 ~ 283.

[8] Vidrine A B, Podlaha E J. Composite electrodeposition of ultrafine γ-alumina particles in nickel matrices Part Ⅰ: Citrate and chloride electrolytes [J]. Journal of Electrochemical Society, 2001, 31(4): 461 ~ 468.

[9] Orlovskja L, Periene N, Kurtinaitiene M, et al. Ni-SiC composite plated under a modulated current[J]. Surface and Coatings Technology, 1999, 111(2 ~ 3): 234 ~ 239.

[10] Steinbach J, Ferkel H. Nanaostructured Ni-Al_2O_3 films prepared by DC and pulsed DC electroplating[J]. Scripta Materialia, 2001, 44(8 ~ 9): 1813 ~ 1816.

[11] Mandich N V, Dennis J K. Codeposition of nanodiamonds with chromium[J]. Metal Finishing, 2001, 99(6): 117 ~ 119.

[12] Benea L, Bonora P L, Borello A, et al. Wear corrosion properties of nano-structured SiC-nickel composite coatings obtained by electroplating[J]. Wear, 2001, 249(10 ~ 11): 995 ~ 1003.

[13] Deguchi T, Imai K, Matsui H, et al. Rapid electroplating of photocatalytically highly active TiO_2-Zn nanocomposite films on steel[J]. Journal of Materials Science, 2001, 36(4): 4723 ~ 4729.

[14] Möller A, Hahn H. Synthesis and characterization of nanoerystaline Ni/ZrO_2 composite coating [J]. Nanostructured Materials, 1999, 12(1 ~ 4): 259 ~ 262.

[15] Stojak J L, Talbot J B. Effect of particles on polarization during electrodeposition using a rotating cylindereldctrode[J]. Journal of Applied Electrochemistry. 2001, 31(5): 559 ~ 564.

[16] 顾卓明，黄婉娟. 耐磨复合镀层工艺的研究[J]. 表面技术，2002，31(2)：14 ~ 17.

[17] 陈 准，谭澄宇. Ni-Al_2O_3 纳米复合电镀工艺[J]. 新技术新工艺，2003，4：41 ~ 42.

[18] Müller B, Ferkel H. Al_2O_3 nano-particle distribution in plated nickel composite films[J]. Nanostructured Materials, 1998, 10(8): 1285 ~ 1288.

[19] Ferkel H, Müller B, Riehemann W. Electrodeposition of particle-strengthened nickel films[J]. Materials Science and Engineering A, 1997, 234 ~ 236: 474 ~ 476.

[20] Jeong D H, Gonzalez F, Palumbo G, et al. The effect of grain size on the wear properties of electrtxteposited nanocrystalline nickel coatings [J]. Scripta Materialia, 2001, 44(3): 493 ~ 499.

[21] 蒋斌，徐滨士，董世运等. n-Al_2O_3/Ni 复合镀层的组织与滑动磨损性能研究[J]. 材料工程，2002，9：33 ~ 36.

[22] 蒋斌，徐滨士，董世运. 纳米复合镀层接触疲劳性能研究[J]. 中国机械工程，2005，16(12)：1121 ~ 1124.

[23] 蒋斌，徐滨士，董世运. 电刷镀纳米复合镀层接触疲劳性能研究[J]. 电刷镀技术，2003，3：28 ~ 31.

[24] 徐滨士，王海斗，董世运等. 纳米 Al_2O_3/Ni 复合电刷镀层的表征与微动磨损机理[J]. 稀有金属材料与工程，2004，33(8)：785 ~ 788.

[25] 徐龙堂，徐滨士，周美玲等. 电刷镀镍/镍包纳米 Al_2O_3 颗粒复合镀层微动磨损性能研究[J]. 摩擦学学报，2001，21(1)：24 ~ 27.

[26] 杜令忠，徐滨士，董世运等. 镍基纳米 Al_2O_3 复合电刷镀层含磨粒油润滑条件下的磨损性能[J]. 润滑与密封，2005，1：20 ~ 22.

[27] 王红美，徐滨士，马世宁等. 纳米 Al_2O_3 颗粒含量对复合镀层组织和滑动磨损行为的影响[J]. 金属热处理. 2005，30(4)：10 ~ 14.

[28] 王立平，高燕，刘惠文等. 纳米金刚石复合镀层制备工艺研究[J]. 材料保护，2004，37(7)：21 ~ 22.

[29] 王立平，高燕，薛群基等. 纳米金刚石对电沉积镍基复合镀层微观结构及抗磨性能的影响[J]. 摩擦学学报，2004，24(6)：488 ~ 491.

[30] Petrova M, Kupper M, Lowe H, et al. Electrodeposited nickel dispersion coatings with hard nano-size particles for micro technology application [J]. Galvanotechnik, 2001, 92(5): 1366 ~ 1370.

[31] Wun-hsing L, Senchen T, Kungcheng C. Effects of direct current and pulse-plating on co-deposition of nickel and nanometer diamond powder[J]. Surface and Coatings Technology, 1999, 120 ~ 121: 607 ~ 611.

[32] 于金库，赵玉成，高聿为等. 复合电刷镀 Ni-金刚石的工艺研究[J]. 金刚石与磨料磨具工程，2001，2(122)：7 ~ 9.

[33] 张伟，徐滨士，谢凤宽等，Ni/nano-diamond 复合镀层结构和性能研究[J]. 电刷镀技术，1999，2：31 ~ 34.

[34] 佟晓辉，张志军，郑仲瑜. 纳米金刚石在耐磨镀层中的应用研究[J]. 国外金属热处理，2003，24(1)：10 ~ 12.

[35] 杨冬青，张华堂，佟晓辉等. 纳米金刚石复合镀铬层的摩擦学性能[J]. 金属热处理，2002，27(6)：15 ~ 18.

[36] Gyttou P, Pavlato E A, Spyellis N, et al. Hardening modification of nickel matrix composite

electrocoatings containing SiC nanoparticles[J]. Electroplating and Surface Treatment, 2001, 9(1): 23 ~ 28.

[37] 吴蒙华，李智，夏法锋等. 超声电沉积制备纳米金属陶瓷复合镀层工艺[J]. 机械工程材料，2005，29(8)：58 ~ 61.

[38] 陈小华，张刚，陈传盛等. 化学复合镀碳纳米管的摩擦磨损性能研究[J]. 无机材料学报，2003，18(6)：1320 ~ 1324.

[39] 陈小华，李德意，季学谦等. 碳纳米管增强镍基复合镀层的形貌及摩擦磨损行为研究[J]. 摩擦学学报，2002，22(1)：6 ~ 9.

[40] 王红美，蒋斌，徐滨士等. 纳米 SiO_2 颗粒增强镍基复合镀层的组织与微动磨损性能研究[J]. 摩擦学学报，2005，25(4)：289 ~ 293.

[41] 薛玉君，朱荻，靳广虎等. 电沉积 Ni-La_2O_3 纳米复合镀层的摩擦磨损性能[J]. 摩擦学学报，2005，25(1)：1 ~ 5.

[42] 王宝山，杜峰，朱晓刚等. 含 WC 纳米微粒的镍基复合镀层的滑动磨损机理研究[J]. 电刷镀技术，2003，3：22 ~ 24.

[43] Stroumbouli M, Gyftou P, Pavlatou E A, et al. Codeposition of ultrafine WC particles in Ni matrix composite electrocoatings[J]. Surface and Coatings Technology, 2005, 195(2 ~ 3): 325 ~ 332.

[44] Yong J P. Plating and Surface Finishing, 1975, 62(4): 348 ~ 350.

[45] 郭鹤桐，张三元. 复合镀层[M]. 天津：天津大学出版社，1991，12：133 ~ 134.

[46] 严祥成，刘磊，唐谊平等. 电沉积耐磨复合镀层的研究与进展[J]. 电镀与环保，2004，24(3)：5 ~ 9.

[47] 胡信国. Cr-SiC 复合电镀的工艺及性能[J]. 电镀与环保，1987，7(1)：8 ~ 10.

[48] Narayan R, Singh S. Composite chromium coatings containing tungsten carbide[J]. Metal Finishing, 1983, 81(3): 45 ~ 46.

[49] Nabeen K, Shrestha, Miho K, et al. Co-deposition of B_4C particles and nickel under the influence of a redox-active surfactant and anti-wear property of the coatings[J]. Surface and Coatings Technology, 2005, 200(7): 2414 ~ 2419.

[50] Wu G, Li N, Zhou D R, et al. Electrodeposited Co-Ni-Al_2O_3 composite coatings[J]. Surface and Coatings Technology, 2004, 176(2): 157 ~ 164.

[51] 王立平，高燕，薛群基等. Ni-Co/纳米金刚石复合镀层抗磨损性能的研究[J]. 中国表面工程，2005，1：24 ~ 26.

[52] 石雷，周峰，孙初锋等. Ni-Co-SiC 纳米复合镀层的耐蚀性和摩擦学性能[J]. 中国有色金属学报，2005，15(4)：536 ~ 540. (13)

[53] 车承焕. 复合镀技术的发展和应用[J]. 材料保护，1991，24(9)：4 ~ 7.

[54] 白晓军，傅光. 热处理对 Ni-P-SiC 复合电镀层组织结构和耐磨性的影响[J]. 表面技术，1995，24(6)：10 ~ 12.

[55] 王吉会，尹玫. Ni-P-WC 纳米微粒复合电镀的研究[J]. 电镀与精饰，2005，27(1)：1 ~ 3.

[56] 钟花香. Ni-P-Al_2O_3 化学复合镀工艺研究[J]. 表面技术，1991，20(6)：8 ~ 12.

[57] 靳新位，朱勋．化学镀 Ni-P 合金镀层的组织和性能研究[J]．表面技术，1996，25(3)：29～34.

[58] 曾鹏，李金华．Ni-P-Cr_2O_3 化学复合镀的研究[J]．材料保护，1992，25(11)：14～18.

[59] 郭忠诚．电沉积 Ni-W-P-SiC 复合镀层的工艺研究[J]．有色金属（季刊）．1994，46(4)：67～69.

[60] 许小锋，钟良，刘继光．Ni-P-纳米 Al_2O_3-PTFE 化学复合镀层的性能研究[J]．电镀与环保，2005，25(3)：17～18.

[61] Metzger W，Florian T. The deposition of dispersion hardened coatings by means of electroless nickel[J]. Transactions of the Institute of Metal Finishing，1976，54(4)：174～177.

[62] Doscar J，Gabriel J. Metal Finishing，1967，65(3)：71～74.

[63] 董一丘，林晓娉，曲敬信等．复合镀层的摩擦磨损特性研究[J]．机械工程学报，1999，35(4)：73～76.

[64] 赵国鹏．化学镀 Ni-B-SiC 复合镀层的工艺及性能研究[J]．电镀与环保，1987，7(3)：1～5.

[65] 吴丰，褚松竹．化学复合镀镍-硼-三氧化二铝的研究[J]．表面技术，1994，23(4)：154～158.

[66] 郭忠诚，陈文鹏．Ni-B-SiC-RE 化学复合镀的研究[J]．电镀与环保，1993，13(2)：13～16.

[67] 朱立群，李卫平，钟群鹏．ZrO_2 纳米微粉在非晶态 Ni-W-B 复合镀层中的作用研究[J]．机械工程材料，1998，22(4)：9～10.

[68] 朱诚意，郭忠诚．稀土对电沉积 Ni-W-B-SiC 复合镀层组织结构及性能的影响[J]．化工冶金，1999，20(3)：227～228.

[69] Guo Z C，Zhu X Y. Studies on properties and structure of electrodeposited RE-Ni-W-B-SiC composite coating[J]. Materials Science and Engineering A，2003，363(1～2)：325～329.

[70] 曹建明．Ni-ZrO_2 复合镀层的腐蚀摩擦学性能研究[J]．化学工程师，2004：12：5～7.

[71] Odekorken J M，et al. Electroplating and Metal Finishing，1964，17(1)：2～6.

[72] Benea L，Bonora P L，Borello A，et al. Wear corrosion properties of nano-structured SiC-nickel composite coatings obtained by electroplating[J]. Wear，2002，249(10～11)：995～1003.

[73] 王健雄，陈小华，彭景翠等．碳纳米管镍基复合镀层材料耐腐蚀性的初步研究[J]．腐蚀与防护，2002，23(1)：6～9.

[74] 桑付明，成旦红．Ni-纳米 SiO_2 复合镀层耐蚀性的初探[J]．电镀与环保，2003，23(6)：16～19.

[75] 桑付明，成旦红，袁蓉等．镍基-纳米 SiO_2 复合镀层抗腐蚀性能的研究[J]．材料导报，2003，17(F09)：131～134.

[76] 赵璐璐，金红，金彦等．镍-磷-纳米 SiO_2 化学复合镀层耐腐蚀特性研究[J]．辽宁师范大学学报，2004，27(3)：289～291.

[77] 禹萍，苏玉长，谭澄宇等．Ni-SiC 和 Ni-SiO_2 复合镀层性能研究[J]．表面技术，2001，

30(3)：27～29.

[78] 张恒，张邦维．化学复合镀非晶态 Ni-P-Al_2O_3 合金的研究[J]．机械工程材料，1990，14(4)：36～39.

[79] 王红艳，周苏闽．Ni-P-TiO_2 复合镀层的组成及性能研究[J]．表面技术，2004，33(5)：40～42.

[80] 赵芳霞，罗驹华，张振忠等．Ni-P-纳米 TiO_2 复合镀层的耐蚀性研究[J]．特种铸造及有色合金．2005，25(5)：262～264.

[81] 曾鹏，李金华．热处理工艺对 Ni-P-Cr_2O_3 化学复合镀层、组织与性能的影响[J]．金属热处理，1998，(3)：17～19.

[82] 文明芬，郭忠诚，杨显万．电沉积 Ni-Mo-P-SiC 复合镀层[J]．材料保护，1999，32(3)：6.

[83] 郭忠诚，鲁昆．电沉积非晶态 Ni-W-P-SiC 复合镀层性能研究[J]．电镀与环保，1995，15(1)：5～8.

[84] 郭忠诚，朱晓云，徐瑞东等．电沉积 RE-Ni-W-P-SiC 复合镀层的腐蚀行为研究[J]．材料保护，2003，36(7)：38～42.

[85] 杨防祖，马兆海，黄令等．电沉积非晶态 Ni-W-B/ZrO_2 复合镀层及其结构与性能[J]．物理化学学报，2004，20(12)：1411～1416.

[86] 朱立群，李卫平，钟群鹏．ZrO_2 纳米非晶态复合镀层中的作用研究[J]．机械工程材料，1998，22(4)：10～11.

[87] 骆心怡，何建平，朱正吼等．纳米氧化铈颗粒对电沉积锌层耐蚀性的影响[J]．材料保护，2003，36(1)：1～4.

[88] 刘小虹，颜肖慈，李学丰等．纳米镀锌层在 NaCl 溶液中的腐蚀行为研究[J]．材料保护，2004，36(1)：11～14.

[89] 姜晓霞，史亦农．化学镀镍-磷层的腐蚀磨损[J]．材料保护，1995，28(1)：1～3.

[90] Burkat G K. Electrodeposition and properties of zinc-diamond coatings obtained in zincate solutions[J]. Electroplating and Surface Treatment，2001，9(2)：35～38.

[91] 白晓军，王书君．Zn/Al_2O_3 和 Zn/SiO_2 复合镀层的研制及其耐腐蚀性和结合力的研究[J]．表面技术．1994，23(3)：117～119.

[92] 范云鹰，张英杰，杨显万等．Zn-Fe-SiO_2 复合镀层的耐蚀性[J]．腐蚀科学与防护技术，2004，16(4)：245～249.

[93] 周永令，王昭盛．复合镀 Zn-Co-TiO_2 工艺研究[J]．电镀与环保，1994，14(5)：3～6.

[94] 朱立群．非晶态 Fe-Mo 合金复合镀[J]．材料保护，1993，26(11)：15～17.

[95] 李崇豪，李学军．提高模具寿命的新工艺——镍，钴，二氧化锆复合电刷镀[J]．机械工程材料，1992，16(1)：50～52.

[96] 王孝镕，王国健，郭振良．复合镀 Zn-Ni-TiO_2 的研究[J]．烟台师范学院学报，1995，15(4)：273～276.

[97] 杨川，周爱梅，邵树渊．电刷镀 Ni-MoS_2 复合镀层工艺研究[J]．航空工艺技术，1993，3：29～31.

[98] Vest G E. Eelectroplating Ni-SiC composite coating and its application[J]. Metal Finishing, 1967(11): 43~45.

[99] 姚冠新.(Fe-Ni)-MoS_2 自润滑复合镀层的制备及性能研究[J]. 电镀与精饰，1995，17(2)：33~37.

[100] Ghouse M, Viswanathan M, Ramachandvan E G, Occlusion plating of copper-silicon carbide composites[J]. Metal finishing, 1980, 78(3): 31~35.

[101] 郭会清. 电刷镀 Ni-SiC-WC-MoS_2 复合镀层性能的研究[J]. 郑州轻工业学院学报，1997，12(1)：40~44.

[102] 吴以南. 化学镀 Ni-P-$(CF)_n$ 复合镀层的性能[J]. 电镀与环保，1988，8(2)：11~15.

[103] 曹祥举. 聚四氟乙烯复合润滑涂料及其涂装工艺（一）[J]. 涂料工业，1988(4)：27~30.

[104] 张永忠，孙克宁. 化学镀 Ni-P/PTFE 研究及应用[J]. 电镀与环保，1996：16(4)：13~15.

[105] 何正山，胡信国. 无电解复合镀镍-磷-聚四氟乙烯工艺[J]. 材料保护，1995：28(1)：16~20.

[106] 郭鹤桐，张三元. 复合镀层[M]. 天津：天津大学出版社，1999，12：337~338.

[107] L·A·沃尔著，晨光化工研究院译. 氟聚合物[M]. 北京：化学工业出版社，1978：398~400.

[108] 松林宗顺. 最近の复合あつきの动向[J]. 金属表面技术，1985，36(11)：442~445.

[109] 汤皎宁，谢友柏. Ni-P-PTFE 复合镀层应用研究[J]. 材料保护，1995，2(7)：10~11.

[110] Pushpavanam M, Arivalagan N, Srinivasan, N. Electrodeposited Ni-PTFE dry lubricant coating[J]. Plating and Surface Finishing, 1996, 83(1): 72~76.

[111] Ebdon P R. Performance of electroless nickel/PTFE composites[J]. Plating and Surface Finishing, 1988, 75(9): 65~68.

[112] 唐宏科，赵文轸. 化学复合镀制备 Ni-Co-P-PTFE 自润滑镀层的工艺研究[J]. 润滑与密封，2005，(3)：51~53.

[113] 黎永钧，雷晓容. Ni-P-PTFE 复合镀层摩擦与磨损性能研究[J]. 兵器材料科学与工程，1998，21(3)：14~18.

[114] 毛志远，黄兰珍，郦剑等. 聚四氟乙烯、石墨等粒子与镍磷化学共沉积复合镀层的研究[J]. 浙江大学学报，1992，26(1)：1~10.

[115] 张会臣，郭鹤桐. 电沉积 Ni-P-Si_3N_4 复合镀层的摩擦学特性[J]. 天津大学学报，1997，30(3)：245~250.

[116] 陈小华，张刚，陈传盛等. 镍磷化学复合镀碳纳米管的摩擦磨损性能研究[J]. 无机材料学报，2003，18(6)：1320~1324.

[117] 陈小华，季德意，季学谦等. 碳纳米管增强镍基复合镀层的形貌及摩擦磨损行为研究[J]. 摩擦学学报，2002，22(1)：6~9.

[118] 刘小兵，王徐承，陈煜等. 复合电沉积的最新研究动态[J]. 电化学，2003，9(2)：

117 ~ 125.

[119] 刘长鹏，杨辉，邢巍等．铂、钌共修饰的氧化钛电极对甲醇的电催化氧化[J]．应用化学，2001，18(7)：517 ~ 520.

[120] Iwakura C，Furukawa N，Tanaka M. Electrochemical preparation and characterization of Ni/($Ni + RuO_2$) composite coatings as an active cathode for hydrogen evolution[J]. Electrochimca Acta，1992，37(4)：757 ~ 758.

[121] Kunugi Y，Nonaka T，Chong Y B. Electroorganic reactions on organic electroles-Part 15：Electrolysis using composite-plated electrode Part Ⅳ. Polarization study on a hydrophobic nickel/PTFE composite plated nickel electrode[J]. Electrochimca Acta，1992，37(2)：353 ~ 355.

[122] Kunugi Y，Nonaka T，Chong Y B. Preparation of hydrophobic zinc and lead electrodes and their application to electroreduction of organic compounds electro-organic reactions on organic electrodes. Part 20：Electrolysis using composite-plated electrodes. Part Ⅸ[J]. Journal of Electroanalytical chemistry，1993，356(1 ~ 2)：163 ~ 169.

[123] Kunugi Y，Fuchigami T，Nonaka T. Electrolysis using composite-plated electrodes：Part Ⅱ. Electrooxidation of alcohols at a hydrophobic nickel/poly (tetrafluoroethylene) composite-plated anode [J]. Journal of Electroanalytical chemistry，1990，287(2)：385 ~ 388.

[124] Kunugi Y，Nonaka T，Chong Y B. Electro-organic reactions on organic electrodes：Part 18. Electrolysis using composite-plated electrodes. Part Ⅶ. Preparation of ultrahydrophobic electrodes and their electrochemical properties [J]. Journal of Electroanalytical chemistry，1993，353(1 ~ 2)：209 ~ 215.

[125] Kunugi Y，Kumada R，Nonaka T. Electrolysis using composite-plated electrode Part Ⅲ. Electrolysis using composite-plated electrodes：Part Ⅲ. Electroorganic reactions on a hydrophobic Ni/PTFE composite-plated nickel electrode [J]. Journal of Electroanalytical chemistry，1991，313(1 ~ 2)：215 ~ 225.

[126] Kunugi Y，Chen P C，Nonaka T. Electrolysis of emulsions of organic compounds on hydrophobic electrodes[J]. Journal of The Electrochemical Society 1993，140：283 ~ 285.

[127] 黄令，许书楷，汤皎宁等．Ni-Mo-PTFE 复合电极的制备及其对甲醇电氧化的催化性能[J]．应用化学，1997，14(4)：21 ~ 24.

[128] Xu H D，Zou M Z，Cao Z S et al. Studies on preparation and electrocatalytical application of Cu-PTFE composite electrode [J]. Chemical Journal of Chinese Universities，1995，16(1)：50

[129] Gierlotka D，Rowinski E，Budniok A. Production and properties of electrolytic Ni-P-TiO_2 composite layers[J]. Journal of Applied Electrochemistry，1997，27：1349 ~ 1354.

[130] Oleksy M，Budniok A，Niedba J. Co-P-Sc_2O_3 layers for electrolytic oxygen evolution[J]. Electrochimica Acta，1994，39(16)：2439 ~ 2444.

[131] 刘善淑，成旦红，应太林等．电沉积 Ni-P-ZrO_2 复合电极析氢电催化性能的研究[J]．电镀与涂饰，2001，20(6)：4 ~ 7.

[132] Cai N C，Gui Y Q，Huang Q. High area Ni-Mo-RuO_2 composite coating as hydrogen electrode

[J]. Journal of Wuhan University (Natural Science Edition), 1999, 45(2): 157~161.

[133] Bertoncello R, Cattarin S, Frateur I. Preparation of anodes for oxygen evolution by elecutrodeposition of composite oxides of Pd and Ru on Ti[J]. Journal of Electroanalytical chemistry, 2000, 492(2): 145~149.

[134] Cattarin S, Guerriero P, Musiani M. Preparation of anodes for oxygen evolution by electrodepositon of composite oxides of Pb and Co oxides[J]. Electrochimica Acta, 2001, 46(26~27): 4229~4234.

[135] Bertoncello R, Furlanetto F, Guerriero P. Electrodeposited composite electrode materials: effect of the concentration of the electrocatalytic dispersedphase on the electrode activity[J]. Electrochimica Acta, 1999, 44(23): 4061~4068.

[136] Belkaid N, Trssot P. Electrochemical properties, composition and structure of lead dioxide-matix composities[J]. Journal of Archaeological Science, 2000, 53(3): 185~188.

[137] Zhong Qi-ling, Fu Zhang-qing, Zhang Lei, et al. The activation of elecrocatalytic oxidation of formic acid methanol and faormaldehyde at polyaniline film electrode modified by platinum microparticles [J]. Journal of Jiangxi Uinversity, 2001, 25(1): 62~65.

[138] Becerik I, Kadirgan F. Electrocatalytic properties of platinium particles incorporated with polyppyrrole films in D-glucose oxidation in phosphate media[J]. Journal of Electroanalytical chemistry, 1989, 436(1~2): 189~193.

[139] Becerik I, Suzer S, Kadirgan F. Platinum-palladium loaded polypyrrole film electrodes for the electrooxidation of D-glucose in neutral media[J]. Journal of Electroanalytical chemistry, 1999, 476(2): 171~176.

[140] 万本强. 甲酸在铂微粒修饰的聚2, 5-二甲氧基苯胺电极上的电催化氧化[J]. 应用化学, 1999, 16(2): 60~64.

[141] 郭鹤桐, 唐致远, 王兆勇. 银-氧化镧复合电接触材料的研究[J]. 电子工艺技术, 1985, (8): 5~10.

[142] Larson. G. Electroplating and Metal Finishing, 1976(1): 48~51.

[143] 郭鹤桐, 唐致远. 新型电接触金基复合材料的研究[J]. 电子工艺技术, 1984, (5): 10~12.

[144] Ghouse M. The electrical contact resistance of silver-plated aluminum alloy[J]. Plating and Surface Finish, 1984, 71 (1): 62~65.

[145] 霍世琼, 梁坚. 矩形波脉冲电镀及其电源的选择[J]. 电镀与精饰, 1994, 16(3): 24~25.

[146] 向国朴. 脉冲电镀发展概况[J]. 电镀与涂饰. 2000, 19 (4): 43~47.

[147] 侯进, 侯庆军. 脉冲电镀的含义及常用形式[J]. 中国电镀材料信息. 2002, 2(7): 68~73.

[148] Chai H J, Chang D Y, Kwon S C. The properties of chromium electroplated with pulsed current[J]. Plating and Surface Finishing, 1989, 76(6): 80~89.

[149] Krishnan R M, Sriveeraraghavan S, Natarajan S R. Influence of periodically reversed current

on chromium deposition[J]. Plating and Surface Finishing, 1993, 91(10): 65~66.

[150] Han S H, Chang D Y, Kwon S C. Properties of pulse-plated hard chromium from a self-regulating bath[J]. Plating and Surface Finishing, 1991, 78(9): 66~69.

[151] Devaraj G, Seshadri S K. Pulsed electrodeposition of nickel[J]. Plating and Surface Finishing, 1996, 83(6): 62~66.

[152] 曾燕平，李友国，唐庆云等. 周期换向脉冲电流镀镍工艺研究[J]. 电镀与精饰，1992, 14(3): 22~24.

[153] 向国朴，周恩彪. 脉冲电镀 Ni-Co 合金研究[J]. 电镀与涂饰，1994, 13(2): 18~21.

[154] 侯丛福，王菊，于桂云等. 脉冲参数对镀层微观结构及性能的影响[J]. 材料保护，2001, 34(1): 10~11.

[155] 崔宁，侯文涛，唐炳迎等. 脉冲镀非晶态镍磷合金[J]. 山东工业大学学报，1994, 24(1): 14~20.

[156] Devaraj G, Seshadri S K. Pulsed electrodeposition of copper[J]. Plating and Surface Finishing, 1992, 79(8): 72~78.

[157] Stoychev D S, Aroyo M S. The influence of pulse frequency on the hardness of bright copper electrodeposits[J]. Plating and Surface Finishing, 1997, 84(8): 26~28.

[158] 章志敏，刘德斌，杨向东等. 超细钼丝亚硫酸盐脉冲镀金实验研究[J]. 强激光与粒子束，2005, 17(7): 1030~1037.

[159] Holmbom L G, Jacoboson B E. Nucleation and initial growth of pulse-plated gold on crystalline and amorphous substrates[J]. Journal of The Electrochemical Society, 1988, 135(11): 2720~2725.

[160] Holmbom L G, Jacoboson B E. Effects of bath temperature and pulse-plating frequency on growth morphology of high purity gold[J]. Plating and Surface Finishing, 1987, 74(9): 74~79.

[161] 许维源. 从氰柠檬酸盐溶液中周期换向脉冲镀金[J]. 电镀与精饰，1987, 9(2): 7~9.

[162] 许超武. 脉冲吊镀银自动线工艺实践[J]. 电镀与精饰，1997, 19(1): 30~31.

[163] Reksc W, Jurewicz K, Frackowiak E. Electroanalytical methods Ⅱ: polarography and voltammetry[J]. Plating and Surface Finishing, 1989, 76(5): 14~15.

[164] 邓正平. 钛合金脉冲镀银工艺实践[J]. 电镀与精饰，2002, (24): 30~32.

[165] 向国朴. 脉冲电镀的理论与应用[M]. 天津：科学技术出版社，1989, 10: 94~95.

[166] Yoshimura S, Chida S, Sato E. Pulse current eletrodeposition of palladium[J]. Metal Finishing, 1986, 84(10): 39~42.

[167] 杨春晖，李川生，张景双等. 双向脉冲氰化镀锌[J]. 材料保护，1997, 30(5): 16~18.

[168] 徐明丽，张正富，杨显万. 脉冲镀与直流镀对镀铁层性能的影响[J]. 云南冶金，2004, 33(3): 30~33.

[169] 曹铁华，成旦红，桑付明. 脉冲复合电镀（Ni-P）-纳米微粒 SiO_2 工艺[J]. 电镀与精

饰，2004，26(4)：27～30.

[170] 王军丽．脉冲电沉积 RE-Ni-W-B 系多功能复合镀层工艺及性能研究［D］．昆明理工大学硕士学位论文，2003. 12：73～74.

[171] 张欢．Ni-W-P-SiC 系列复合镀层脉冲电沉积工艺及性能研究[D]．昆明理工大学硕士学位论文，2003. 12.

[172] 曹铁华．脉冲电沉积镍磷基纳米复合镀层工艺及性能研究[D]．上海大学硕士学位论文，2004. 2：36～40.

[173] 傅欣欣．超声-脉冲电沉积法制备 Ni-SiC 纳米复合镀层的工艺与组织性能研究[D]．东北大学硕士学位论文，2005. 1.

[174] 李科军．电沉积纳米晶镍的制备及其性能研究[D]．上海大学硕士学位论文，2005. 2.

[175] 侯峰岩．脉冲电沉积 Ni-ZrO_2 纳米复合镀层的制备、表征及机理研究[D]．天津大学博士学位论文，2005. 1.

[176] 屠振密．电镀合金原理与工艺[M]．国防工业出版社，1993：438～439.

[177] Brandes E A. Electrodeposition of Cermets[J]. Metallurgia，1967，76(1)：195～198.

[178] Tomaszewski T W，Tomaszewski L C，Brown H. Codeposition of finely dispersed particles with metals. Plating，1969，S6(11)：1234～1238.

[179] Foster J A. Study of the mechanisms of formation of electrodeposited composite coatings[J]. Transactions of the Institude of Metal Fininshing，1973，51：27～31.

[180] Martin P W. Metal Finishing，1965，63(11)：399.

[181] Brandes E A，Goldthorpe D. Electrodeposition of cermets [J]. Metallurgia，1967，75(11)：195.

[182] Snaith D M，Groves P D，Trans. IMF.，1977，55(3)：136.

[183] Snaith D M，Groves P D，Trans. IMF.，1972，50(3)：95.

[184] Guglielmi N. Kinetics of the Depositon of Inert Particles from Electrolytic Baths[J]. Journal of the Electrochemical Society，1972，119(8)：1009～1012.

[185] Celis J P，Roos J R. Kinetics of the deposition of alumina particles from copper sulfate plating baths[J]. Journal of the Electrochemical Society，1977，124 (10)：1508～1512.

[186] Suzuki Y，Asai O. Adsorption-codeposition process of Al_2O_3 particles onto Ag-Al_2O_3 dispersion films[J]. Journal of the Electrochemical Society，1987，134(8)：1905～1910.

[187] Lee C C，Wan C C. Journal of the Electrochemical Society[J]. 1988，135(8)：1930.

[188] 覃奇贤，朱龙章，刘淑兰等．镍-碳化钨微粒复合电沉积机理的研究[J]．物理化学学报 [J]，1994，10(10)：892～896.

[189] 郭鹤桐，王兆勇．在柠檬酸镀金溶液中复合镀层的形成机理[J]．天津大学学报[J]，1985，(1)：13～19.

[190] 黎德育，李宁，杜明华．氨基磺酸盐复合镀 Ni-Al_2O_3[J]，材料科学与工艺，2004，12(2)：199～201.

[191] Sheng-Chang Wang，Wen-Cheng J. Wei. Kinetics of electroplating process of nano-sized ceramic particle/Ni composite [J]. Materials Chemistry and Physics，2003，78 (3)：

574 ~ 580.

[192] Celis J P, Roos J R, Buelens C. Analysis of the electrolytic codeposition of non-brownian particles with a metals [J]. Journal of the Electrochemical Society, 1987, 134 (6): 1402 ~ 1408.

[193] Hovestad A, Jansen L J. Electrochemical codeposition of inert particles in a metallic matrix [J]. Journal of Applied Electrochemistry, 1995, 25(6): 519 ~ 527.

[194] Valdes J L. Electrodeposition of Colloidal Particles[J]. J Electrochem Soc, 1987, 134(4): 223 ~ 225.

[195] Fransaer J. Analysis of the electrolytic codeposition of non-brownian particles with metals [J]. Journal of the Electrochemical Society, 1992, 139(2): 413 ~ 425.

[196] Hwang B J, Hwang C S. Mechamism of Codepositon of Silicon Carbide with Electrolytic Cobalt [J]. Journal of the Electrochemical Society, 1993, 140: 979 ~ 984.

[197] Yeh S H, Wan C C. A study of SiC/Ni composite plating in the Watts bath[J]. Plating and Surface Finishing, 1997. 84(3): 54 ~ 57.

[198] Yeh S H, Wan C C. Codeposition of SiC powders with nickel in a Watts bath[J]. Journal of Applied Electrochemistry [J], 1994, 24(10): 993 ~ 1000.

[199] 彭群家，穆道彬，马莒生等. Ni/ZrO_2 复合电沉积机理的研究[J]. 电化学，1999, 5 (1): 68 ~ 73.

[200] 胡信国，孙福根，王殿龙等. 无机颗粒的共沉积机理[J]. 电镀与精饰，1989, 11(2): 7 ~ 10.

[201] Wang D L, Li J, Dai Ch S et al. An adsorption strength model for the electrochemical codeposition of Al_2O_3 particles and a Fe-P alloy [J]. Journal of Applied Electrochemistry, 1999, 29 (4): 437 ~ 444.

[202] Berçot P, Peña-Muñoz E, Pagetti J. Electrolytic composite Ni-PTFE coatings: an adaptation of Guglielmi's model for the phenomena of incorporation[J]. Surface and Coatings Technology, 2002, 157(2 ~ 3): 282 ~ 289.

[203] 武刚，李宁，王殿龙等. α-Al_2O_3 与 Co-Ni 合金电化学共沉积动力学模型[J]. 物理化学学报，2003, 19(11): 996 ~ 1000.

[204] Vereecken P M, Shao I, Searson P C. Particle Codeposition in Nanocomposite Films[J]. J Electrochem Soc [J], 2000, 147(7): 2572 ~ 2575.

[205] Shao I, Vereecken P M, Cammarata R C et al. Kinetics of particle codeposition of nanocomposites[J]. Journal of Applied Electrochemistry, 2002, 149(11): C610 ~ C614.

[206] 郭忠诚，杨显万. 电沉积多功能复合材料的理论与实践[M]. 北京：冶金工业出版社，2002.

[207] 朱诚意，郭忠诚. 稀土对电沉积 Ni-W-B-SiC 复合镀层组织结构及性能的影响[J]. 化工冶金，1999, 20(3): 225 ~ 226.

[208] Karthikeyan S, Srinivasan K N, Vasudevan T. 化学镀 Ni-P-Cr_2O_3 和 Ni-P-SiO_2 复合镀层的研究[J]. 电镀与涂饰，2007, 26(1): 1 ~ 6.

[209] 黄令，董俊修. 镍-钨合金电沉积层结构与显微硬度的研究[J]. 材料保护，1999，32(10)：18～19.

[210] 杨显万，邱定蕃. 湿法冶金[M]. 北京：冶金工业出版社，1998：22～25.

[211] 屠振密. 电镀合金原理与工艺[M]. 北京：国防工业出版社，1993. 8.

[212] 李卫东，胡卫华，吴慧敏等. Ni-SiO_2 复合镀工艺研究[J]. 材料保护，2003，36(5)：24～26.

[213] 桑付明，成旦红，曹铁华等. 电沉积技术制备 Ni-纳米 SiO_2 复合镀层的研究[J]. 电镀与精饰，2004，26(3)：5～8.

[214] 成旦红，桑付明，袁蓉等. 电沉积技术制备纳米 SiO_2/Ni 复合镀层工艺的研究[J]. 中国表面工程，2003，(6)：31～34.

[215] 桑付明. 镍基-纳米粉复合镀层以及其耐蚀性能的研究[D]. 上海大学化学系硕士毕业论文，2004. 2：20～22.

[216] 黄辉，林志成. 表面活性剂在 Ni/SiC 复合电镀中的作用及机理[J]. 材料保护，1997，30(1)：14～17.

[217] Ger M D. Electrochemical deposition of nickel/SiC composites in the presence of surfactants [J]. Materials chemistry and Physics，2004，87(1)：67～74.

[218] Hou K H，Ger M D，Wang L M，et al. The wear behaviour of electrocodeposited Ni/SiC composites. Wear，2002，253：994.

[219] 张文礼，王玉，孙冬柏等. 表面活性剂对 Ni-P-SiC 纳米非晶复合电镀分散效果的研究[J]. 电镀与涂饰，2006，25(3)：4～7.

[220] 李志林，刘建军，关海鹰. Ni-纳米 TiO_2 复合电镀层的制备与性能研究[J]. 材料保护，2006，39(7)：21～25.

[221] 陈玉梅，左正忠，杨磊等. 表面活性剂对电沉积镍/纳米二氧化钛复合层的影响[J]. 表面技术，2005，34(5)：22～25.

[222] 郑环宇，安茂忠，陈龙等. 分散剂对(Zn-Ni)-Al_2O_3 复合镀层中纳米 Al_2O_3 分散性能的影响. 电镀与环保，2006，26(2)：11～14.

[223] 丁红燕，周广宏. Ni-P-Al_2O_3 纳米微粒化学复合镀-表面活性剂对镀层组织的影响. 电镀与精饰，2005，26(1)：4～7.

[224] 韩廷水，于爱兵，田欣利. 表面活性剂对 Ni/Si_3N_4 复合镀层的影响[J]. 中国表面工程，2004，26(4)：32～35.

[225] 周苏闽，王红艳. 一种化学复合镀层的研制及其耐腐蚀性研究[J]. 表面技术，1999，28(6)：7～9.

[226] 黄新民，吴玉程，郑玉春，等. 表面活性剂对复合镀层中 TiO_2 纳米颗粒分散性的影响[J]. 表面技术，1999，28(6)：10～12.

[227] 高濂，孙静，刘阳桥. 纳米粉体的分散及表面改性[M]. 北京：化学工业出版社，2003：145～150.

[228] 阎洪. 金属表面处理新技术[M]. 北京：冶金工业出版社，1996.

[229] 曹铁华. 脉冲电沉积镍磷基纳米复合镀层工艺及性能研究[D]. 上海大学硕士学位论

文，2004，2：8 ~ 10.

[230] 甘雪萍，戴曦，张传福．超声空化及其在电化学中的应用[J]. 四川金属，2001，3：16，24 ~ 26.

[231] 赵之平，陈澄华．超声传质过程机理[J]. 化工设计，1997，6：30 ~ 33.

[232] 李春喜，王子镐．超声技术在纳米材料制备中的应用[J]. 化学通报，2001，64(5)：268 ~ 271.

[233] Zhao Y Y，Bao C G，Feng R，et al. Electroless coating of copper on ceramic in an ultrasonic field[J]. Ultrasonics Sonochemistry，1995，2(2)：99 ~ 103.

[234] 吴杰，金花子，崔新宇等．NdFeB 磁体超声波化学镀 Ni-P 的研究[J]. 腐蚀科学与防护技术，2003，15(1)：44 ~ 46.

[235] 肖锋，叶建东，王迎军．超声技术在无机材料合成与制备中的应用[J]. 硅酸盐学报. 2001，30(5)：615 ~ 619.

[236] Kollia，N. Spyrellis. Textural modifications in nickel electrodeposition under pulse reserved current[J]. Surface and Coatings Technology，1993，57(1)：71 ~ 75.

[237] Kollia C，Spyrellis N. Microhardness and roughness in nickel electrodeposition under pulse reversed current conditions[J]. Surface and Coatings Technology，1993，58(2)101 ~ 105.

[238] Richoux V，Diliberto S，Boulanger C，et al. Pulsed electrodeposition of bismuth telluride films：Influence of pulse parameters over nucleation and morphology[J]. Electrochimica Acta，2007，52(9)：3053 ~ 3060.

[239] Kim D J，Roh Y M，Seo M H，et al. Effects of the peak current density and duty cycle on material properties of pulse-plated Ni-P-Fe electrodeposits[J]. Surface and Coatings Technology，2005，192(1)：88 ~ 93.

[240] El-Sherik A M，Erb U，Page J. Microstructural evolution in pulse plated nickel electrodeposits [J]. Surface and Coatings Technology，1996，88(1 ~ 3)：70 ~ 78.

[241] Denny T M，Ronny L，Andreas B. Influence of pulse plating parameters on the electrocodeposition of matrix metal nanocomposites [J]. Electrochimica Acta，2007，52 (25)：7362 ~ 7371.

[242] Denny T.，L. Ronny，B. Andreas. Influence of pulse plating parameters onf the electrocodeposition of matrix metal nanocomposites[J]. Electrochimica Acta，2007，52(25)：362 ~ 371.

[243] Zimmerman A F，Clark D G，Aust K T，et al. Pulse electrodeposition of Ni-SiC nanocomposite[J]. Materials Letters. 2002，52(1 ~ 2)：85 ~ 90.

[244] Mishra R，Balasubramaniam R. Effect of nanocrystalline grain size on the electrochemical and corrosion behavior of nickel[J]. Corrosion Science，2004，46(12)：3019 ~ 3029.

[245] Sun T P，Wan C C，Shy Y M. Plating with pulsed and periodic-reverse current em dash effect on nickel structure and hardness[J]. Metal Finishing，1979，77(5)：33 ~ 38.

[246] Kim W，Weil R. Pulse plating effects in nickel electrodeposition[J]. Surface and Coatings Technology，1989，38 (3)：289 ~ 298.

[247] Puippe J C，Ibl N. The morphology of pulse-plated deposits[J]. Plating and Surface Finish-

ing. 1980，67（4）68～72.

[248] Abdulin V S，Chernenko V I. Current yield and mechanical properties of nickel deposited in pulsed conditions[J]. Protection of Metals，1982，18(6)：777～781.

[249] Yoshimura S，Chida S，Sato E，et al. Pulsed current electrodeposition of palladium[J]. Metal Finishing，1986，84(10)：39～42.

[250] Kollia C，Spyrellis N，Amblard J，et al. Nickel plating by pulse electrolysis：textural and microstructural modifications due to adsorption/desorption phenomena[J]. Journal of Applied Electrochemistry，1990，20(6)：1025～1032.

[251] Topp N E. The chemistry of the rare earth elements[M]. Elsevier Publishing Company，1965：345～367.

[252] Beaudry B J，Gschneidner K A. Handbook on the physics and chemistry of rare earths[M]. North-Holland Publishing Company，1978：168～173.

[253] Osaka T. Metallization of AIN ceramics by electroless Ni-P plating[J]. Journal of the Electrochemical Society，1986，133(11)：2345～2347.

[254] Sricharoenchaikit P. Thin metal film formation using electroless plating[J]. Journal of the Electrochemical Society，1993，140(7)：1917～1921.

[255] Severin J W. A study on changes in surface chemistry during the initial stages of electroless Ni(P) deposition on alumina[J]. Journal of the Electrochemical Society，1993，140(3)：682～687.

[256] 于维平，段淑贞．电沉积 Ni-P 非晶态合金的初期结构及形成机理[J]. 材料研究学报，1996，10(4)：419～422.

[257] Flis J，Duquette D J. Nucleation and growth of electroless nickel deposits on molybdenum activated with palladium[J]. Journal of the Electrochemical Society，1984，131(1)：51～57.

[258] Marton J P，Schlesinger M. The nucleation growth and structure of thin Ni-P films[J]. Journal of the Electrochemical Society，1968，115(1)：16～21.

[259] Judge S. Transmission electron microscopy study of electroless Ni-P and Cu films at initial deposition stage[J]. Journal of the Electrochemical Society，1991，138(5)：1269～1274.

[260] 邵光杰．Ni-P、(Ni-P)-SiC 镀层的电沉积及其组织性能[D]. 燕山大学博士学位论文，2002：35～53

[261] 松田喜树，野口裕臣，太田幸伸．耐酸耐蚀性皮膜の制作．镀金の世界．2001，(7)：42～46.

[262] 杨熙珍，杨武．金属腐蚀与电化学热力学：电位-pH 图及应用[M]. 北京：化学工业出版社，1991：232～234.

[263] 杨熙珍，杨武．金属腐蚀与电化学热力学：电位-pH 图及应用[M]. 北京：化学工业出版社，1991：238～240.

[264] 郭忠诚．电沉积 RE-Ni-W-P-SiC 复合材料的基础理论研究及应用［D］．昆明理工大学博士学位论文．2000：22～24.

[265] 邓伦浩．电沉积 RE-Ni-W-P-SiC-PTFE 复合镀层的工艺及结构性能研究［D］．昆明理

工大学硕士学位论文.2000：21～24.

[266] Keong K G, Sha W, Malinov S. Crystallisation kinetics and phase transformation behaviour of electroless nickel-phosphorus deposits with high phosphorus content[J]. Journal of Alloys and Compounds, 2002, 334(1～2)：192～199.

[267] Cziraki A, Fogarassy B, Bokonyi I, et al. Investigation of chemical deposited and electroplated amorphous Ni-P alloys. Budapest：Central Research Institute for Physics, 1980.

[268] Ma E M, Luo S F, Li P X. A transmission electron microscopy study on the crystallization of amorphous Ni-P electroless deposited coatings[J]. Thin Solid Films, 1988, 166(1)：273～280.

[269] 洪波，姜传海，王新建等. Ni-P 非晶薄膜晶化相与相变动力学的 XRD 分析[J]. 金属学报，2006，42(7)：699～702.

[270] 许晓丽，李素梅，宋志刚等. W 含量对化学镀 Ni-W-P 镀层的影响研究[J]. 材料保护，2007，40(9)：34～35.

[271] Guo Z C, Xu R D, Zhu X Y. Studies on the wear resistance and the structure of electrodeposited RE-Ni-W-P-SiC-PTFE composite materials[J]. Surface and Coatings Technology, 2004：187(2～3)：141～145.

[272] 张广强，许大鹏，王德涌等. 纳米 SiO_2 在高压高温下的结构转化. 吉林大学学报（理学版）. 2008，46(2)：311～313.

[273] Kerans R J, Hay R S. The role of the fiber-matrix interface in ceramics composites. Ceram Soc Bull. 1989 68(2)429～438.

[274] 潘金生，仝健民，田民波. 材料科学基础[M]. 北京：清华大学出版社，1998，6：449～451.

[275] 王利，吴玉程，舒霞等. 低碳钢上 Ni-W-Al_2O_3 纳米复合电镀层的耐腐蚀性能研究[J]. 材料保护，2008，41(1)：17～19.

[276] 夏法锋，贾振元，吴蒙华等. 脉冲电沉积纳米 Ni-TiN 复合镀层材料科学与工艺，2007，15(6)：779～781.

[277] Kim S K, Yoo H J. Formation of bilayer Ni-SiC composite coatings by electrodeposite[J]. Surface and Coatings Technology, 1998, 108～109(1～3)：564～569.

[278] 王东生，黄因慧，田宗军等. 激光重熔喷射电沉积纳米晶镍涂层微观结构[J]. 电加工与模具，2007，(5)：28～31.

[279] 郭忠诚. 电沉积 RE-Ni-W-P-SiC 复合材料的基础研究及应用[D]. 昆明理工大学博士学位论文，2000，7：55～57.

[280] 查全新. 电极过程动力学导论[M]. 北京：科学出版社，187，12：448～449.

[281] 杨德钧，沈卓身. 金属腐蚀学[M]. 北京：冶金工业出版社. 1999：125～126.

[282] 杨德钧，沈卓身. 金属腐蚀学[M]. 北京：冶金工业出版社. 1999：132～133.

[283] 郭忠诚. 电沉积 RE-Ni-W-P-SiC 复合材料的基础理论研究及应用[D]. 昆明理工大学博士学位论文，2000，7：86～87.

[284] 张欢. Ni-W-P-SiC 系列复合镀层脉冲电沉积工艺及性能研究[D]. 昆明理工大学硕士学位论文，2003，12：45～46.

冶金工业出版社部分图书推荐

书　名	作　者	定价(元)
中国冶金百科全书·金属材料	编委会　编	229.00
合金相与相变(第2版)(本科教材)	肖纪美　主编	37.00
金属学原理(本科教材)	余永宁　编	56.00
金属学原理习题解答(本科教材)	余永宁　编著	19.00
物理化学(第3版)(本科教材)	王淑兰　主编	35.00
冶金物理化学(本科教材)	张家芸　主编	39.00
冶金工程实验技术(本科教材)	陈伟庆　主编	39.00
现代物理测试技术(本科教材)	梁志德　等编	29.00
材料现代测试技术(本科教材)	廖晓玲　主编	估 40.00
金属防腐蚀技术(本科教材)	吴继勋　主编	30.00
金属材料学(第2版)(本科教材)	吴承建　等编	29.00
特种冶炼与金属功能材料(本科教材)	崔雅茹　等编	20.00
材料的结构(本科教材)	余永宁　等编	49.00
材料科学基础(本科教材)	李　见　主编	45.00
金属学与热处理(本科教材)	陈惠芬　主编	39.00
材料研究与测试方法(本科教材)	张国栋　主编	20.00
耐火材料(第2版)(本科教材)	薛群虎　主编	35.00
工程材料基础(高职高专教材)	甄丽萍　主编	26.00
物理化学(高职高专教材)	邓基芹　主编	28.00
无机化学(高职高专教材)	邓基芹　主编	36.00
稀土永磁材料制备技术(高职高专教材)	石　富　编著	29.00
机械工程材料(高职高专教材)	于　均　主编	32.00
粉末冶金学	王盘新　主编	20.00
现代材料表面技术科学	戴达煌　等编	99.00
一维无机纳米材料	晋传贵　等编	40.00
金属材料的海洋腐蚀与防护	夏兰廷　著	29.00
真空材料	张以忱　等编	29.00
镁合金腐蚀防护的理论与实践	卫英慧　著	38.00
锡碳化钛增强铜基复合材料	吴进怡　编著	18.00
脉冲复合电沉积的理论与工艺	郭忠诚　等著	29.00
金属基复合材料及其浸渗制备的理论与实践	王　玲　等编	45.00
纳米材料的制备及应用	黄开金　主编	33.00
微米-纳米材料微观结构表征	方克明　著	188.00
冶金材料分析技术与应用	曹宏燕　著	198.00